H. Frühauf

Diagnostik der inneren Krankheiten

H. Frühauf

Diagnostik der inneren Krankheiten

ISBN/EAN: 9783743361720

Hergestellt in Europa, USA, Kanada, Australien, Japan

Cover: Foto ©berggeist007 / pixelio.de

Manufactured and distributed by brebook publishing software (www.brebook.com)

H. Frühauf

Diagnostik der inneren Krankheiten

DIAGNOSTIK

DER

INNEREN KRANKHEITEN

MIT BESONDERER BERÜCKSICHTIGUNG DER

MICROSCOPISCHEN UND CHEMISCHEN ANALYSE

DER

SE- UND EXCRETE.

——— —

BEARBEITET FÜR KLINIKER UND AERZTE

VON

DR. MED. H. FRÜHAUF,

VORM. ASSISTENTEN DER MED. UNIVERSITÄTS-KLINIK
ZU STRASSBURG I. E.

MIT 24 MICROSCOPISCHEN LITHOGRAPHIRTEN ABBILDUNGEN
UND 2 HOLZSCHNITTEN.

BERLIN 1879

DENICKE'S VERLAG

GEORG REINKE.

INHALTS-VERZEICHNISS.

III. Kapitel.

I. ABTHEILUNG.

SACHREGISTER.

A.

F.

Sachregister. XIX

Seite

I. KAPITEL.

Allgemeines über methodische Kranken-Untersuchung.

Durch die methodische Krankenuntersuchung be-ecken wir in einer bestimmten Reihenfolge die ge-nden und kranken Organe eines Menschen möglichst nau und eingehend zu prüfen. Eine wesentliche Unter-tzung gewährt uns hierbei die sogen. Anamnese d. i. Anamnese. Mittheilung des Kranken, oder seiner Umgebung, :ht nur über die momentanen subjectiven Symptome, ndern auch über frühere von Kindheit an überstandene ·ankheiten, über den Beginn der jetzigen Erkrankung d deren muthmassliche Ursache, sowie über die Ge-ndheitsverhältnisse, resp. Krankheitsfälle, welche einzelne tglieder seiner Familie betroffen haben (Hereditäre lastung). Meist schicken wir die Anamnese voran; lann beginnen wir mit oder ohne Hilfsmittel die naue Exploration der einzelnen Organe und Systeme 5 Körpers, und verschaffen uns so ein deutliches Bild 5 gegenwärtigen Zustandes des Patienten. Die Auf-hme dieser so erhaltenen rein objectiven Wahrneh-ingen über die normale oder krankhafte Beschaffen-it der der Untersuchung zugänglichen Organe, nennen r Status praesens. Status praesens.

Aus den erkannten Funktionsstörungen, aus den ränderten physikalischen Eigenschaften, aus den rvorstechendsten Symptomen einerseits — den objec-en Krankheitserscheinungen — sowie aus den Angaben,

Diagnose. welche der Kranke selbst macht, bauen wir die Diagnose auf, d. h. wir stellen die Krankheit fest.

Hieran schliesst sich unmittelbar, unter Würdigung und Berücksichtigung aller den Kranken selbst, die Erkrankung und ihre mehr oder minder gefährliche Eigen-
Prognose. schaft betreffenden Begleiterscheinungen, die Prognose d. h. die Vorhersage über den muthmasslichen Ausgang, oder über die Dauer der Krankheit.

Therapie.   Darauf folgen die Massnahmen der Therapie d. i. des medizinischen Handelns zur Heilung.

Bevor wir aber an die Construction einer Krankengeschichte, sei es im Geiste, sei es schriftlich schreiten, müssen wir beim ersten Erblicken des Kranken die auffällig entgegentretenden Symptome festhalten, da diese nachher zur Construirung der Diagnose etc. vielleicht den Ausschlag geben können; und zwar sind dies diejenigen Wahrnehmungen, die uns ohne weiteres in die Augen fallen, die wir hören und fühlen können, die sogen
Auffällige
Symptome. auffälligen Symptome.

Wie beiläufig erkundigen wir uns zunächst nach dem Namen, nach der Beschäftigung, nach dem Alter des Kranken und bestimmen seine ungefähre Grösse und sein Geschlecht.

Schon bei diesen einfachen Fragen können wir auf sehr manigfaltiges aus den Antworten resp. aus dem Nichtantworten des Kranken aufmerksam gemacht werden; die zunächst liegende Frage „ist der Kranke seines intellectuellen Vermögens mächtig oder nicht", werden wir uns rasch beantworten können; ferner vermögen wir daraus wie der Kranke und mit welcher relativen Kraft, er die an ihn gestellten Fragen beantwortet, ob kräftig, ob lallend, unarticulirt, aphonisch etc. Schlüsse auf eventuelle Schwäche und krankhafte Zustände ziehen, ebenso wird uns ein somnolenter,

soporöser oder comatöser Zustand schon jetzt in die
Hand dictirt, gleichzeitig werden uns aber auch andere
auffällige Symptome beschäftigen, wir hören zufällige abnorme Geräusche wie Stridor, Stertor,
Trachealrasseln, Schluchzen, Stöhnen u. s. w.,
wir sehen dyspnoisches Athmen oder andere
Respirationstypen; unwillkürlich müssen uns un-
zweckmässige Handlungen wie z. B. Flockenlesen, Wollezupfen etc. in die Augen fallen. Alle
diese zufälligen Symptome hier aufzuzählen ist kaum
möglich, die bedeutsamsten werden theils im laufenden
Texte berührt, theils finden dieselben sich als Nachtrag
dieses Kapitels aufgeführt.

Nachdem wir diesen Symptomen unsere Aufmerksamkeit schenkten, fahren wir in unserem Krankenexamen
in einer bestimmten Reihenfolge, wenigstens in der
Klinik, fort und betrachten nun die Lage, Stellung   Lage
und Haltung des Kranken.

Bei jeder besonderen Lage muss zunächst auf die
Gewohnheit des Individuums Rücksicht genommen
werden, oft genug ist auch eine abnorme Lagerung
eine Sache der Gewohnheit in gesunden Tagen, und
nur die hiervon abweichende Lage eines Kranken
verdient unsere Rücksichtsnahme.

Im Allgemeinen sprechen wir von Rücken-,
Seiten- und Bauchlagen, die passiver oder
activer Art sein können.

Die gewöhnliche und naturgemässe Lage ist die   Rücken-
ungezwungene auf dem Rücken, die sogen. active   lage.
Rückenlage. Sie ist die vortheilhafteste Körperhaltung im Liegen, sie gewährt eine sanfte, weiche und
leichte Position des Körpers, bei welcher alle Theile
desselben eine gemässigte Ausdehnung erfahren, sie beeinträchtigt am wenigsten die Thätigkeit der Eingeweide,

während die Lage auf der Seite, oder auf dem Bauche von unnatürlichen und unbequemen Behinderungen begleitet sein müssen. Zur normalen activen Rückenlage gehört noch eine gestreckte Haltung des Körpers.

Befindet sich ein Kranker in einem kraftlosen oder somnolenten oder moribunden Zustande, so wird er wohl auch auf dem Rücken liegen, aber seine Lagerung ist dann eine hinfällige, eine passive Rückenlage und im Allgemeinen finden wir jene Kranke in dieser Situation, welche sich im zweiten Stadium acuter fieberhafter Krankheiten befinden, ganz besonders ist dies im Typhus etwas fast ganz regelmässiges.

Es fehlt dem Kranken an Kraft sich eine andere Lage selbst zu geben, er rutscht willenlos im Bett herab, so dass wir solcher Leute gar nicht selten in vollkommen horizontaler Lage ansichtig werden

Manchmal bemerken wir bei den in Rückenlage liegenden — wenn es sich um schwere Affectionen handelt — ein schlaffes Niedersenken des Kopfes auf die Brust, ein Herabsinken des Körpers nach dem Fussende des Bettes und an die Seitenwände desselben, sehr häufig finden wir hierbei noch ein gegenseitiges Anstützen der im Kniegelenk flectirten unteren Extremitäten, gesellt sich hierzu noch ein schlaffes Daliegen der oberen Extremitäten, bemerken wir Zittern an den Gliedern, Lippen und Zunge, ist Mangel des Bewusstseins und der Empfindung zu constatiren, so können wir aus diesem passiven Zustande mit grosser Wahrscheinlichkeit das nahe Ende prognosticiren.

Die horizontale passive Rückenlage finden wir auch bei fieberlosen Kranken z. B. bei Herzkranken, diese nehmen aber wohl noch häufiger eine passiv erhöhte Rückenlage ein und selbst nach vorn übergebückt, die Arme auf die Kniee und das Gesicht in beide Hände gelegt, sehen wir solche Kranke.

Eine passiv erhöhte, mehr sitzende Lage, mit erhobener Brust, finden wir bei den Krankheiten, wo ein bedeutenderes Respirationshinderniss oder ein Hinderniss im kleinen Kreislaufe vorhanden ist, wie dies vorzüglich grössere pleuritische Exsudate, Pneumonien, Pericarditis und Klappenfehler des Herzens im Gefolge haben.

Können bei diesen Affectionen die Kranken gar nicht mehr liegen, müssen sie Tag und Nacht sitzend verbringen, so deutet dies auf einen hohen Grad dieser Krankheiten.

Bei Dyspnoë, bei Orthopnoë, gleichviel aus welcher Ursache, wird der Patient immer eine passiv erhöhte Rückenlage mehr oder weniger einzunehmen gezwungen sein.

Die ungewöhnliche Seitenlage mit Unver- *Seitenlage.* mögen auf der entgegengesetzten Seite liegen zu können, bedeutet, dass der Sitz des Leidens, wenn dieses tiefer liegend vermuthet werden darf, auf derjenigen Seite befindlich sei, auf der der Kranke liegt.

So liegen z. B. Kranke, die an Pneumonie der rechten Lunge leiden, auf der rechten Seite, um dadurch der gesunden linken Lunge vicarirendes Athmen zu gestatten. Ist indess ein schmerzhaftes Uebel oberflächlich gelegen, oder eine tiefer liegende Affection mit intensiver Entzündung verbunden, so wird der Druck darauf nicht vertragen. —

Bei Entzündung des Pericardiums und Exsudaten derselben beobachtet man einen steten Wechsel der dabei eingenommenen passiv erhöhten Rückenlage, da weder die eine noch die andere Position eine dauernde Erleichterung dem Kranken bringt. —

Nicht sehr oft sehen wir Kranke die Bauchlage *Bauchlage.* einnehmen, sie kann andeuten, dass acute oder auch

chronische Affectionen des Unterleibs den Kranken zu
dieser ungewöhnlichen Situation zwingen.

In noch seltneren Fällen kommt es zu einer nach
Opisthoto-
nus. hinten übergebeugten Lage, Opisthotonus, hierbei
wird der Körper durch permanente Zusammenziehung
der Streckmuskeln der Wirbelsäule nach hinten gebogen
so z. B. bei Strychninvergiftung.

Unruhige
Lage. Eine allgemeine unruhige Lage oder Haltung der
Kranken ist in der Regel ein Zeichen von gesteigerter
Erregung des Nervensystems, solche Kranke werfen sich
im Bett umher, der Kopf wendet sich abwechselnd nach
links und rechts, die Extremitäten befinden sich in dau-
ernden und hastigen, unmotivirten, auch wohl abweh-
renden Bewegungen; dieser Zustand geht mit Angst
verbunden nicht selten dem Tode kurz voran. Das
unruhige Verhalten eines Patienten darf aber nur im
Vergleiche mit anderweitigen gefahrdrohenden Symptomen so bezüglich gedeutet werden, und bei leicht reiz-
baren Personen in der Acme der Krankheiten, oft als
Vorläufer der Krisen, ist die Unruhe eines Kranken
weniger bedeutungsvoll, tritt eine solche aber intensiver
in der Reconvalescenz auf, so darf man auf ein Recidiv
gefasst sein. Im Allgemeinen deutet eine fortwährende
Veränderung der Position auf ein allgemeines Uebelbefinden, Missbehagen hin, welches so häufig bei fieberhaften Krankheiten, besonders beim Auftreten von Haut-
eruptionen zur Beobachtung kommt. Der fortwährende
Trieb, das Bett zu verlassen, oder aufzusitzen, ist ein
gefährliches Zeichen in acuten Krankheiten und der
Beweis einer bedeutenden Störung des Nervensystems.

Diese kurzen Andeutungen über die Lage eines
Patienten werden schon zur Genüge auf die Wichtigkeit
der Betrachtung derselben hinweisen. Können wir doch
schon hieraus folgende Schlüsse ziehen:

1. auf vorhandene Kraft.
2. auf nervöse Erschöpfung, allgemeine Schwäche und Prostration.
3. auf den muthmasslichen Sitz der Krankheit und
4. auf die Art der Störung an und für sich.

Auch Stellung, Haltung und Gang der nicht Stellung. bettlägerigen Kranken sind von diagnostischer Bedeutung.

Eine schiefe Stellung des Körpers mit watschelndem Gange, mit Hinken etc. deutet auf Deformitäten des Beckens, auf abnorme Krümmungen der Wirbelsäule.

Bei der Untersuchung müssen solche Leute gänzlich entkleidet und der Körper so gestellt werden, dass sich beide Fersen und beide innere Condyli der Kniegelenke berühren, dass der Kopf gerade gerichtet mit dem Kinn und mit dem Mittelpunkte des Manubrium sterni in einer senkrechten Linie steht; beide Arme aber gerade auf die Hüften hinabgesenkt werden. Nach Betrachtung dieser geraden Stellung, lässt man den Kopf senken und den ganzen Körper in gerader Richtung allmählig nach Vorn überbeugen. Die Processi spinosi treten deutlicher hervor und man wird Verkrümmungen, Deformitäten der Wirbelsäule und des Beckens leichter so auffinden.

Mehrere Krankheiten des Nervensystems haben characteristische Körperhaltungen im Gefolge, so die Haltung. Chorea, die Convulsionen, die Hysterie, die Epilepsie und Catalepsie etc. Die allersonderbarsten und schwierigsten Stellungen sind häufig eine der merkwürdigsten Anomalien dieser Affectionen, hierher gehören dann auch die verschiedenen Positionen, welche Geisteskranke einnehmen, sehr häufig finden wir bei ihnen einen Widerwillen gegen die horizontale Lage, und die Kranken wollen fortwährend stehen oder sitzen, andere hingegen verweigern hartnäckig aufzustehen, und haben

eine eigene Neigung das Bett zu nüten. Die Körperhaltung der Tobsüchtigen zeugt von Kraft und von
einem Uebermaasse von Energie, die charakteristisch
bei ihnen sind.

Bei gewissen Rückenmarkskrankheiten bietet
das Gehen oft allein schon ganz characteristische Merkmale dar.

So sehen wir z. B. den Myelitischen die Füsse nur
ungemein wenig beim Gehen erhebend, schleifend und
schlürfend sich mühsam fortbewegen, wegegen der atak-
tische stampfend, hahnentrittartig, nach vorn gebückt,
vorsichtig auf den Weg spähend, seine behinderte und
nicht mehr völlig coordinirte Locomotion vollführt.

Die Fersen fallen bei einem jeden Schritte schwer
auf den Boden, und hat der Kranke keine Stütze, so
schwankt er von einer Seite zur anderen und streckt
unwillkürlich seine Arme aus, um sich vor dem Fallen
zu bewahren, Schwierigkeiten beim raschen Umwenden
u. a. m. bekunden nur allzusicher die locomotorische
Ataxie.

Laesionen des Gehirns — in Folge dieser
Hemi- und Paraplegien — bewirken Behinderung der
Freiheit der Bewegungen im Gehen, so schleppt z. B.
der halbseitig Gelähmte schlürfend und schleifend
die kranke Extremität nach sich. Eine ganz eigenartige
Gangart kennzeichnet die Paralysis agitans, hier
sehen wir eine beständige tremulirende Bewegung der
Füsse, wobei dieselben hastig und unsicher, mehr nur
mit dem Vordertheil des Fusses, aufgesetzt werden.
Hier wie dort kommen auch noch die sogen. Mitbewegungen besonders der oberen Extremitäten zur Beobachtung.

Nach Betrachtung des Habitus unseres Kranken bestimmen wir der Reihenfolge nach 3. seine

Constitution und zwar ob dieselbe eine starke, oder
schwache genannt werden darf.

Zu einer starken oder kräftigen Constitution gehören: ein mittelgrosser oder grosser, breit ge-
bauter Körper, das Knochengerüst und die Muskulatur
stark entwickelt; grosser, ruhiger, wenig veränderlicher
Puls, an Blutkörperchen reiches Blut, tiefe Athembewegungen mit grosser vitaler Capacität, normale Perspi-
ration, gute Verdauung und Ernährung. Solche Leute
besitzen dann eine grosse Widerstandsfähigkeit gegen
äussere und innere Einflüsse, trotzdem aber erkranken
sie häufig an Pneumonie, Typhus, Rheumatismus, Herz-
leiden, Gicht und Lungenemphysem. Die Tuberculose
befällt sie fast nur bei bestehender Heredität.

Eine schwache schlaffe Constitution
erkennen wir zunächst an einer allgemeinen langsamen
Entwicklung des Körpers, dann an langsamen, unaus-
giebigen Bewegungen, leichter Ermüdung auch nach
geringen Anstrengungen. Die Knochen, das Fett und
die Drüsen sind mehr entwickelt, als Muskel- und Ner-
ven-Gewebe. Die Haut ist weniger glänzend und
ungeschmeidig. Der Wiederersatz der Säfte geht langsam von statten.

Wir bezeichnen nach diesem also mit der Constitution einen gewissen jedem einzelnen Individuum zu-
kommenden Gesundheitszustand, der sich theils durch die
Struktur der Organe und durch die Mischung der Säfte,
theils durch äussere Merkmale, den sog. Habitus.
kund giebt, so dass die verschiedenen Constitutionsver-
hältnisse theils in die Breite der Gesundheit, theils aber
auch in krankhafte Constitutionen fallen können, und
documentiren derartige äussere Erscheinungen, wie z. B.
bei Dyscrasien, Cachexien, sich auf den ersten Blick, so
pflegen wir solchen characteristischen Merkmalen entspre-

chend, die als Reflex des inneren Zustandes gewisser
Organe aufzufassen sind, von einem Habitus phthi-
sicus, apoplecticus, carcinomatosus u. s. w.
zu sprechen, ohne dass damit das Vorhandensein der-
artiger Affectionen bestimmt vorausgesetzt wird. Der
Habitus eines Menschen setzt sich zusammen aus
dessen Länge und Gewicht, aus dem Fettgehalt, aus der
Form und Farbe der äusseren Körpertheile, aus der
Haltung des Körpers und aus der Blutfülle und sonstigen
Beschaffenheit der einzelnen Organe.

Habitus phthisicus. Den Habitus phthisicus erkennen wir beispielsweise an einem langen, schlanken Wuchse, gracilen
Knochenbau, langen Extremitäten, trommelschlägelartig
angeschwollenen Phalangen, langem, dünnem Halse, mit
schmalen, flachen, wenig tiefen Brustkasten, der oft so
platt gedrückt ist, dass die Schulterblätter wie Flügel
hervorzuragen scheinen; sehr zarte dünne im Allgemeinen
weisse Haut, bei grell abstehender Gesichtsröthe besonders der Jochbogengegend, erhöhte Wärmeentwicklung
an manchen Stellen, vorzüglich im Gesicht, an den
Händen und Füssen, insbesondere nach dem Essen,
überhaupt erhöhte Temperatur; bei leichtem Frieren
schnelle aber nicht tiefe Respiration, bei stärkeren Bewegungen und beim Treppensteigen kurze und beengte
Respiration, ferner zeigen solche Leute schnelle, aber
weder kräftige, noch ausdauernde Muskelbewegung hohe
Stimme, schnelle Sprache sind sonst bei ihnen noch
auffällig; der Puls ist meist frequent, und reichliche
Schweissabsonderung, besonders des Nachts nichts ungewöhnliches. Ausserdem findet man bei diesen noch
einen hohen Grad von Erregbarkeit, Heiterkeit, Sorg-
losigkeit, grosse Genusssucht, stete Hoffnung, die aber
dennoch leicht in Verzweiflung und Muthlosigkeit
übergeht.

Der Habitus apoplecticus und plethoricus ist charakterisirt durch einen gedrungenen breiten Körperbau, reichliche Muskulatur, rothe Wangen und Lippen und Schleimhäute, rasche Bewegungen, zuweilen kurzer Hals. *Habitus apoplecticus.*

Einen Habitus hydropicus erkennen wir an allgemeinen hydropischen Anschwellungen — Oedemen, Anasarka universellen Hydrops — an einem bleichen gedunsenen Aussehen des Gesichts, an der schlaffen Musculatur; drückt man mit dem Finger auf oedematöse Stellen, so verursacht der Druck Gruben, die einige Zeit zurückbleiben. Cachectische dyscrasische Zustände machen sich vorzüglich durch eigenartige Färbungen der Haut (erdfahl) und durch hochgradige und immer mehr fortschreitende Abmagerungen kenntlich. Nachdem wir so der Constitution des Patienten eine genaue Betrachtung schenkten, werden wir im Stande sein den allgemeinen Ernährungszustand zu beurtheilen. *Habitus hydropicus.*

Sodann prüfen wir den Gesichtsausdruck, der gradeso wie die Lage gleich in dem Augenblicke ins Auge gefasst werden muss, wo wir zuerst des Kranken ansichtig werden. Der Gesichtsausdruck kann manches verrathen, denn durch die Ruhe oder Unruhe, Angst und Schmerz den er wiederspiegelt, werden wir auf das Seelenleben, auf Störungen gewisser Organe, auf mehr oder minder schweres Leiden hingeleitet. *Gesichtsausdruck.*

So characterisirt sich z. B. eine Facies hippocratica, durch einen eigenthümlichen, bald matten, bald verklärten Blick, bei auffallender Entstellung des Gesichtes durch hochgradige Abmagerung, die Farbe desselben ist dabei meist blass gelb, oder erdfahl geworden; ein allgemeiner Ausdruck des Leidens und Schmerzes, oft auch der ruhigen Ergebung ist dem Ge- *Facies hippocratica.*

sicht aufgeprägt, oft beobachten wir dabei matte glanz-
lose, tiefliegende Augen, eingefallene Wangen, spitze
Nase, Breitwerden der Nasenflügel bei jedem Athemholen, Eingesunkensein der Naso-labial Falte, zuweilen
eine kreideweisse Nasenspitze; die Lippen sehen blass,
bläulich aus, sind schlaff, welk, dünn und oft russig belegt; sie bedecken nicht völlig die Zähne. Der Mund
steht häufig etwas offen, die Maxilla inferior hängt herab,
nicht selten sehen wir auch zugleich Verzerrungen des
Gesichts. Klebriger, kalter Schweiss bedeckt die schlaffe
verfärbte Haut — grosse Schwäche, sehr schneller,
jagender, kleiner, sehr leicht unterdrückbarer Puls, ängst-
liche, röchelnde, rasselnde, sehr schnelle, oder aber kaum
bemerkbare Respiration verkünden den nahen Tod.

Im Verlauf schwerer acuter Krankheiten, insbesondere im Typhus, beobachten wir häufig einen stupiden
Gesichtsausdruck.

Nach Betrachtung des Gesichtsausdrucks beschäftigt uns weiterhin.

Gesichts-farbe und die der sichtbaren Schleim-häute. Die Farbe des Gesichts und die der sichtbaren Schleimhäute, Conjunctivae und Lippen und
zwar ob etwa auffallende Blässe, ob cyanotische oder
icterische, gelbe Färbung oder anderes eigenthümliche,
abnorme daran wahrgenommen werden kann; an den
Lippen ist auf etwaige Herpeseruptionen, wie solche
häufig bei Pneumonien und Magencatarrhen aufzutreten
pflegen, hier gleich mit zu achten.

Haut. Weiterhin beschreiben wir nun der Reihenfolge nach
den Zustand der Haut des Kranken, bezüglich
ihrer Farbe, Elasticität, Trockenheit und
Feuchtigkeit.

Hautfarbe. Durch gesteigerte oder gesunkene Thätigkeit im
Gefässsysteme, häufig durch modificirten Nerveneinfluss
hervorgerufen, entsteht veränderter Antrieb des arteri-

ellen, sowie des venösen Blutes nach der Peripherie
des Körpers, die nächste Ursache jeder Anomalie der
Körperfarbe.

Die rothe Farbe der Haut ist Folge eines
vermehrten Zuflusses des arteriellen Blutes in die Haut-
capillaren, die Nüancen dieser Farbe sind um so heller,
je zarter, um so dunkler, je derber und dicker die
Haut ist.

Ein diffuses und krebsrothes Aussehen der
Haut kommt nicht selten bei schwereren Scharlacherup-
tionen vor, etwas blassrother finden wir dieselbe
bei der Maserneruption.

Blauröthlich, cyanotisch sehen wir die Cyanotische Haut. Haut des ganzen Körpers, wenn eine hochgradige Be-
schränkung des Lungengaswechsels und eine Verlang-
samung des Blutstromes in den Capillaren und Venen
vorhanden ist; häufiger als eine allgemeine Cyanose
sehen wir partiell cyanotisch gefärbte Hautpartien, und
dann betrifft dieselbe am auffälligsten die hervorragenden
Theile des Körpers, Nase, Ohren, Wangen, Nägel und
erste Fingerphalangen, Knie und Füsse; die Ursache
ist die gleiche, nur nicht so hochgradig, wie bei der
allgemeinen Cyanose.

Partiellen Röthungen am Körper liegen Partielle Hautröthe. immer Entzündungen gefässreicher Theile zu Grunde,
wie wir dies bei jedem Ulcus, bei jeder Ostitis, beim
Erysipel etc. regelmässig wahrnehmen können.

Die bleiche Farbe der Haut, die Hautblässe Hautblässe. kann, wenn sie eine allgemeine ist, auf einem abnorm
wässrigen Zustand des Blutes beruhen, die Blutkörper-
chen sind nicht in der gehörigen Anzahl vorhanden
und vielleicht wie z. B. bei Leucaemie wiegen die
weissen um vieles vor, ferner wird die Haut durchweg
blass, wenn mangelhafte Oxydation des Stoffwechsels

überhaupt vorliegt, wie z. B. bei Chlorose, bei hydropischen Zuständen, denen eine mangelhafte Ernährung,
ungenügende Assimilation und Blutbildung zu Grunde
liegt.

Ausser der Haut sind dann in diesen Fällen auch
die sichtbaren Schleimhäute Conjunctivae und
Lippen nicht mehr rosig gefärbt, sondern gleichfalls
abnorm blass und bleich.

Grosse Blutverluste bedingen ebenfalls allgemeine
Hautblässe am ganzen Körper.

Bei acuten Magencatarrhen, bei pleuritischen, pericardialen, peritonealen Ex- und Transudaten, finden wir
oft eine abnorme bleiche Färbung der Haut.

Vorübergehend sehen wir die Haut erblassen
während einer Ohnmacht, dann im Froststadium
der meisten acuten Krankheiten, (Gänsehaut) ferner nach
psychischen Effecten, Schreck, Furcht, Zorn etc.
Die Hautblässe kann eine rein weisse sein, oder sie
ist schmutzigweiss oder auch erdfahl, im letzteren
Falle sprechen wir dann von einer cachectischen
Hautfarbe.

Bei hochgradiger Chlorose und Leucaemie
bei intensiven Leucorrhoen ist die Farbe der Haut,
insbesondere die des Gesichts, oft kreideweiss, wie die
einer Kinderleiche.

Mit wachsartig bleicher Haut treten uns jene
Leute entgegen, die an perniciöser Anaemie leiden;
Hydrämische zeigen ein mehr schmutzig-grauweisses
Colorit ihrer Hautfarbe.

Cachecti-
sche
Hautfarbe. Zwischenstufen der bleichen Hautfarbe sind dann
die schmutzigbraun und bleifarbig aussehen-
den Individuen, ferner die erdfahl und olivengrün
gefärbten; solche Anomalien deuten auf cachectische
Krankheiten, auf Malariainfectionen, auf Leber-

krankheiten, auf amyloide Degeneration
der Milz und Leber hin, insbesondere aber treffen
wir solche Missfärbungen bei der Carcinose an, wobei
dieselben oft von grossem diagnostischen Werthe sind.

Andauernder Gebrauch von salpetersaurem
Silberoxyd verfärbt die Haut eigenartig und dauernd
silbergrau (Argyrosis), broncegelb erscheint
die Haut bei der Addisonschen Krankheit.

Die gelbe Hautfarbe als Anomalie, deutet Gelbe-Hautfarbe.
fast stets auf Anhäufung und Zurückhaltung des Gallen-
farbstoffs im Blute und auf Absetzung desselben
ins Hautgewebe hin, sie setzt gewöhnlich Störungen
in der Gallensecretion oder mechanische
Hindernisse für den Abfluss dieses Secrets voraus
und begleitet fast alle Krankheiten der Leber; ausserdem
ist sie charakteristisch dem Stauungsicterus,
wonach auch solche gelbe Tingirungen als icterische
bezeichnet werden; am frühesten bemerkt man diese
Symptome am Gelbwerden der Sclera.

Bei der sogen. biliösen Pneumonie ist die
Haut des Kranken häufig leicht gelb oder schmutzig
gelb gefärbt.

Bei Pyämie und bei acuter Leberatrophie
sehen wir gelbe Färbungen der Haut fast ausnahmslos
eintreten.

Schwärzliche Färbung einzelner Hautstellen
ist oft die Folge von Traumen, solche Stellen
wechseln, den Veränderungen des Blutfarbstoffs entsprechend, nach und nach ihre Farbe (schwärzlich,
bläulich, rosaroth, gelb und grün).

Beim Milzbrande und beim Scorbut werden hin
und wieder einzelne schwärzlich verfärbte Hautstellen
beobachtet.

Locale Pigmentablagerungen endlich finden sich

ungemein häufig, um entweder, wie z. B. bei Schwangeren nach der Entbindung wieder zu verschwinden,
oder sie sind angeboren wie die Leberflecke z. B. —

Ernährungs-
störungen
der Haut.
    Jede bedeutendere **Ernährungsstörung** des
Körpers giebt sich gar bald auch an der Haut kund;
dieselbe erscheint alsdann mehr oder weniger schlaff
sie wird welk und runzlich, das Fettpolster schwindet,
die sonst elastische Haut büsst diese Eigenschaft ein
und in Folge dessen bleibt eine aufgehobene Hautfalte
längere Zeit stehen; bisweilen ist eine derartige Epidermis mit kleinen kleienartigen Abschilferungen bedeckt.

    Eine wie mit Fischschuppen bekleidete Haut ist
der **Ichthyosis** eigen, tiefe Risse und Sprünge in
den bald 4eckigen bald mehr rundlichen trockenen
Platten geben der hypertrophirten Epidermis ein un-
schönes Ansehen.

    Durch die seltene **Sclerose** des Unterhaut-
Zellgewebes, wird die Hautoberfläche brettartig
hart. (**Sclerodermie.**)

    Sehr charakteristisch verändert sich die Haut in
der **Cholera asiatica**, indem dieselbe hierbei
zunächst **fahl** verfärbt wird, bald fühlt sie sich dann
teigig, klebrig an und noch später bleibt, in Folge
des Fettverlustes ihrer Elasticität beraubt, eine aufgehobene Hautfalte längere Zeit stehen; auch bei schwereren Fällen unserer gewöhnlichen **Cholera nostras**
kommen dieselben Erscheinungen der Haut zur Beobachtung.

    Nach **Scharlacheruptionen** wird die Epi-
dermis in ganzen und oft grossen Fetzen abgestossen,
während sie sich nach der **Maserkrankheit**, in
sehr kleinen weissen kleienartigen Stäubchen abschuppt.

Trockene
Haut.
    Eine auffallend **trockene** und dann meist auch
brennend heisse Haut finden wir bei den mit

hochfebriler Temperatur verlaufenden Krankheiten: wie
z. B. im Abdominaltyphus, bei Pneumonie und
bei Eruptionskrankheiten überhaupt. Unter
den chronischen Leiden tritt uns eine ganz
besonders trockene Haut beim Diabetes mellitus
entgegen, Abschilferung in Form kleinartiger Stäubchen
ist hier nebenbei noch etwas sehr gewöhnliches.

Feucht und stärker transpirirend sehen Feuchte Haut.
wir die Körperoberfläche bei acuten Krankheiten
im Stadium der Defervescenz, während der Krisis
und Lysis werden, hierbei kommt es oft zu excessiver
Schweissbildung; so beobachten wir z. B. im Schweiss-
stadium des Wechselfieberparoxismus und während der
Krise der croupösen Pneumonie eine ganz besonders
reichliche Schweisssecretion.

In den meisten Fällen sind diese sogen. kritischen Schweisse von günstiger Bedeutung für den
weiteren gutartigen Verlauf der Krankheit, vorausgesetzt,
dass nicht andere ungünstige Momente die Prognose
trüben.

Bei dieser Secretion muss noch darauf Rücksicht
genommen werden, ob dieselbe sich über den ganzen
Körper erstreckt, oder ob sie, was auch sehr häufig der
Fall ist, nur örtlich vorhanden ist, ferner ob sie künstlich, durch diaphoretische Mittel, herbeigeführt wurde. —

Weiter schreitend in unserer Untersuchung, legen Temperatur Messung.
wir jetzt nun unsere flache Hand in die Achselhöhle
des Kranken, um uns dadurch eine approximative
Schätzung seiner Körpertemperatur zu verschaffen,
oder noch besser, wir messen dieselbe direkt mit dem
Thermometer, und zu diesem Behufe bringen wir
den in zehntel Grade eingetheilten Thermometer nach
Celsius, in die vorher trocken gemachte Achselhöhle des Kranken; (Feuchtigkeit derselben führt zu

2

ungenauen Resultaten); wir legen das Instrument so ein,
dass das Quecksilberreservoir in die Mitte, in die nächste
Nähe der Arter. axillaris, zu liegen kommt, dann
lassen wir den Patienten das Instrument so fest andrücken, dass es sich nicht verschieben kann; ist dies
der Kranke seines Zustandes wegen nicht im Stande,
so muss der Thermometer in der sorgfältigsten Weise
von einer andern Person in der angedeuteten Position
fixirt werden.

Das Instrument bleibt nun so lange liegen, bis
die Quecksilbersäule nicht mehr steigt und hierzu sind
mindestens 10 bis 15 Minuten erforderlich. Etwas
abkürzen kann man diese Manipulation dadurch, dass
man das Instrument vor dem Einlegen in die Achselhöhle bis auf etwa 45° erwärmt und es dann so lange
liegen lässt, bis das Quecksilber nicht mehr fällt. Bevor
der Stand der Temperatur an der Scala nicht abgelesen
worden ist, darf der Wärmemesser nicht aus der Achselhöhle entfernt werden.

In gewissen Fällen, besonders wenn es auf sehr
genaue Messungen ankommt, werden solche auch im
Anus und in der Vagina ausgeführt.

Diese Temperaturbestimmungen finden für gewöhnlich in den Morgenstunden bis 8 Uhr und in
den Abendstunden bis 7 Uhr statt, jedenfalls ist immer
eine bestimmte Zeit dabei einzuhalten.

In manchen Krankheiten, wo die Temperatur häufig
ganz allein den therapeutischen Eingriff bestimmt, müssen
wir solche Kranke häufiger, stündlich u. s. w. messen. —

Im normalen Zustande bewegt sich die Körper-
Normale
Körper-
temperatur.
temperatur der Menschen, in der Achselhöhle
zwischen 36,5° und 37,5° Cels.; in den inneren
Körperhöhlen, im Munde, im Anus, in der Vagina
finden wir die Temperatur um 0,5° bis 1,0° Cels. höher.

Eine Temperaturerhöhung bis zu 38° Cels. **Abnorme erhöhte** oder 38,5° Cels. bezeichnen wir als leichte Fieber- **Körpertemperatur.** bewegung, als subfebrile Temperatur; zeigt das Thermometer eine Steigerung bis 40° Cels. und darüber, so sprechen wir von einer hochfebrilen Temperatur.

Selten erhebt sich die Temperatur, auch in den heftigsten acuten Krankheiten über 41,5° Cels.; doch sind auch hin und wieder Temperaturen von 42,5°, bei Febris recurrens nicht allzuselten und sogar bis 44,5° bei Tetanus zur Beobachtung gekommen.

In acuten fieberhaften Krankheiten lassen sich im **Fiebertypen.** Allgemeinen betreffs des Fiebers drei Grundtypen aufstellen.

I. *Continuirliche Fieber.*

Hier steigt die Temperatur rasch und continuir- **Continuirliche Fieber.** lich bis zu einer gewissen Höhe, bis zu 39,0° 40,0° bis 41,50° Cels. an, sie erhält sich auf dieser Höhe während der ganzen Dauer der Krankheit, die Tagesschwankungen sind nur sehr unbedeutende dabei und differiren in der Regel nur um 0,5 bis 1,0° Celsius.

Im günstigen Falle soll nun diese mehr weniger **Krisis.** hohe Temperatur rapide und continuirlich in 24 bis 36 Stunden zur Norm herabgehen; manchmal fällt dieselbe auch noch einige Zehntel Grade unter die Norm; diesen Uebergang vom Abnormen zum Normalen bezeichnen wir als Krisis d. h. Entscheidung der Krankheit; zur regelrechten Krisis gehört aber auch noch ein gleichzeitiges Sinken des Pulses und der Respirations-Frequenz, ersterer erfährt dabei oft eine Verminderung um 20 bis 60 Schläge per Minute; ferner treten Schweisse auf der Haut und reichliche Sedimente im Urin auf. Dies ist die aller

2*

häufigste Endigungsweise vieler acuter Krankheiten insbesondere der Pneumonie, des Erysipels, der Masern und des Scharlachs, der Febris inter - mittens, der Febris recurrens, der Pocken etc.

Der ganze Verlauf dieser Krankheiten lässt sich im Allgemeinen in drei Stadien zerlegen.

1. in das Initialstadium der Krankheit, die Temperatur steigt.

2. in das Stadium des Stehenbleibens einer abnorm hohen Temperatur mit nur sehr geringen Tages-schwankungen die Höhe, Acme, der Krankheit.

3. in das Stadium, wo die Temperatur sehr rasch zur Norm herabgeht, Defervescenz, Krisis der Krankheit.

II. *Remittirende Fieber.*

Remitti-rende Fieber. Hier steigt die Temperatur nach dem Initialstadium abnorm hoch 40° Cels. und darüber, sie erhält sich auf dieser Höhe Tage und Wochen lang, unterliegt aber dabei beträchtlichen Tagesschwankungen um 1,0 bis 1,5° Cels.; dieses Schwanken bezeichnen wir als Exacerbation (Steigen) und Remission (Nachlass). Die Exacerbationen fallen in die Abendstunden, die Remissionen in die des Morgens.

Lysis. Der Ausgang in Genesung erfolgt bei diesem Fieber-typus unter allmähliger Abnahme des Fiebers, und zwar werden entweder die Exacerbationen am Abend aus-bleiben und die abnorm hohen Morgentemperaturen sinken nach und nach, oder es bestehen die Abend-Exacerbationen noch eine Zeit lang fort, während die Morgenremissionen sehr beträchtlich sind; nur langsam nähert sich die Abendtemperatur der Norm, drittens endlich kann die Abnahme des Fiebers sowohl des Abends, wie am Morgen in einer continuirlichen Curve erfolgen.

Eine solche successive Temperaturerniedrigung, die zur Genesung führt, nennen wir dann L y s i s, Lösung der Krankheit.

Diesen Fiebertypus mit allmähligem Aufhören der Affection ohne bemerkbare kritische Erscheinungen gehört den sogen. s u b a c u t e n K r a n k h e i t e n, z. B. vielen Catarrhen an. Auch der Abdominal-Typhus verläuft in den ungleich meisten Fällen in dieser Weise.

III. *Intermittirende Fieber.*

Intermitti-
rende
Fieber.

Die Temperatur steigt rapid und gewöhnlich unter einem sehr heftigen S c h ü t t e l f r o s t e bis zu enormer Höhe bis 40, 41,5° Cels. und noch darüber hinaus an, um nach einigen Stunden gerade so rasch und continuirlich zur Norm zurückzukehren.

Nach 2 4 stündiger, oder nach 48, oder nach 7 2 stündiger (Q u o t i d i a n -, T e r t i a n -, Q u a r t a n - Typus) Pause, wiederholt sich derselbe Anfall, — F i e b e r p a r o x i s m u s, — während der fieberfreien Pausen, — A p y r e x i e, — ist die Temperatur in der Regel vollkommen normal, und der Kranke fühlt sich während dieser Zeit meist auch relativ wohl.

Dieser so ausgezeichnete Typus gehört ausschliesslich dem auch hiernach benannten W e c h s e l f i e b e r, F e b r i s i n t e r m i t t e n s, an.

Einen viel weniger r h y t h m i s c h e n, intermittirenden Fiebertypus treffen wir im 2. Stadium des Ileo-Typhus an, dann beim Eiterungsfieber, welchem Abscesse Empyeme, käsige Pneumonie im Stadium der Cavernenbildung, septicämische Embolie mit Abscessbildung u. a. m. zu Grunde liegen können.

Noch ein anderer intermitirender Fiebertypus tritt bei dem F e b r i s r e c u r r e n s auf, insofern aber ganz verschieden vom Wechselfieber, als die enorm hohe

Recurrende
Fieber.

Temperatur nicht rasch, sondern allmählig zum Normalen zurückkehrt; ausserdem sind die Paroxysmen
nicht an bestimmte Perioden gebunden, sondern schwanken
zwischen Tagen und Wochen. Diese Rückkehr in
denselben krankhaften Zustand nennt man R e l a p s
und deshalb werden auch häufig die recurrirenden Fieber,
r e l a b i r e n d e genannt.

Chronische
Fieber.

Als chronische Fieber bezeichnen wir solche,
welche Wochen, Monate und noch länger bestehen,
dabei einen remittirenden, oder intermittirenden Typus
annehmen und selten ununterbrochen fortdauern. Hierher gehört dann auch die F e b r i s h e c t i c a, unter
welcher man den Fiebertypus zu bezeichnen pflegt, bei
dem die R e m i s s i o n s t e m p e r a t u r sich der der
normalen nähert, sie sinkt sogar manchmal unter die
normale, während die E x a c e r b a t i o n s t e m p e r a t u r
sich beträchtlich über die Norm erhebt.

Diesen Typus treffen wir bei langwierigen Krankheiten, besonders bei der Tuberculose und bei der
chronischen Lungenphthyse an. —

Jetzt wenden wir uns nun zu den C i r c u l a t i o n s -
und R e s p i r a t i o n s a p p a r a t e n und prüfen zunächst

Puls.

den Puls und zwar hinsichtlich seiner F r e q u e n z
und seiner übrigen Beschaffenheit, als Grösse, Völle,
Härte und Spannung, dann die Höhe der Pulswelle und
die verschiedenen Puls-Typen. Zu diesem Behufe legen
wir drei Fingerspitzen leise auf die Arteria radialis
und den Daumen derselben Hand zur Stütze auf die
hintere Fläche des Vorderhandendes des Radius und
zählen zunächst die Schläge derselben per Minute
mehrere Male.

1. *Frequenz des Pulses.*

Im Durchschnitt nehmen wir beim gesunden Manne eine Pulsfrequenz von 72 Schlägen per Minute an, sie schwankt zwischen 60 und 80 und wird abhängig von Alter, Geschlecht, Nahrungsaufnahme, Tageszeit, Bewegung, Ruhe u. s. w. Mittlere Werthe, die im Allgemeinen zur Geltung kommen und zum Anhalte dienen dürften sind folgende:

Beim Embryo	130	bis	150	in der Minute,	
„ Neugeborenen	120			„ „	„
Im 1. Monat	120			„ „	„
„ 1. Jahre	120	bis	130	„ „	„
„ 2. „	90	„	115	„ „	„
„ 3. „	80	„	100	„ „	„
„ 7. „	72	„	90	„ „	„
„ 12. „	70			„ „	„
„ Pubertätsalter	80	„	85	„ „	„
„ Mannesalter	70	„	75	„ „	„
„ Greisenalter	60	„	65	„ „	„

Vorübergehend wird die Frequenz der Pulsschläge vermehrt durch Gemüthsaffecte (Schreck Zorn, Furcht, Angst), dann durch körperliche Anstrengungen (rasches Laufen), ferner wirken in dieser Weise erregende Nahrungs- und Genussmittel, ebenso beeinflussend erweist sich sehr reine, trockene Luft und der Einfluss des electrischen Stromes auf den menschlichen Organismus. Künstlich und in therapeutischer Absicht, können wir auch durch Arzneimittel eine Beschleunigung der Pulsfrequenz hervorrufen.

Vorübergehende Verlangsamung der Pulsfrequenz unter sonst normalem Zustande des Menschen bemerken wir am Morgen beim Erwachen, ebenso in horizontaler Lage und beim Sitzen. Unter pathologischen Einflüssen wird nun der Puls entweder frequenter oder seltner.

Pulsfrequenz finden wir bei jeder fieberhaften Affection und hierbei wird die Pulsfrequenz um so grösser, je höher die Temperatur steigt und zwar entspricht einer Steigerung der letzeren um 1° Cels. im Durchschnitt ein Steigen des Pulses um 8 Schläge in der Minute. Er ist aber auch das Zeichen schwindender Kraft und eintretender Erschöpfung, wodurch das Herz zu schneller Wiederholung seiner Zusammenziehungen gezwungen wird, um durch Quantität die mangelnde Qualität zu ersetzen. Verbindet sich mit einer beträchtlichen Häufigkeit, Schwäche und Kleinheit des Pulses, so weist dies auf bedeutende Kraftabnahme, auf lebensgefährliche Erschöpfungszustände, auf den herannahenden Tod hin; doch finden wir bisweilen auch in der Reconvalescenz nach sehr schweren Krankheiten einen solchen Puls ohne dass er dann jene Andeutungen abgebe. Wenn der Puls 150 bis 200 Mal in der Minute schlägt, so ist er nicht mehr zählbar, und erscheint als eine zitternde Bewegung, wie dies in der Agonie der Fall ist.

Eine sehr bedeutende Vermehrung der Pulsschläge kommt bei Herzpalpitationen vor, ferner bei solchen secundären Entzündungen, die im Gefolge eines organischen Herzleidens auftreten, auch bei den acuten Herzkrankheiten, Endo-Myo-Pericarditis, sowie bei den chronischen Arten finden wir sehr oft eine vermehrte Pulsfrequenz.

Pulsus rarus. Eine subnormale Pulsfrequenz beobachten wir unter pathologischen Zuständen des Menschen nicht selten, und dann auch charakteristisch für die betreffenden Affectionen, so nach dem Ablaufe kurz andauernder acuter Krankheiten; sie sinkt hierbei nicht selten bis auf 48 Schläge in der Minute herab. Ferner kommt eine sehr niedrige Pulsfrequenz häufig bei heruntergekommenen anämischen Leuten zur Beobachtung. Atrophie des Herzmuskels, eine beträchtlichere Stenosis des Ostium aorticum führen gleichfalls zu abnorm niedriger Pulsfrequenz. Bei Fettherz hat man die Herabsetzung der Pulsschläge bis auf 28 in der Minute beobachtet. Auch bei Gelbsucht sinkt fast ganz gewöhnlich die Pulsfrequenz.

Nach Gehirnhaemorrhagieen, besonders wenn solche im Verlaufe einer Herzkrankheit auftreten, kommt es oft zu subnormaler Pulsfrequenz. Künstlich bewirken wir durch die Digitalis eine Verminderung der Pulsfrequenz.

2. Die Grösse des Pulses.

In Rücksicht auf das Verhältniss des Pulses zum Raume unterscheiden wir den grossen und vollen Puls und den kleinen und leeren Puls. *Grosse des Pulses.*

Gross ist der Puls, wenn die Arterie permanent einen grossen Umfang einnimt, und die sehr vollständige Erweiterung der Arterie deutlich fühlbar wird; pathologisch finden wir einen auffällig grossen Puls bei linkseitiger Herzhypertrophie, dann bei soporösen und apoplectischen Zuständen, sowie nach Erhitzungen und nach Einwirkung narcotischer Agentien. (Opium.) *Pulsus magnus.*

Der kleine Puls äussert sich durch das Gegentheil. Die bemerkbare Erweiterung der Arterie ist dann so gering, dass sich der Durchmesser desselben unter dem fühlenden Finger stets gleichmässig klein erhält. Er ist bei solchen Personen natürlich, welche sehr kleine, tiefliegende, mit Zellstoff und Fett umgebene Arterien haben, auch bei Frauen, bei schwächlichen und zartge- *Pulsus parvus.*

bauten Männern und bei sehr fetten Individuen kann
der kleine Puls etwas normales sein. Ist der kleine Puls
zugleich auch schwach, so bedeutet er Blutmangel, Kraft-
mangel des Herzens. Bei Blutverlusten, bei erschöpfenden Diarrhoen, bei hydropischen Zuständen, bei hectischen Fiebern wird oft der Puls klein.

Pulsus plenus. Beim vollen Pulse wird die Arterie während der
Ausdehnung prall mit Blut gefüllt, beim leeren Pulse
Pulsus vaccuus. dagegen ist die andrängende Blutmenge eine so geringe,
dass die Elevation des Arterienrohres kaum sichtbar und
fühlbar wird, wir sprechen dann im exquisiten Falle von
Pulsus filiformis. einem fadenförmigen Pulse, Pulsus filiformis, der
hochgradige Erschöpfung anzeigt. —

Die Völle des Pulses zeigt nicht immer eine grössere Menge von Blut an, oft ist es nur eine grössere
Ausdehnung, oder auch eine geringere Dichtigkeit des
Blutes, die selbst bei Blutmangel obwalten kann, und
wir beobachten recht häufig nach einem ergiebigen Ader-
lass und nach intensiven zufälligen Blutungen einen
auffällig vollen Puls.

In Rücksicht auf die Stärke des Pulses unterscheiden wir den starken und schwachen, den harten
und weichen Puls.

Pulsus fortis. Bei Pulsus fortis fühlen unsere tastenden Finger
ein kräftiges Anschlagen der Arterie, welche schwer zu
comprimiren ist, d. h. sie äussert, wenn man versucht
sie zu unterdrücken einen grossen Widerstand. Er
spricht für Energie der Circulation und Blutfülle, und
gehört besonders kräftigen, gut constituirten Leuten an.
In Krankheiten, acuten wie chronischen ist der starke
Puls immer ein günstiges Zeichen.

Pulsus debilis. Beim Pulsus debilis findet das Gegentheil statt,
doch ist indessen der schwache Puls nicht immer ein
Zeichen wahrer Schwäche. —

Beim Pulsus durus fühlt sich die ausgedehnte Arterie wie eine fest gespannte Schnur, wie eine Basssaite an, ohne dass hier wie bei Greisen die Häute der Arterie infolge von Kalkablagerungen und Verdickungen hart oder steif wären; bekanntlich kommt es aber auch schon im früheren Lebensalter zu Sclerose der Arterien; die oberflächlich gelegenen bilden dann in diesem Falle geschlängelte, höckrige Stränge, die neben Verengerung ihres Lumens sich hart, wie verknöchert anfühlen. Liegt diese Erkrankung der Gefässe nicht vor und fühlt sich doch der Puls hart an, so weist dies auf eine krankhafte Anstrengung des Herzens, auf eine Ueberfüllung der Arterien, auf einen entzündlichen Zustand, auf Hindernisse des Kreislaufs hin, denen dann oft organische Herzfehler zu Grunde liegen. Bei den meisten fieberhaften Krankheiten der Kinder stellt sich bald ein harter, stark klopfender Puls ein.

Beim Pulsus mollis ist die Spannung der aus- gedehnten Arterie sehr gering und lässt sich diese daher auch leicht unterdrücken. Naturgemäss ist der Puls bei Kindern, Frauen, bei zartgebauten und phlegmatischen Personen weich, und im Allgemeinen zeugt dieser Puls von weniger Turgescenz der Blutgefässe; pathologisch erscheint derselbe nach reichlichen, erschöpfenden Blutverlusten, und andauernden Diarrhoen, sowie nach schweren Krankheiten; bei Cachexien, bei hectischen Fiebern, bei Sopor und bei narcotischen Vergiftungen ist er oft exquisit weich. In allen diesen Fällen deutet er auf mehr oder minder grosse Abnahme der Kräfte hin. Weniger bedeutungsvoll ist der auffallend weiche Puls im Beginne fieberhafter catarrhalischer und gastrischer Affectionen.

Auch auf Ungleichheiten bezüglich der Grösse des Pulses der beiden Radialarterien hat man zu achten, indem theils durch anatomische Abweichungen, theils durch pathologische Zustände, wie z. B. bei mechanischem Druck auf das Arterienrohr einer Seite, durch Tumoren etc., der Puls verschieden umfänglich sein kann; man vergleiche deswegen immer beide Radialarterien miteinander; ausserdem kann es vorkommen, dass der Puls an der einen Arterie später eintritt als an der anderen z. B. wenn ein Aneurysma der Aorta vorliegt.

Pulslosig-keit.
Pulslosigkeit beobachtet man nicht selten schon einige Zeit vor Eintritt des Todes; bei der Cholera asiatica ist dieselbe in den schlimmeren Fällen fast constant, ohne dass desshalb jedesmal unbedingt der Tod erfolgen müsste; auch bei der Cholera nostras kommt ab und zu Pulslosigkeit vor.

Bei Asphyxien, die bekanntlich oft lange andauern können, finden wir Pulslosigkeit, ohne dass der Tod allemal erfolgt.

Bisweilen ist der Puls an der Radialis desshalb nicht zu fühlen, weil die Arterie einen abnormen Verlauf genommen hat.

Rücksichtlich der Vergleichung der einzelnen Pulsschlägen untereinander selbst, muss man sowohl Stärke als auch das Raum-, und Zeitverhältniss derselben berücksichtigen.

Pulsus ae-qualis und inaequalis.
Stimmen in diesen drei Punkten die einzelnen Pulsschläge mit einander überein, so nennen wir den Puls gleich, aequalis, ist dies nicht der Fall so ist er ungleich, inaequalis.

Der Puls kann demnach bald nur in Betreff der Stärke oder der Grösse oder des Zeitmasses bald in diesen Beziehungen zugleich ungleich sein und daher giebt es denn auch mehrere Formen des ungleichen Pulses, von denen die wichtigsten sind:

Intermitti-render Puls.
a. Der intermittirende Puls, als solchen be-

zeichnen wir einen Puls, wenn nach 2, 3, 4 oder noch mehreren Pulsschlägen einer oder mehrere die der Zeit nach folgen sollten ausbleiben, indem das Herz infolge von Schwäche, Krampf etc. zu lange in der Diastole oder Systole verweilt.

Diesen intermittirenden Puls finden wir häufig bei organischen Herzfehlern so z. B. bei Stenose des Ostium venosum sinistrum, bei Insufficienz der Mitralklappe, ferner bei pericarditischen Exsudaten, bei Apoplexien, bei Epilepsie u. s. w. auch durch grössere und andauernde Gaben der Digitalis wird ein intermittirender Puls hervorgebracht, wo dann, nebenbei bemerkt, das Mittel sofort bei Seite gelassen werden muss.

Nicht allzuselten findet man diese Pulsart übrigens noch bei sonst anscheinend gesunden bejahrten Leuten.

b. Pulsus dicrotus.

Der doppelschlägige Puls markirt sich unter dem tastenden Finger so, dass zwei schnell aufeinander folgende Schläge, wovon der erste an Grösse und Stärke den zweiten übertrifft, mit einer nachherigen längeren Pause abwechseln; es kommen dabei auf je zwei Pulsationen eine Herzcontraction.

Der dicrote Puls wird fast ausnahmslos bei Typhus abdominalis beobachtet, aber auch andere schwere acute Krankheiten, besonders infectiöse, die mit hohem Fieber einhergehen, zeigen mehr oder minder deutliche Dicrotie des Pulses; auch bei Phthysis pulmonum kommt er vor. — Eine andere sehr bestimmte rhythmische Intermittens kennzeichnet den

c. Pulsus bigeminus, dessen Eigenheit darin

besteht, dass auf je zwei Pulse, die im Aortensysteme entstehen, eine längere Pause folgt; zum Unterschiede vom Pulsus dicrotus haben wir es hier mit zwei Herzcontractionen zu thun, die rasch aufeinander folgend, von den vorhergehenden und folgenden durch eine längere Pause geschieden sind.

Eine Abart dieses Pulses ist der

Pulsus
alternus.
Pulsus alternans, bei welchem es sich um eine Aufeinanderfolge h o h e r und n i e d r i g e r Pulse handelt, zwei aufeinanderfolgende Pulse stehen so mit einander in Beziehung, dass regelmässig auf einen h o h e n ein n i e d r i g e r Puls folgt und dass dieser niedrige Puls von dem nächstfolgenden hohen, durch eine k ü r - z e r e Pause geschieden ist, als von dem h o h e n Pulse, der ihm vorhergeht.

Pulsus
paradoxus
Eine etwas seltenere aber erwähnenswerthe Pulsart ist der **Pulsus paradoxus**, der sich dadurch aus- zeichnet, dass man p e r i o d i s c h e E r n i e d r i g u n g der Pulswelle constatiren kann, die in der Zeit der I n - s p i r a t i o n fällt, die Erniedrigung kommt in der Regel auf den 3. oder 4. Pulsschlag.

Verengerungen des A o r t e n l u m e n s in der Gegend des Bogens, krankhafte Zustände des M e d i a s t i n u m s, chronische P e r i c a r d i t i s neben geschwächter Lei- stungsfähigkeit der Herzmuskulatur haben hauptsächlich diesen eigenartigen Puls im Gefolge.

Pulsus
tricrotus.
Tricrotie des Pulses endlich zeichnet sich da- durch aus, dass die systolische Elevation in drei Absätzen vor sich geht, was bei blutarmen Reconvalescenten manchmal gefühlt wird. — Eine sehr häufig bei fieber- haften Krankheiten vorkommende Pulsart ist noch der

Pulsus celer.
Pulsus celer, hier dauert die Systole länger als die Diastole, wir fühlen den Puls gleichsam an- schnippen und am ausgesprochensten finden wir diesen Puls bei I n s u f f i c i e n z der A o r t e n k l a p p e n, ihm gegenüber kann schliesslich noch der

Pulsus
tardus.
Pulsus tardus gesetzt werden, der bei S c l e - r o s e der Blutgefässe etwas gewöhnliches ist. Die ex-

tremsten Grade von Trägheit (Pulsus monocro-
tus tardus) finden sich bei Psychosen neben
extrem niedriger Eigenwärme.

Sollte wegen Tieflage, oder wegen starker Fettauf-
lagerung, oder aus sonst einem Grunde die Radialarterie
nicht gut zugänglich sein, so wählt man zur Beurtheilung des Pulses, eine andere oberflächlich gelegene Arterie und gewöhnlich dann entweder die Arteria
temporalis oder die Carotis.

Bei der Untersuchung des Pulses empfiehlt es sich
gleichzeitig den Herzstoss mit zu controliren, hierzu
legt man die freie Hand flach und mässig fest in die
Gegend des 5. Intercostalraumes der linken Thoraxhälfte
und fühlt nun zu, ob Herzstoss und Puls betreffs
Stärke, Frequenz, Ausdehnung und Zeit,
namentlich bei Exspiriren, einander entsprechen oder
nicht. Der Kranke kann sich dabei aufsetzen und etwas
nach vor überbeugen, wodurch der Herzstoss leichter
fühlbar wird. —

Feinere instrumentelle Untersuchungen des Pulses
werden mit dem Sphygmographen ausgeführt und
wohl nur in der Klinik geübt.

Nachdem wir uns vorläufig soweit über den Zustand
des Circulationsapparates unterrichtet haben, gehen wir
nun zur Betrachtung des Respirationsapparates Respirati-
onsapparat.
über, an dem wir vorläufig den Athmungs-Typus
und die Frequenz der Respiration prüfen; letzteres
führen wir aus, indem wir unsere Hand auf den Thorax
vorn auflegen und so die Häufigkeit der Athmung per
Minute fühlen; auch sonst noch auffälliges, wie Dyspnoë,
Orthopnoë etc., was auch ohne eingehendere Untersuchung in die Augen fällt, oder gehört wird, soll jetzt
gleich mit beachtet werden.

Dann lenken wir nochmals unsere Aufmerksamkeit

auf die Haut und sehen zu, ob sich etwa O e d e m e
oder E x a n t h e m e auffinden lassen.

Roseola.   Von den E x a n t h e m e n seien hier nur die R o -
s e o l a im T y p h u s erwähnt, die theils leicht über-
sehen, theils mit anderen diesen ähnlichen Flecken verwechselt werden können.

Es sind dies im Typhus kleine, nur selten und dann
auch nur sehr wenig sich über die Epidermis erhebende,
für gewöhnlich flache, hirsekorngrosse bis linsengrosse
anfänglich den Flohstichen ähnliche F l e c k e, die sich
von letzteren dadurch unterscheiden, dass in ihrer Mitte
der Stichpunkt fehlt, dass sie beim Fingerdrucke verschwinden, nachträglich aber bald wieder zu Vorschein
kommen.

Ihre F a r b e ist meist blassroth, gelblich, oder ins
Violette spielend, zuweilen wechseln sie ihre Farbe
schnell, bald sind sie diffus in der Mitte hochroth, gegen
die Peripherie ihre Röthe verlierend, bald circumscript
überall gleichroth, scharf begrenzt.

In der Regel sind sie r u n d, selten ungleichmässig
gestaltet; sie erregen weder Schmerz, noch Jucken und
verrathen weder eine erhöhte, noch eine verminderte
Temperatur. Sie brechen bald in grösserer, bald in
geringerer Z a h l hervor und sind sie in grosser Anzahl
vorhanden, so geben sie der Haut ein marmorirtes Ansehen. Bei sehr grober Haut entziehen sie sich bisweilen ganz dem Auge.

Sie erscheinen in der Regel zuerst auf dem Abdomen; vereinzelt, oft blos in 3 und 4 Exemplaren be-
bemerken wir sie dann auch auf der Brust; beim e x a n -
t h e m a t i s c h e n T y p h u s bedecken sie den ganzen
Körper.

Das Exanthem zeigt sich meist schon in den ersten
Tagen der Infection, (3ten bis 5ten Tag) es steht dann

einige Zeit, wird allmählig bleich, livid, schmutzig gelb
und schuppt etwas ab und macht einem neuen Nach-
schube Platz. —

Oedeme sind leicht an der Schwellung des Unter- Oedeme.
hautzellgewebes zu erkennen, einigermassen starker Fingerdruck lässt eine Zeit lang [dem Druck entsprechend tiefe
Gruben zurück; geringfügige Oedeme finden sich hauptsächlich in der Gegend der Fussgelenke, an den Augen-
lidern und Genitalien.

Zuletzt reihen wir nun an diese ganz allgemeine
Voruntersuchung noch die der S e - und E x c r e t e. Se- und
Excrete.

Wir bestimmen die M e n g e, die F a r b e, die
R e a c t i o n, das s p e c i f i s c h e Gewicht des U r i n s
und achten auf S e d i m e n t e desselben, das gleiche
nehmen wir mit dem etwaigen S p u t u m vor und sehen
oder erkundigen uns nach den D e j e c t i o n e n.

Der bis hierher erhaltene Befund wird nun zunächst
erst r e c a p i t u l i r t, und mit bekannten Zuständen in Recapitu-
lation.
Zusammenhang gebracht, wodurch wir vielleicht bereits
im Stande sind, das leidende Organ oder System und
die Art der Erkrankung bezeichnen zu können, und in
manchen Fällen werden uns die Resultate dieser Voruntersuchung veranlassen müssen, die Untersuchung des
betroffenen Theiles sofort vorzunehmen, bevor wir syste-
matisch fortfahren; ist dies aber nicht der Fall, so gehen
wir und das ist das gewöhnliche jetzt zur Anamnese
über, dieselbe einleitend, indem wir dem Kranken die
präcise Frage stellen: worüber haben Sie zu klagen. Anamnese.

Man lasse den Kranken ruhig und ohne störendes
Dazwischenfragen erzählen, und ordne sich selbst das Er-
fahrene der Zeit und der Reihenfolge nach, Fehlendes ergänze
man am Ende der Aussagen des Kranken durch Ausfragen.

Der Reihenfolge nach nehme man vorerst Rücksicht
auf die F a m i l i e n v e r h ä l t n i s s e des Patienten, man

erkundige sich, ob die Eltern noch gesund sind, oder welche Krankheiten dieselben aquirirten; falls sie verstorben sind, frage man nach den Ursachen des Todes. Das Gleiche ist von den etwaigen G e s c h w i s t e r n und näheren Verwandten zu eruiren; auch auf erbliche Krankheiten, auf disponirt sein zu gewissen Uebeln, wie Scrophulose, Epilepsie, Gicht, Krämpfe u. s. w. nehme man Rücksicht.

Dann geht man auf das V o r l e b e n des Patienten selbst ein, berücksichtigt die seit der Kindheit überstandenen Krankheiten, (Masern, Scharlach, Pocken etc.), sowie die B e s c h ä f t i g u n g, L e b e n s w e i s e, Wohnung und andere äussere Verhältnisse und sucht die guten und schlechten Gewohnheiten auszumitteln; auch nach c o n s t i t u t i o n e l l e n K r a n k h e i t e n, insbesondere nach etwaigen syphilitischen, erkundige man sich.

Bei w e i b l i c h e n K r a n k e n muss man auf schonende Weise den Eintritt der M e n s t r u a t i o n zu ermitteln suchen, ferner ob dieselbe regelmässig war oder nicht, wie lange dieselbe dauerte, ob der Blutabgang reichlich oder sparsam ist und welche Beschaffenheit das Blut dabei zeigte, ob die Menstruation mit Schmerz verknüpft war, ob dieselbe bereits aufgehört hat.

Dann unterrichtet man sich über die eventuelle Anzahl der Geburten, ob mit oder ohne Kunsthülfe, über deren Verlauf und etwaige Wochenbettskrankheiten; auch nach Aborten und Fehlgeburten frage man. —

Die Zeit der Erkrankung, die a n f ä n g l i c h e n S y m p t o m e, der bisherige V e r l a u f und die muthmassliche G e l e g e n h e i t s - U r s a c h e des Leidens, sind das Objekt des weiteren Krankenexamens.

Man erforsche ob die Krankheit mit F i e b e r e r s c h e i n u n g e n, Schüttelfrost, Schauern, Kältegefühl längs des Rückens, Hitze, neben trockner, heisser Haut

oder mit Schweiss unter vermehrtem Durstgefühl begonnen
hat, ferner ob dieselbe Uebelkeit, Erbrechen, unangenehme
Empfindungen oder Schmerzen in der Magengegend mit
sich brachte, ob dabei plötzlicher, oder allmählig eintretender Appetit-Verlust, mit Schmerzen im Kopfe, im
Rücken, in der Brust, im Unterleibe, in der Nieren-
gegend, in den Gelenken, mit allgemeiner Abspannung,
Mattigkeit, mit dem Gefühl des Zerschlagenseins, statt
hatte; ferner ob Athembeschwerden, Husten mit allgemeinen, oder localisirten Schmerzen, oder mit Stichen
in der Brust vorhanden gewesen sind, oder ob die Krankheit mit Klopfen in den Schläfen, mit Verlust des Bewusstseins, mit Phantasien, oder Delirien einhergegangen ist.

Wird der Kranke durch sein Alter oder durch Störung seines intellectuellen Vermögens, selbst zu antworten
gehindert, so muss man diese, durchaus nicht unwichtigen anamnestischen Fragen, an die Angehörigen resp.
an die Umgebung richten.

Sind Schmerzen vorhanden gewesen, so frage man,
ob dieselben noch da sind und bejaht der Patient dies,
so unterrichtet man sich genau von der Stelle derselben
und um jeden Irrthum, die die mündliche Antwort des
Kranken veranlassen könnte, auszuschliessen, lässt man
ihn die Hand auf den Sitz des Uebels legen und dieses
umtasten, oder in seinem Verlaufe verfolgen.

Man fragt ihn bezüglich des Schmerzes, ob dieser
oberflächlich oder tief, ob anhaltend oder periodisch ist,
ob seine Intensität immer die nämliche ist, oder ob sie
sich mit den Intervallen vermehrt oder vermindert und
dann unter welchen Umständen.

Man berücksichtige besonders den Einfluss des
äusseren Druckes und frage den Patienten womit er ihn
vergleichen könnte, ob etwa ein Gefühl von Wärme
oder Kälte damit verbunden ist etc.

3*

Hierauf untersucht man ob irgend eine Veränderung
in der Farbe, dem Volumen, der Form, der
Consistenz des schmerzhaften Theiles vorhanden ist;
ob Fluctuation, ob irgend eine ungewöhnliche Pulsa-
tion, irgend ein abnormes Geräusch bemerkt werden
kann, oder ob eventuell irgend eine Veränderung des
dort eigenen Schalles percutorisch nachzuweisen ist.

Wenn der Kranke keinen örtlichen Schmerz fühlt,
sondern sich über die Störung irgend einer Verrichtung beklagt, z. B. über eine partielle Schwäche, über
Husten, Diarrhoe u. s. w. so untersucht man zunächst
alles was auf die gestörte Verrichtung Bezug hat, und
geht alsdann erst auf die Erforschung der allgemeinen
Symptome über.

In den Fällen endlich, wo der Kranke über ein
ganz allgemeines Uebelbefinden, über Störung der
meisten Verrichtungen zu klagen hat, ohne
dass eine von diesen beträchtlich und auffällig gestört
ist, muss man alle durchgehen, wobei man mit den
höheren beginnt und mit den niederen abschliesst.

Nachdem nun diese anamnestischen Befunde den
ersten objectiven Wahrnehmungen angereiht worden sind,
wird sich in vielen Fällen eine Diagnose mehr oder
minder positiv aussprechen lassen, ihrer Sicherstellung
und der vollkommenen Untersuchungsweise wegen,
knüpfen wir nun hieran die Exploration des ganzen
Körpers und nehmen in systematischer Weise den
status präsens weiter auf.

Schädel.   Mit dem Kopfe beginnend beschreiben wir
dessen Gestalt, Grösse, Behaarung und sonstigen Eigen-
Sehorgan. schaften, dann wenden wir uns zum Sehorgan, prüfen
die Reaktion der Pupillen, indem wir mit vorgehaltener
flacher Hand abwechselnd das Licht einwirken lassen,
sehen zu ob die Augenaxe eine gerade ist, ob Strabis-

mus, Ptosis, oder anderes bemerkt wird, hierauf folgt
dann die Beurtheilung der Symmetrie der Gesichtsmus- Gesichts-
muskulatur.
kulatur, die besonders bei Lähmung des Nervus facialis
eine gestörte sein wird, asymmetrisch wird hierbei dann
auch die Stirn gerunzelt werden, Pfeifen und Lachen
wird abnorm ausgeführt, die eine Gesichtshälfte wird
kleiner und länger erscheinen, der Mund steht schief
und der Versuch das Auge der gelähmten Seite zu
schliessen, gelingt häufig nicht völlig, nur zur Hälfte
senkt sich das Augenlid herab und der Augapfel dreht
sich dabei nicht selten nach oben (Lagophthalmus).

Weiterhin lässt man nun den Kranken die Zunge Zunge.
herausstrecken, wobei man an dieser G r ö s s e , F a r b e ,
B e l a g , t r o c k e n e F e u c h t i g k e i t , H a l t u n g und
B e w e g u n g , etwaige Z a h n e i n d r ü c k e zu beachten hat. —

Die Zunge bietet in Krankheiten eine fast unend-
liche Anzahl von Modifikationen dar.

Das Volumen der Zunge nimmt eigentlich selten Vergrösse-
rung der
Zunge.
zu, doch kann auch unter Umständen die Zunge so
umfänglich werden, dass sie zwischen den· unteren
Zahnbogen eingeengt, in ihrer ganzen Peripherie zwischen den Zähnen comprimirt wird und deren Eindrücke
darbietet; dies kommt z. B. vor bei andauerndem Quecksilbergebrauch. Auch bei schwerer Angina faucium, als
Resultat einer Stauung des Blutes in diesem Organe,
kommt es manchmal zu enormer Zungen-Vergrösserung.

Die V e r k l e i n e r u n g der Zunge hingegen ist Verkleine-
rung der
Zunge.
ein weit häufigeres Symptom, besonders während des
Typhus und bei anderen malignen acuten Fiebern;
die Erfahrung lehrt, dass dies ein schlimmes Zeichen
für den Zustand des Kranken ist, und in der Regel ist dann
auch zugleich Erzittern derselben und grosse Trockenheit
vorhanden; zwei ebenfalls ungünstige Umstände.

Form der Zunge. Die F o r m der Zunge bietet bei kranken Menschen einige auffallende Varietäten dar, sie wird in manchen Fällen k o n i s c h in anderen s p i t z i g, beides sagt jedoch nichts Bestimmtes über die Krankheit aus.

Haltung und Bewegung der Zunge. Die H a l t u n g und B e w e g u n g der Zunge wird in Krankheiten häufig eine abnorme, und es gilt als ein günstiges Zeichen für den weiteren Verlauf acuter Krankheiten, wenn die Zunge die Freiheit ihrer Bewegung behält; in den meisten chronischen Kankheiten hat diese Erscheinung gar keinen Werth. —

Eine Schwierigkeit der Bewegungen der Zunge aber, sowohl bei Artikulation der Töne, als beim Vorstrecken derselben aus dem Munde, deutet immer auf einen gefahrdrohenden Verlauf der Krankheit.

Farbe der Zunge. Die F a r b e der Zunge kann verändert sein entweder unmittelbar durch eine in der Farbe der Zunge selbst bewerkstelligte Veränderung, oder mittelbar durch einen Ueberzug — Belag. —

Farblosigkeit der Zunge. Die B l ä s s e und F a r b l o s i g k e i t der Zunge finden wir nur in denjenigen Fällen, wo die Menge des Blutes im Allgemeinen beträchtlich vermindert ist, z. B. bei hochgradiger A n a e m i e.

Abnorme Röthung der Zunge. Eine abnorme Röthung der Zunge finden wir bei den meisten acuten fieberhaften Krankheiten, die aber häufig nur an der Spitze und den Rändern des Organs sichtbar wird, während sie auf der Oberfläche durch Belege verdeckt ist.

Im Typhus bemerken wir fast ausnahmslos eine h o c h r o t h e Zungenspitze und ebensolche Zungenränder.

Eine eigenthümlich dunkle h i m b e e r r o t h e Zunge ist geradezu characteristisch für S c a r l a t i n a und zwar besonders nach der Eruption des Exanthems; sie ist dann an ihrer Wurzel und in der Mitte weiss belegt

an den Rändern und an der Spitze dunckelroth gefärbt,
die Papillae fungiformes sind etwas geschwollen und
geben der Zunge ein granulirtes Ansehen, weshalb man
ihr bei der Aehnlichkeit der Farbe den Namen H i m -
b e e r z u n g e beigelegt hat.   Sind die Papillen stärker
erigirt, so bekommt sie das Ansehen einer K a t z e n -
z u n g e. Manchmal erscheint die ganze Zunge roth
punctirt getüpfelt.

Die U e b e r z ü g e und B e l e g e verändern die Farbe Zungenbelag.
der Zunge wesentlich, sie sind aber immer nur auf die
Oberfläche derselben beschränkt, und können sehr verschiedene Schattirungen darbieten.

Diejenigen, welche in Krankheiten am häufigsten
bemerkt werden, sind die weissen, gelben, grünlichen,
russigen, schwarzen Belege. Dieselben können dünn
oder dick, zäh oder leicht wegnehmbar, trocken oder
feucht, gleichförmig oder ungleichförmig ausgedehnt sein·

Bei Untersuchung der Zunge muss man sich aber
sehr vor Täuschungen durch zufällige Dinge hüten, wie
es z. B. durch den Genuss von Kaffee, Milch, Kirschen,
Heidelbeeren etc. vorkommt, wodurch gelbe, weisse,
rothe etc. Belege auf kurze Zeit erfolgen; auch der
Genuss von Rothwein färbt gleich hinterher die Zunge
bläulich schwarz; ferner zeigen viele sonst gesunde
Menschen immer eine belegte Zunge, vollends jene,
die an eine reizende, gewürzhafte Nahrung und an
geistige Getränke gewöhnt sind, so auch die Cigarren-,
Pfeifenraucher und Tabakskauer.

In Krankheiten belegt sich die Zunge in der Regel
rasch, d. h. sie bekommt durch reichliche Neubildung
und Auflagerung der abgestossenen Epithelzellen ein
weissliches Ansehen; dieser Beleg stösst sich in manchen
Fällen fast regelmässig total (Scarlatina) in anderen nur
partiellelos (Typhus).

Der w e i s s e und g e l b l i c h e Zungenbelag deutet
an und für sich selbst keine gefährliche Krankheit an,
obschon er manchmal auch in tödlichen Krankheiten
vorkommt.   Magenkranke haben fast ausnahmslos eine
gelbweiss belegte Zunge.   Einen fast schneeweissen,
käseartigen Belag durch den S o o r p i l z (Oidium albicans) gebildet, finden wir ungemein häufig bei kleinen
Kindern.

Der r u s s i g e, s c h w a r z e, fuliginöse Belag auf der
Zunge, der besonders oft während eines typhösen Processes zur Beobachtung kommt, ist immer das Zeichen
einer schweren und perniciösen Erkrankung und von
übler Vorbedeutung.

Es gilt für den Zungenbelag bei Typhus erfahrungs-
gemäss als ein günstiges Zeichen, wenn die Dicke und
Zähigkeit dieses Ueberzuges allmählig abnimmt; es ist
ferner ein günstiges Symptom, wenn derselbe, nachdem
er trocken geworden war, feucht wird und sich loslöst;
wird der Belag aber, nachdem er eintrocknete, dick
und fadenziehend, so dass sich undurchsichtige, schmie-
rige Streifen zwischen der Zunge und dem Gaumensegel
bilden, so kann man auf einen nahen Tod gefasst sein;
auch in anderen acuten wie chronischen Krankheiten
wird diese Veränderung beobachtet und auch hier ist
dann der lethale Aussgang fasst ganz gewiss und bald
zu erwarten. —

Der Zungenbelag ist rechterseits und linkerseits
in Betreff der Dichtigkeit und Färbung nicht immer
gleichförmig, doch ohne besondere Bedeutung. —

Abnorme T r o c k e n h e i t der Zunge findet man
vorzüglich im Verlaufe a c u t e r f i e b e r h a f t e r Krank-
h e i t e n und im Allgemeinen darf man recht wohl
enorme Trockenheit der Zunge, vollends wenn das ganze

Organ davon betroffen wird und wenn sie lange andauert, als ein ungünstiges Symptom deuten.

In den schwächsten Graden macht sich die Trockenheit oft blos durch das Gefühl des Kranken, und durch
eine Art Geräusch, welches die Bewegungen der Zunge
begleitet und von der Berührung dieses Organs mit
anderen Stellen des Mundes namentlich mit der Schleimhaut des Gaumens herrührt, bemerklich; es ist mehr
blos eine Feuchtigkeitsverminderung, als ein wahrer
Zustand von Trockenheit.

In einem höheren Grade scheint der auf die Zunge
gebrachte tastende Finger durch ein klebriges Material
zurückgehalten zu werden.

Ist dieser Zustand endlich noch intensiver vorhanden, so ist die Zunge an manchen Stellen, oder in
der ganzen Ausdehnung ihrer Oberfläche aller Feuchtigkeit gänzlich beraubt. So sehen wir Trockenheit manchmal nur auf der Spitze der Zunge, ein Dreieck bildend,
beschränkt, anderemale nimmt sie blos die Mitte und
auch diese nur streifenweise ein, während dazwischen
gelegene Räume feucht blieben, oder sie betrifft nur
die beiden Ränder.

Diese Trockenheit kann Tage lang und noch länger
andauern, im letzteren Falle ist sie dann nicht blos
trocken geworden, sondern sie wird entweder glatt,
glänzend, wie mit einem Goldschlägerhäutchen belegt
und tiefer roth, oder aber sie wird rauh, gefurcht,
rissig, und in Folge von Beimischung von Blut aus den
kleinen Rissen, ist die Zunge dann wie mit einer
schwärzlichen trocknen Kruste bedeckt.

Sowohl dieser wie jener Zustand der Zunge kündigt
in acuten Krankheiten eine grosse Gefahr an, in den
chronischen, wo dies weit seltener vorkommt, kann man
fast immer eines sehr nahen Todes gewiss sein.

Selten bietet die Zunge in ihrer Temperatur so beträchtliche Veränderungen dar, dass diese Beachtung verdiente; doch hat man in den letzten Stadien acuter und chronischer Affectionen die Zunge, wenn man sie mit dem Finger anfühlt, bisweilen sehr kalt gefunden, solche Kranke starben dann gewöhnlich innerhalb 24 Stunden. Für die C h o l e r a a s i a t i c a ist eine weniger warme oder kalte Zunge neben abnormer Blässe ein regelmässiges Symptom.

Haltung
und
Beweglich-
keit der
Zunge.
Unter normalen Verhältnissen wird die Zunge gerade, in fester Haltung aus dem Munde gestreckt ihre Bewegung ist nach allen Richtungen hin frei.

Gewisse Affectionen können dies wie jenes mehr oder minder behindern. So sehen wir schwer Kranke die Zunge oft zitternd und mit grosser Mühe hervorbringen, oder sie bleibt ganz im Munde zurückgezogen, hier handelt es sich meist um nervöse Störungen, bei denen auch das Gehirn in Mitleidenschaft gezogen ist, wie z. B. im T y p h u s, oder es handelt sich bei behinderter Beweglichkeit dieses Organs um direkte Gehirnkrankheiten z. B. um E n c e p h a l i t i s.—A p o p l e x i e n führen häufig zu partieller Lähmung der Zunge, die sich häufig auf eine ihrer seitlichen Hälften beschränkt, oder es werden nur einige ihrer Muskeln betroffen. Im ersten Falle sehen wir dann die Zungenspitze nach der gelähmten Seite gekrümmt, im letzteren Falle documentirt sich die Lähmung nur durch Behinderung in der Aussprache gewisser Buchstaben, beim Kauen und durch erschwerte Deglutition. Die Störung im Gehirn liegt auf der der gelähmten Seite entgegengesetzten Hemisphäre.

Endlich müssen noch die oft unregelmässigen Narben, welche man öfter auf der Zunge vorfindet und die Folge einer queren Wunde dieses Organs zu sein

scheinen (Eindrücke der Zähne) vermuthen lassen, dass
der Kranke an Epilepsie leidet. —

Hierauf besichtigen wir die Zähne und das Zahn- Zähne und
Zahnfleisch.
fleisch, erstere hinsichtlich ihrer Zahl und ihrem
Zustande nach, ob sie etwas Caries, oder wie bei
chronischer Bleivergiftung einen bleigrauen Belag
erkennen lassen, ob Quecksilbergebrauch, oder Scorbut,
dieselben lockerte u. s. w.; bei Kindern muss man
nachfühlen, ob die Zähne im Durchbrechen begriffen sind.

Das Zahnfleisch untersucht man auf Consis- Zahnfleisch.
tenz und Farbe, ob es fest und normal roth ist,
oder ob es sich wie z. B. bei Scorbut, Parulis, Epulis,
bei Soor und Aphthen in einem aufgelockerten, von
den Zähnen abgelösten, entzündeten Zustande befindet
in diesen Fällen sehen wir es meist tiefroth, bei Blut-
armuth ganz blassroth, bleich ·gefärbt.

Hieran schliesst sich naturgemäss die Betrachtung
der Mundschleimhaut, der Tonsillen und der
übrigen hinteren Rachenpartie.

Bei der Mundschleimhaut ist besonders zu Mund-
schleimhaut
beachten, ob ihre Drüsen geschwellt sind, ob die
Speichelsecretion abnorm vermehrt ist (Ptyalismus)
infolge von Gehirnleiden, Quecksilbergebrauch etc.

Die Tonsillen zeigen oft abnorme Grösse,
Abscesse, diphtheritische Belege, oder infolge
von Krankheiten, namentlich syphilistischen, Substanz-
verluste.

Die Uvula kann geröthet, geschwollen, abnorm Tonsillen.
lang sein, bei Lähmungen dieser Gegend hängt sie
schief, nach der gelähmten Seite hingezogen; Aphthen,
Pseudomembranen, diphtheritische Auflagerungen können
auf der Uvula haften, auch der hintere Theil derselben
muss inspicirt werden.

Hintere Ra-chenwand. Die hintere Rachenwand untersucht man ferner bei weit geöffnetem Munde und bei niedergedrückter Zunge (mit einem Spatel oder Löffelstiel) auf Färbung, auf catarrhalische, croupöse, diphtheritische, und syphylitische Affectionen; bei Retropharyngeal-Abscessen muss der eingeführte Finger fühlen, ob Fluctuation vorhanden ist und bei Arthritis deformans der Halswirbelsäule, überzeuge man sich gleichfalls mit dem Finger tastend von dem deformirten Knochen. Zuletzt achte man noch auf foetor ex ore.

Arter. temporal. Sodann betasten wir die Arteria temporalis, hinsichtlich ihrer Füllung, Schlängelung und etwaige Rigidität.

Hals. Hierauf folgt die Besichtigung des Halses und des Nackens; am ersteren habe man acht auf dessen Länge und Dicke, auf etwa vorhandene Drüsenanschwellungen, auf Strumen, und auf Infiltration des Zellgewebes; ausserdem hat man hier noch die Auskultation der Carotiden und der Venae jugulares vorzunehmen.

Nacken. Am Nacken prüfe man die dort lagernden Drüsen, (bei Syphilis abnorm grosse) und die Muskulatur, ob sie etwa wie bei Meningitis cerebrospinalis contrahirt ist und ob nun infolge dessen eine Steifheit des Nackens besteht.

Hieran schliesst sich nun die Exploration der Brust und ihrer Organe.

Zu diesem Zwecke bringt man den Kranken in eine möglichst symmetrische Lage und unterwirft zu-

Inspection des Thorax. nächst den Thorax einer Inspection, deren Aufgabe es ist, die relative Grösse des Brustkorbes, seine Symmetrie, seinen Dimensionen nach, Breite, Tiefe und Länge zu bestimmen; auch der Abstand der einzelnen Rippen und die Intercostalmuskulatur ihrer Masse nach, gehört hierzu.

Sodann bezeichne man den Ort des Herzspitzen-
stosses und beachte etwaige abnorme Undulationen in dieser Gegend.

Auf die Inspection des Thorax folgt dann die Palpation
Palpation desselben. des Thorax.

Mit zwei Fingerspitzen den Spitzenstoss des
Herzens befühlend, misst man dessen relative Kraft
und eruirt den Ort wo er gefühlt wird, während darauf
die ganze und flachaufgelegte Hand in der Herzgegend
Abnormes zu entdecken sucht.

Durch symmetrisch in die Zwischenrippenräume
eingelegte Finger überzeugt man sich, ob die Hebung
der oberen Brustapertur gleichmässig und gleich-
kräftig von Statten geht.

Mit flacher auf den Rücken und die Seitenwände
der Brust aufgelegter Hand überzeuge man sich, während
man den Kranken sprechen oder zählen lässt, von dem
Zustande des Fremitus pectoralis.

Endlich wird man im gegebenen Falle noch am
Thorax schmerzhafte Stellen, denen Abscedirungen,
Eiteransammlungen, Knochenerkrankungen etc. zu Grunde
liegen können, zu palpiren haben.

Hieran reiht sich jetzt die Percussion und Aus- Percussion
cultation der Lungen, des Herzens und der des Thorax.
grossen Gefässe.

Die Percussion, die eingehender, ebenso wie die
Auscultation, in dem nächsten Kapitel abgehandelt
wird, beginnt man unter dort angeführten Cautelen,
an der vorderen Brustwand, und zwar von oben von
den Claviculis ab nach unten beide Seiten an symmetrischen Stellen beklopfend, mittelbar mit dem
Plessimeter und Percussionshammer; in den Fossae
supraclavicular. legt man statt des Plessimeters
zweckmässiger einen Finger unter, denn hier sitzt dieses

Instrument selten genau auf, es scheppert und giebt zu Täuschungen Veranlassung.

In der nämlichen symmetrischen Weise percutire man dann die Seitenwände des Thorax und bestimme genau die Grenzen der darunter liegenden Organe; sodann geht man am Thorax zur Auscultation der Lungen, des Herzens und der grossen Gefässe über.

Ausculta-
tion der
Brustorgane

Bei Kindern und leicht erregbaren ängstlichen Personen, empfiehlt es sich, aus nahe liegenden Gründen, die Auscultation der Percussion vorauszuschicken.

Rücken.

Hieran schliesst sich die Untersuchung des Rückens; wir lassen den Kranken aufsitzen und besichtigen zunächst die Architectonik des Rückens, sehen zu ob die Wölbung desselben eine normale ist, ob die Wirbelsäule in gerader Richtung verläuft, ob schmerzhafte Punkte an ihr constatirt werden können etc.

Inspection.

Palpation.

Percussion
und Auscul-
tation des
Rückens.

und percutiren und auscultiren geradeso wie die vordere, auch die hintere Thoraxwand.

Abdomen.

Weiterhin erstreckt sich alsdann die systematische Untersuchung auf die Organe des Abdomens.

Inspection
des
Abdomen.

Auch hierbei beginnt man zuvörderst mit der Inspection und Palpation; man bestimmt die Form des Unterleibes, ob gewölbt, ob flach, ob kahnförmig eingezogen etc.; mit der Hand fühlt man zu ob er weich oder hart ist, ob sich Tumoren, schmerzhafte Stellen, abnorme Flüssigkeitsansammlungen, oder ob andere sicht- und greifbare Abnormitäten vorhanden sind.

Palpation
des
Abdomen.

Percussion
des
Abdomen.

Dann nimmt man die Percussion zu Hülfe und bestimmt die Grenzen des Magens, der Leber, den Stand der Harnblase und im gegebenen Falle den des Uterus, in rechter Seitenlage die Grösse der Milz.

Abnorme Geräusche, wie sie durch Gasan- _{Ausculta-tion des} sammlung im Magen, durch Aneurysmen der Aorta _{Abdomen.} abdom., durch Hydatiden in Echinococcusblasen, hervorgerufen werden, lehrt uns die Auscultation erkennen, hierher gehört dann auch noch das Aushorchen des foetalen Herzschlags.

Eventuell werden jetzt noch die Genitalien und _{Genitalien und Anus.} der Anus einer Inspection resp. Digitaluntersuchung unterzogen.

Auf Hernien, Leistendrüsenschwellung _{Hernien u. Inguinaldrüsen.} muss in dieser Region mit Rücksicht genommen werden —

Handelt es sich um gewisse Krankheiten des _{Untersuchung des Nervenapparates.} Nervensystems in deren Gefolge Paralysen, Paresen etc. auftreten, so nimmt man den Status praesens, wie in Vorstehendem angedeutet, vorerst auf und geht alsdann auf die Störung dieses Systems ein. Es dürfte sich empfehlen, hierbei eine gewisse Ordnung und Reihenfolge einzuhalten.

Man beginne mit der Prüfung der Motilität, _{Motilität.} an diese reihe man die Sensibilität, prüfe sodann die vasomotorische, die trophische und zuletzt die psychische Sphäre.

Rücksichtlich der motorischen Sphäre kommen in Betracht: Störungen der Extensität, und Intensität, des Ernährungszustandes der willkürlichen Muskeln, dann das Verhalten der electromotorischen Erregbarkeit und das der Reflexerregbarkeit, auf welches man das der mechanischen folgen lässt; hieran reihen sich noch spastische Erscheinungen, Contrakturen, klonische und fibrilläre Zuckungen und Mitbewegungen.

Hinsichtlich der Sensibilität hat man auf _{Sensibilität.} Hyperaesthesie und Anaesthesie zu prüfen, dann die einzelnen Empfindungen T a s t s i n n, T e m - p e r a t u r s i n n, . M u s k e l s i n n, D r u c k s i n n und etwaige Störungen in der L e i t u n g des Nerven- apparates.

Vasomoto- torische Störung.

V a s o m o t o r i s c h e und sympatische Stö- rungen werden sich durch abnorme Temperaturherab- setzung, durch die Eigenwärme des Körpers im All- gemeinen kund geben, während t r o p h i s c h e Leiden in Hypertrophien, in Decubitus ihren Ausdruck finden und endlich die p s y c h i s c h e n in den nur ihnen eigenthümlichen Veränderungen.

Diagnose.

Um nun aus dem gesammelten Untersuchungs- material möglichst richtige Schlüsse auf den Zustand des erkrankten Körpers zu machen, recapitulirt man sich die hervorstechenden Veränderungen, welche man fand.

In diese Gruppen von Abweichungen, welche für sich bestehen, suche man Zusammenhang zu bringen, indem man sie mit bekannten Zuständen vergleicht.

Springt nicht alsbald Aehnlichkeit mit Bekanntem ins Auge, so begiebt man sich auf den Weg der A u s - s c h l i e s s u n g (D i f f e r e n z i a l d i a g n o s e) d. h. man lässt alle Störungen des betreffenden Organs, die möglich sind, im Geiste an sich vorübergehen und prüft bei jeder, ob die vorhandenen Symptome darauf passen.

Die Erfahrung unterstützt hierbei wesentlich, indem sich manche Krankheitsprocesse einmal a u s s c h l i e s s e n das anderemal c o m b i n i r e n.

Ausserdem muss man immer daran denken, dass

ein Kranker mehrere und ganz verschiedenartige Krankheiten an sich haben kann.

Ist die **Diagnose** fixirt so stellen wir dem Kranken die **Prognose**, wie sich die Krankheit weiter entwickeln und wie sie enden wird.

Gewöhnlich fragt es sich zuerst ob der Ausgang der Krankheit günstig oder ungünstig sein werde, oder ob die Sache noch zweifelhaft sei, (Prognosis fausta, infausta und anceps) ferner fragt es sich ob die Herstellung vollständig gelingen wird oder nicht, und endlich wie lange die Krankheit andauern wird.

Die Beantwortung dieser prognostischen Fragen richtet sich im Allgemeinen nach der Theilnahme des Gesammtorganismus (Fieber, Kräftezustand etc.), nach der Verbreitung der Störungen im Körper, nach dem Werthe, welches das ergriffene Organ für das Leben hat, nach dem Alter des Kranken, nach der Kräftigkeit der Constitution, nach dem Charakter einer Epidemie, nach der Pflege, nach der Möglichkeit der Beschaffung von Heilmitteln etc.

Zuletzt bestimmen wir den therapeutischen Eingriff, der die entsprechende Diät, die Heilmittel, besondere Verhaltungsmassregeln etc. festzustellen hat. —

ANHANG.

Die wichtigsten und am häufigsten vorkommenden sogen. auffälligen Symptome, die nicht gut in den Text eingeschoben werden konnten, sollen an dieser Stelle in Kürze und alphabetischer Ordnung folgen.

Ihre sofortige Erkennung, ihre Deutung und Bedeutung ist wichtig genug, um ihnen hier einen Platz einzuräumen.

Agonie.   A g o n i e, Todeskampf ist derjenige Zustand eines Kranken, der dem lethalen Ende längere oder kürzere Zeit vorangeht, wo sich bereits Zeichen einer fortschreitenden Lähmung des Nerven- und Muskelsystems bemerkbar machen.

Die D a u e r der Agonie ist ebenso verschieden, wie ihre charateristischen Erscheinungen.

Im allgemeinen oftenbart sich die Agonie folgenderweise: Zuerst bemerken wir eine unverkennbare allgemeine Entkräftung — Unbeweglichkeit, Verfall der Gesichtszüge, Facies hippocratica — das Denkvermögen ist mehr oder minder aufgehoben, das Bewusstsein schwindet oder ist es noch vorhanden so verrathen Agonisirende meist grosse Gleichgiltigkeit gegen ihre Umgebung, manchmal kehrt es auch nochmals in den letzten Momenten auf kurze Zeit zurück und die relative Ruhe nach vorhergegangenen Leiden wird vom Sterbenden als physisches Behagen empfunden.

Wenden wir den Blick wieder auf den Kranken, so fallen uns die nach aufwärts gerichteten, halb geschlossenen Augen auf, die Augenaxen stehen häufig paralell, die Pupillen sind meist verengt, um sich bisweilen kurz vor dem Tode wieder zu erweitern, der Augapfel fixirt nicht mehr, die Cornea wird matt, glanzlos, wie fein bestäubt (gebrochenes Auge). Wir sehen die Nase spitz geworden, sie erscheint verlängert, die Nasenflügel sind eingesunken und kalter Schweiss bedeckt nicht selten die Stirn, die Stimme erlischt, die Respiration geht langsam und schwierig von statten, häufig von einem eigenartigen zischenden Geräusche begleitet, indem die schlaff herabhängende Umgebung des Mundwinkels beim Inspiriren gegen die geschlossenen Zahnreihen geführt wird, Stertor und Stridor werden durch die beginnende Lähmung des Nervencentrums hörbar; letztere drei Zeichen treten nicht allzuselten bereits 24 Stunden vor dem Tode auf und deuten dann schon zu dieser Zeit das absolut lethale Ende an. Ist der Sterbende seinem Ende noch näher zugeeilt, so tritt ein in der Ferne hörbares Rasseln auf, sogen. Trachealrasseln, Schleim sammelt sich in den Bronchien an, der wegen zunehmender Lähmung nicht mehr durch Aushusten entfernt werden kann.

Der Puls wird klein, frequent, unzählbar, leicht wegdrückbar, fadenförmig, setzt aus, bisweilen fühlen wir ihn gar nicht mehr.

Die Sinne schwinden, der des Geruchs und des Geschmacks scheinen zuerst betroffen zu werden, darauf erlischt meist der Gesichtssinn und die Agonisirenden klagen dann nicht selten über einen Nebel vor den Augen und rufen nach Licht; das Gehör scheint zuletzt zu Grunde zu gehen und oft geben solche noch Zeichen des Verständnisses, wenn das Auge bereits umflort ist.

4*

Die Sensibilität ist schon frühzeitig vermindert resp. ganz aufgehoben, bald verschwindet sie erst zuletzt, nicht selten fühlen die Kranken eine von unten aufwärts steigende Kälte über den Körper sich verbreiten; endlich gehorcht der Körper des in Agonie liegenden den Gesetzen der Schwere, und gleitet gegen dass Fussende des Bettes herab, während der Kopf von dem Kopfkissen herabrutscht; die Extremitäten fallen aufgehoben kraftlos nieder, die Muskeln büssen die Fähigkeit dem Willen zu gehorchen ein, die Bewegungen werden zitternd, etwaige Convulsionen machtlos, s u b s u l t u s t e n d i n u m und allgemeine Muskelcontractionen sind sonst noch etwas häufiges während der Agonie; die Sphincteren werden leicht überwunden, so dass unwillkürliche Entleerungen von Faeces und Urin ins Bett fast regelmässig stattfinden.

Bei manchen Gehirn- und Infectionskrankheiten erfährt die Köpertemperatur in der Agonie eine nochmalige Erhebung um $^1/_2 - 1°$ und noch mehr, sogar nach dem letzten Athemzuge ist eine Steigerung um Zehntelgrade Viertel- und eine Stunde lang zur Beobachtung gekommen (bei Tetanus).

Bei anderen Todesursachen tritt, und das ist das häufigere, in der Agonie eine rasche Verminderung der Temperatur von 1° bis mehr unter die Norm ein.

Die ganze Scene wird endlich durch eine letzte Exspiration beendet.

Es giebt aber viele Affectionen, wo rücksichtlich der Intensität und Dauer, nach verschiedenen Umständen, die Agonie ein anderes Bild darbietet, wenngleich die Phänomene derselben im Wesentlichen dieselben sind, und namentlich gilt dies von jenen Fällen, wo der Tod plötzlich erfolgt wie beim Blitzschlag, nach Vergiftungen, Apoplexien etc.

Andererseits können auch mehrere der oben angedeuteten Symptome vorhanden sein, ohne dass der
Tod unvermeidlich erfolgte, eine solche scheinbare
Agonie darf natürlich nicht mit der wirklichen verwechselt werden.

Collapsus.

Der Collaps ist ein in den Krankheitsprocess ein- Collapsus.
geschobener, und diesen in wichtigen Punkten modi-
ficirender Vorgang, der stets unsere ganze Aufmerksamkeit beansprucht und die bisher wesentliche Krankheit
in den Hintergrund drängt, indem uns diese mehr oder
minder plötzliche Veränderung auf einen hohen Grad
von Schwäche des ganzen Organismus aufmerksam
macht und als eine höchst gefährliche, das Leben be-
drohende Erscheinung aufzufassen ist.

Die objectiven Anzeichen sind dabei sehr wechselnder Art und zunächst wird eine örtliche Verminderung
der Eigenwärme an der Peripherie des Körpers wahrgenommen, Nase, Wangen, Stirn, Ohren und Extremitäten erkalten, ohne dass etwa äussere Kälte eingewirkt
hätte, ohne dass es der Kranke selbst wahrnimmt;
andere objective Symptome namentlich Fieber kann
dabei in der früheren Höhe fortbestehen oder es ist
normale, sehr häufig subnormale Temperatur vorhanden.

Vor anderen objectiven Zeichen tritt dann ein
besonderes, ein plötzliches „Verfallen" des Collabirenden
auf, die Züge des Gesichts werden entstellt, es wird
bleich, die Augen liegen tiefer in ihren Höhlen, das
Athmen wird unmerklich, der Puls kaum fühlbar.

Regungslos, leichenähnlich, in irgend einer passiven
Lage, meist auf dem Rücken, fast ohne jede Lebens-
äusserung, mit marmorkalter, oft mit schweissbedekter
Haut sehen wir Kranke in den äussersten Graden des

Collapses daliegen, die Symptome des Collapses vermischen sich bereits mit denen der Agonie, der Kranke
eilt rasch seinem Ende zu.

Subjectiv hat der Kranke in den schweren Fällen
über unangenehme peinliche Sensationen
zu klagen und unter dem Gefühle grösster Schwäche
Beklemmung, Schwindel, Angst, Uebel-
keit, unter verschwommenen Sinnesempfindungen erlischt mehr oder weniger bald das Leben.

In geringeren Graden haben Collabirende nur
wenig zu klagen oft auch gar Nichts, desto deutlicher
sind dafür die objectiven Befunde. Ebenso verschieden
wie die Intensität des Collapses ist auch seine Dauer.
Im Allgemeinen währt dieselbe nur kurze Zeit.

Momente, auf welche sich Collapse zurückführen
lassen, sind reichliche Wärmeverluste und
Schwäche der Circulation, und beide Momente können bei den verschiedensten Wärmeverhalten
der inneren Theile in Action treten und haben doch
den gleichen Effekt: nämlich Erkalten der Peripherie
des Körpers. Hiernach unterscheiden wir auch Collapse
mit hoher und mit niedriger Eigenwärme.

Coma.

Coma.

Hierunter versteht man einen tiefen Schlaf mit
physischer Unempfindlichkeit, aus dem sich die Kranken
nur mit Mühe erwecken lassen und wir unterscheiden
dabei 2 Arten, einmal diejenige Schlafsucht, wobei
der Kranke häufig aus dem Schlafe erwacht, und dann
verkehrte Reden führt, Phantasien hat und während
des Sprechens wiederum in tiefen Schlaf verfällt; dann
zweitens jene tiefe Schlafsucht, somnolentes
Coma, bei der der Kranke tief und dauernd fortschläft

und auch, nachdem man ihn durch lautes Anrufen, Rütteln etc. erweckt hat, sogleich wieder in tiefen Schlummer verfällt.

Dieser wie jener Zustand ist das Symptom einer primären oder secundären Erkrankung des Gehirns, die z. B. durch Erguss von Blut, von Eiter, von seröser Infiltration in dasselbe, von Tumoren u. a. m. bewirkt werden kann. Häufig finden wir bei comatösen Kranken eine verminderte Sensibilität bis Gefühllosigkeit letztere z. B. bei Katalepsie.

Delirium febrile.

Im Verlaufe fieberhafter Krankheiten sehen wir Kranke häufig im sog. Fieberwahn liegen. Sie reden dann irre, sie phantasiren und nicht selten zeigt ihr Gesicht einen Ausdruck des Staunens an. Delirium febrile.

Der Kranke scheint sein Leiden ganz vergessen zu haben, der Kopf desselben fühlt sich dabei heiss an, das Gesicht ist geröthet, die Augen glänzen und scheuen das Licht, vor allem aber kennzeichnet sich das Delirium durch Störung im Denkvermögen, was entweder in voller Gedankenverwirrung oder in fixen Ideen bestehen kann. Geschrei, Wuthausbrüche, Gesichtstäuschungen, Bildersehen, schreckhaftes Auffahren, oder düsteres Schweigen und Dahinbrüten, grosses Niedergeschlagensein, Weinen, Lachen, Singen etc. bekundet ferner den Fieberwahn.

Oft bemerkt man völligen Verlust des Gedächtnisses, Unbesinnlichkeit, Gedächtnissschwäche, wobei der Kranke Gesprochenes oft wiederholt; er beginnt eine Frage, verliert aber in jedem Augenblick den Faden seiner Gedanken und weiss nicht mehr was er sagen wollte; in diesem Falle erinnert er sich kaum der Dinge,

die ihn am meisten aufgeregt haben. Solche Delirien
treten häufig in acuten Krankheiten auf, ob sie dann
als ein beunruhigendes Symptom zu deuten sind, hängt
wesentlich von den übrigen Umständen ab; ausserdem
muss man wissen, dass manche Leute und Kinder
ungemein leicht, und schon bei geringem Fieber
deliriren.

Flockenlesen, Floccilegium.

Unter F l o c k e n l e s e n versteht man die fortwährend und automatische Bewegung der Hände und
besonders der Finger, welche bald Flocken, bald Fliegen
in der Luft zu erfassen scheinen, bald nach allen Richtungen die Körper, die die Kranken erfassen können,
betasten und bald abwechselnd die Bettücher und Decken
auf- und zurollen, oder unaufhörlich beschäftigt sind,
Bewegungen mit den Fingern, als wollten sie Wolle
zupfen, auszuführen. Das Flockenlesen beweist eine ganz
besondere Störung der Muskelcontraktilität, die unge-
ordneten Bewegungen, wodurch es besonders charakteristisch wird, finden nicht wider Willen statt, werden
aber auch nicht unter dem Einflusse des Willens direkt
hervorgebracht, sie unterscheiden sich deutlich von
anderen Störungen der Contraktilität, dem Sehnenhüpfen,
den Convulsionen, dem Zittern u. s. w. mit denen sie
manchmal bei demselben Kranken vorkommen und zu
derselben Zeit vorhanden sind.

Das Flockenlesen tritt besonders in der gefähr-
lichen Periode der acuten hochfebrilen Krankheiten auf,
und vorzüglich bei denen, wo das Nervensystem intensiver in Mitleidenschaft gezogen ist, wie z. B. im Typhus.

Dem Flockenlesen gehen sehr häufig Delirien,
Sehnenhüpfen, convulsivische Bewegungen, Störungen
der Sinne etc. voraus, oder sie begleiten dasselbe, es

deutet immer auf eine grosse Gefahr für das Leben des
Patienten und die meisten, bei denen es unter diesen
Umständen eintritt, unterliegen grösstentheils der Krank-
heit, von der sie befallen wurden.

Zuweilen kommt Flockenlesen auch bei fieberlosen
Affectionen vor z. B. hysterischen Kranken und ist
dann ganz bedeutungslos.

Mussitatio.

Das Murmeln, das mussitirende Irrere-
den ist eine Erscheinung, die von dem Zusammentreffen
zweier Symptome herrührt, der Kranke bewegt seine
Lippen und seine Zunge als wenn er spräche, lässt aber
keinen Ton von sich hören er murmelt unzusammen-
hängende und unverständliche Worte. Es ist dies eine
Art Aphonie, deren sich der Kranke nicht bewusst ist,
denn er ist in dem Glauben von seiner Umgebung
gehört zu werden.

Man beobachtet dieses eigenthümliche Irrereden bei
Delirirenden in dem Verlaufe schwerer acuter Krankheiten, es deutet auf eine nicht unerhebliche Mitleidenschaft des Gehirns und des Nervensystems hin und ist,
vollends wenn noch andere maligne Symptome vorhanden sind, ein prognostisch sehr ungünstiges Symptom;
in den schwereren Fällen von Typhus kommt es ziemlich häufig zur Beobachtung und diese Kranke gehen
fast in der Regel zu Grunde.

Bei hysterischen Anfällen kommt dieses Symptom
hin und wieder auch vor, ist aber hierbei von keiner
besonderen Vorbedeutung. —

Prostration.

Abnahme der Muskelkräfte charakterisirt sich durch
eine Schwierigkeit oder auch Unmöglich-

58   Singultus.

keit der activen Bewegungen, durch Verfall
der Gesichtszüge, durch allgemeine Hin-
fälligkeit und Abgeschlagenheit, auf welches
ganz besonders die äusserst passive Lagerung des
Kranken hinweist.

In manchen Fällen tritt dabei noch eine auffällige
Nervenschwäche auf, die sich in Störungen der Empfindungen äussert, Anaesthesie, Hyperaestesie kann
dabei auftreten und nicht selten sind dann auch die
intellectuellen Fähigkeiten herabgesetzt.

Die Prostration kommt in typhösen Krankheiten
häufig, in anderen acuten fieberhaften Affectionen nicht
selten zur Beobachtung, sie kann mehr oder weniger
gefährlich sein, je nach der Intensität, die sie darbietet,
nach der Art ihrer determinirenden Ursache und nach
ihren verschiedenen Complicationen.

Singultus.

Singultus.   Das krankhafte Schluchzen ist eine convulsivische einen Augenblick andauernde Bewegung des
Zwerchfells begleitet von einer krampfhaften Bewegung
des Glottis, neben einer schnellen von einem ganz
eigenartigen Geräusche begleiteten Inspiration.

Mehr oder weniger häufig und andauernd wiederholt sich dieses Phänomen und hinsichtlich seines Wer-
thes als Symptom müssen wir seine Intensität und
Häufigkeit beachten.

In manchen Fällen ist das Schluchzen von Schmerz
begleitet, manchmal erregt es den Kranken nur unangenehme Sensationen.

Prognostischen Werth hat der Singultus eigentlich
nur dann, wenn er in den letzten Stadien schwerer
acuter Krankheiten auftritt, wo er dann auf einen
lethalen Ausgang hinzeigt; das nämliche gilt in dieser

Beziehung, wenn er sich bei Kindern neben Convulsionen einstellt, der Tod tritt bei solchen fast in der Regel ein.

Somnolenz.

Unter S c h l a f s ü c h t i g k e i t verstehen wir Somnolenz. einen M i t t e l z u s t a n d z w i s c h e n W a c h e n u n d S c h l a f e n, wo m e h r N e i g u n g z u m S c h l a f e n v o r h a n d e n i s t.

In somnolentem Zustande finden wir sehr oft Typhus-Kranke, aber auch bei anderen acuten fieberhaften Affectionen verfallen die Kranken in einen schlafsüchtigen Zustand.

Nicht selten ist die Somnolenz ein Vorläufer von Gehirnkrankheiten, und bleibt dann auch mehr oder minder lange während dieser Affectionen bestehen.

Bezüglich der Prognose muss auf die speciellen günstigen oder ungünstigen Verhältnisse der Erkrankung Rücksicht genommen werden. —

Sopor.

Auch dieser Zustand versetzt den Kranken in einen Sopor. mehr oder minder tiefen k r a n k h a f t e n S c h l a f, wobei sich beim Erwachen des Kranken grosse U n - b e s i n n l i c h k e i t wahrnehmen lässt; soporöse Kranke lassen sich leicht aus dem Schlafe erwecken, sinken aber alsbald wieder in diesen Zustand zurück.

Soporöse Symptome treten häufig während des Verlaufes acuter Krankheiten auf, besonders gilt dies für die infectiösen Erkrankungen; prognostisch richtet sich die Bedeutung des Sopors nach den übrigen Symptomen der Affection.

Stertor.

Stertor. Hiermit bezeichnen wir das Schnarchen bei Kranken, welches mit einem unwillkürlichen, heisseren, auch wohl pfeifenden Geräusche verbunden ist, das vorzüglich von der Verbreiterung des Gaumensegels abhängt, dessen Bögen in Schwingungen durch den Respirationsstrom versetzt werden, dem Flüssigkeitsansammlungen in den Luftwegen im Wege stehen, bedingt theils durch Unempfindlichkeit der respiratorischen Schleimhaut, theils durch Muskelschwäche, infolge dessen zu geringe Kraft der Hustenstösse, und 3. durch zu grossen Zufluss von Flüssigkeitsmengen in die Luftwege, wie z. B. bei Oedema-Pulmon., bei Haemoptoe, beim Durchbruch eines Pleuraexsudats in die Brochien etc.

Wenn die Kräfte des Kranken abnehmen; wenn er in Agonie verfällt, gesellt sich zu den übrigen den bevorstehenden Tod anzeigenden Symptomen oft dieses stertoröse Geräusch.

Das Schnarchen gesunder Leute hat natürlich keine pathologische Bedeutung.

Stridor labialis.

Stridor labialis. Zischende blasende Geräusche, welche von den Lippen ausgehen, indem dieselben bei jeder Inspiration an die Zähne angepresst werden bezeichnen wir damit, sie haben ihren Grund in beginnender Lähmung des respiratorischen Nervencentrums und sind dann die Zeichen absolut lethaler Ausgänge, in der Regel sterben solche Kranke, die dieses Symptom zeigen binnen 24 Stunden.

Stridor nasalis.

Der nasale Stridor kennzeichnet sich dadurch, dass die beiden Nasenflügel gegen das Septum getrieben werden, hierdurch entsteht bei jeder Inspiration eine Furche in der Gegend, wo sich die Nasenflügel an dem knöchernen Theile der Nase ansetzen; es ist die Folge von Lähmung der Erweiterer und Heber der Nasenflügel. Tritt dieses Symptom im Typhus auf, so ist der Zustand des Patienten höchst bedenklich.

Stridor trachealis.

Hierbei sind die Aftergeräusche um vieles lebhafter als bei den vorher angeführten.

Das ursächliche Moment ist durch eine Compression der Trachea gegeben, wie sie z. B. infolge von Struma, Sarcomen oder Fremdkörpern in der Bifurcation der Trachea, sowie durch Lymphdrüsengeschwülste, Aneurysmen des Truncus anonymus u. a. m. herbeigeführt werden kann, und nach diesen causalen Momenten richtet sich dann natürlich auch die Bedeutung des trachealen Stridors.

Mit Stridor bezeichnet man auch das Zähneknirschen, welches hin und wieder bei Schwer-Kranken gehört wird. —

Stupor.

Dieser Zustand versetzt die Kranken in eine schwerbesinnliche Situation; an denselben gerichtete Fragen werden langsam und schwerfällig öfters auch nicht richtig beantwortet, das Gesicht nimmt da meistentheils einen geistig beschränkten, ausdruckslosen stupiden Ausdruck an.

Bei schweren acuten Krankeiten, besonders im Typhus ist dies nichts seltenes.

Subsultus tendinum.

Ein durch unwillkürliche und momentane Zusammenziehung der Muskelfasern und auf die Sehnen derselben übertragenes Erzittern bezeichnen wir als Sehnenhüpfen und vorzüglich bemerken wir es deutlich an den Handgelenken, wo eine grosse Menge Sehnen nicht sehr tief unter der Haut liegen.

Dieses Symptom sehen wir ziemlich häufig während perniciöser, infectiöser Krankheiten auftreten, bei denen das Gehirn mehr oder minder mit afficirt ist; verbinden sich mit dem Sehnenhüpfen noch andere prognostisch ungünstige Zeichen, so wird die Vorhersage um ein wesentliches Plus verschlechtert; häufig ist dieses Symptom aber auch nur von geringem Werthe.

Syncope.

Unter Syncope versteht man die momentane mehr oder weniger vollkommene und gewöhnlich plötzliche Suspension des Gefühls, und der Bewegung zugleich mit behinderter intermittirender Respiration und Circulation; sie ist ein höherer Grad der Ohnmacht.

Der Puls ist dabei sehr klein und unterdrückt, das Athemholen ungemein schwach und ganz oberflächlich, das Bewusstsein ist geschwunden, Gesicht und Extremitäten bleich, kalt und oft mit kühlem, klebrigen Schweiss bedeckt.

Die gewöhnlichen Ursachen sind starke Blutverluste, Krankheiten des Herzens, des Herzbeutels oder der grossen Gefässe.

Auch heftige psychische Eindrücke, wie Schreck,
Furcht, Zorn und Freude etc. können Syncope zur
Folge haben.

In allen Fällen ist die Thätigkeit des Gehirns unterbrochen und um so bedenklicher ist der Zustand des
Kranken, je mehr dieses Symptom in den Vordergrund tritt.

Die Syncope ist oft tödlichen Ausganges. —

An diese wichtigen auffälligen Symptome reihen
wir noch die Zeichen des Todes und Scheintodes.

Der Tod.

Mit dem Tode bezeichnen wir das Aufgehört-
haben des Stoffwechsels im thierischen Organismus, und als Zeichen des wahren Todes ist zunächst
das längere Fehlen der Herztöne anzuführen, man
auscultire, um sich hiervon positiv zu überzeugen 10—15
Minuten lang das Herz.

Sodann geben uns die Fäulnisserscheinun-
gen hierüber bestimmten Aufschluss, an die sich ein
gänzlicher Mangel der Lebensverrichtungen der
Bewegung und Empfindung, der Circulation und der
Respiration anschliesst.

Der Turgor vitalis ist verschwunden, die Körper-
oberfläche sinkt zusammen, Leichenfarbe, Todtenkälte,
Todtenstarre mit darauf erfolgender Erschlaffung der
Extremitäten erweitert ferner das Bild des wirklichen
Todes.

Dann bietet uns die Leichenphysiognomie Anhaltspunkte, der Mund steht offen, (ebenso der Anus), der
Unterkiefer hängt herab, die Augen sind eingefallen,
die Hornhaut ist getrübt und weich, die Pupillen reac-
tionslos.

Werden die Hände und Finger gegen das Licht

gehalten, so sind sie undurchsichtig geworden, das erste
Daumenglied ist nach der Hohlhand zu eingebogen,
während die übrigen Finger aneinander stehen und
gebogen sind.

Leichengeruch, Todtenflecke besonders an den ab-
hängigen Theilen, und Abplattung der Stellen auf denen
der Körper ruht, sind weitere sichere Merkmale für
den eingetretenen Tod.

In zweifelhaften Fällen greift man zu Experimenten
um den Tod vom Scheintod zu unterscheiden.

Man wird einen Muskel bloslegen, und den Induc-
tionsstrom auf ihn einwirken lassen, der, wenn noch
Reizbarkeit — Leben — vorhanden ist, Zuckungen
auslösen wird, der todte Muskel zuckt nicht mehr,
wenigstens bestimmt nicht nach $1\frac{1}{2}$ bis 3 stündigem
Aufhören des Lebens.

Um etwaiges noch leise vorhandenes Athmen zu
ermitteln, hält man eine zarte Feder oder einen Spiegel
vor Mund und Nase; aus der Bewegung ersterer und
dem Beschlagen des letzteren wird man das Vorhandensein eines auch sehr minimalen Respirationshauches constatiren können.

Zur Erkennung von etwa noch vorhandener Sensibilität wendet man Hautreize an wie z. B. brennenden
Siegellack, Senföl, Reiben mit harten Bürsten so, dass
die Epidermis verloren geht, etc.

·Die gereizten Stellen röthen sich beim wahren Tode
nicht mehr und abgeriebene Stellen schwitzen nichts
aus, sondern trocknen bald ein und werden nach 6—12
Stunden gelbbraun, hornartig hart und etwas durchscheinend.

Ferner lege man eine Arterie blos und durchschneide
dieselbe, im todten Körper wird sie nicht mehr pulsiren
sie ist leer und zieht sich nicht mehr zurück.

Legt man eine Aderlassbinde fest an, so tritt beim wahren Tode keine Anschwellung der Venen mehr ein, und öffnet man dann die Vene, so tritt kein Blut mehr aus, höchstens zeigen sich einige wenige Tropfen.

Um das Vorhandensein des Herzschlages zu eruiren, kann man eine lange Acupuncturnadel in die Gegend der Herzspitze 2 Ctm. tief einstechen und auf etwaige Bewegungen des Nadelkopfes achten. —

Das sicherste Zeichen des Todes bleibt immer die eintretende Fäulniss des Organismus, die sich durch den Leichengeruch, durch grünliche Färbung der Haut besonders und zuerst am Abdomen kund giebt, welcher Todtenstarre und Leichenflecke (Livores mortis), vorangingen und in späteren Perioden zu Gasentwickelung im Darm, der Blase etc. führt, so dass die betreffenden Höhlen aufgetrieben, nicht selten noch nach dem Tode sich ihres Inhalts entledigen. —

II. KAPITEL.

Specielle Untersuchung der Brust- und Unterleibsorgane.

I. ABTHEILUNG.

Untersuchung der Athmungsorgane im normalen und abnormen Zustande.

I. Inspection des Thorax.

Inspection des Thorax. Krankheiten der Brustorgane üben in manchen Fällen einen so mächtigen Einfluss auf die Gestaltung und Bewegung des Thorax aus, dass wir oft schon durch dessen Betrachtung die Art der Erkrankung zu deuten im Stande sind.

a. *Die Form des Thorax im normalen Zustande.*

Der normale Thorax. Der normale Thorax erfordert vollkommene Symmetrie seiner beiden Hälften sowohl im Umfang wie im Bau der ihn paarig zusammensetzenden Theile.

Die vordere Wand desselben ist flach gewölbt, diese Wölbung erhebt sich allmählig von der Clavicula bis zum 4. Intercostalraume, um von hier ab ebenso allmählig wieder abzunehmen.

In der Mitte des Thorax bemerken wir vom Gelenke des Manubrium sterni und Corpus sterni eine sich bis zum Processus xyphoideus erstreckende Längsfurche und zwischen der 5. und 6. Rippe eine Querfurche, (Sibson'sche Furche), die bei kräftigen Männern besonders stark markirt ist, hier hören die Lungen auf. —

Die Intercostalräume sollen sich in vertiefter Lage befinden und in den oberen zwei Dritteln des Thorax sind die Rippen bei gutem Ernährungszustande nicht sichtbar, sie werden es erst an der unteren Partie und an den Seitenflächen, wo auch die Muskulatur dünner wird.

Die Regiones supra- und infraclaviculares müssen mit den Claviculis nahezu eine Ebene bilden.

Das Sternum stellt eine gebrochene Linie dar und verläuft mit der Wirbelsäule in gerader Richtung.

Auf der Höhe der 5. Rippe befindet sich beiderseits die Brustwarze.

Gewöhnlich springt die 7. Rippe an der hinteren Seitenfläche etwas mehr vor als die übrigen Rippen; diese Erhöhung ist ebenso wenig abnorm, wie die darüber und darunter entstehende leichte Vertiefung.

Die hintere Partie des Brustkorbes zeigt eine mässige Wölbung des Rückens, die Wirbelsäule und die symmetrisch stehenden Schulterblätter.

Beim Manne mit kräftiger Muskulatur zeigt der Thorax eine Kegelform mit nach dem Abdomen gerichteter Spitze und nach dem Halse zu gekehrter Basis.

Beim Weibe dagegen erscheint der normale Thorax durchschnittlich mehr cylindrisch, vorausgesetzt, dass nicht Zusammenschnürungen längere Zeit auf seinen unteren Abschnitt einwirkten.

b. *Der abnorme Thorax.*

In pathologischen Zuständen verändern sich die normalen Thorax-Formen entweder vorübergehend oder dauernd und abgesehen von Missbildungen unterscheiden

Der abnorme Thorax.

wir dem Volumen nach den vergrösserten und
den verkleinerten Thorax.

Volumenzu-
stände.
Die Volumzunahme kann beide Thoraxhälften
gleichmässig betreffen, in den ungleich meisten Fällen
eine ganze Seite und in etwas seltneren Fällen nur einen
kleineren Abschnitt. —

Esteres sehen wir exquisit bei dem doppelseitigen
emphysematischen Thorax.

Zunächst fällt hierbei eine abnorme Wölbung der
vorderen Brustwand auf, die schon höher als normal
beginnt, infolge dessen wird der Hals dicker und kürzer
erscheinen. Das Sternum tritt kielförmig hervor und
in hochgradigen Fällen kann es sogar die Form eines
Kreissegments erreichen; ebenso sind die Rippen con-
vexer geworden.

Die Zwischenrippenräume werden breiter, bleiben
aber vertieft.

Alle Durchmesser werden mächtiger, am mächtigsten
der Tiefendurchmesser und hierdurch wird der ganze
Thorax mehr oder minder fassförmig erscheinen. —

Die hintere Thorax-Wand erfährt gleichfalls Veränderungen, die sich durch stärkere Wölbung des Rückens,
abnorme Krümmung der Wirbelsäule, besonders in der
Mitte ihrer Brustwirbelpartie kund geben, und infolge
der nothwendigen Körperhaltung springen die Schulterblätter deutlich hervor.

Diese so prägnante Form des Thorax ist beim
Emphysem beider Lungen nicht immer so deutlich
ausgesprochen und kommt nur dann zu Stande, wenn
das Lungenleiden lange Zeit bestand und der Brustkorb
an und für sich noch Nachgiebigkeit genug besass, um
einem Druck von Innen und einem permanenten Mus-
kelzuge von Aussen Folge zu leisten.

Das ursächliche Moment giebt hierzu ein andauerndes

Respirationshinderniss ab, welches in Verengerung der Bronchien, durch Verdickung der Schleimhaut oder in Obliteration der Bronchien durch vielen Schleim bestehen kann. Die communicationsfähigen Bronchien werden mehr Luft aufnehmen und infolge dessen ihre Endigungen nach und nach erweitern müssen; dies hat aber dann eine Erschlaffung des elastischen Gewebes der Lunge zur Folge, so dass dieses an Elasticität einbüsst, wodurch das Bestreben der Lunge einen Zug auf die innere Brustwand auszuüben, abgeschwächt wird.

Dies bedingt aber gleichzeitig eine gesteigerte Action der accessorischen, wie accidentellen Respirationsmuskeln, deren permanente Wirkung und die fortwährende Inspirationsstellung endlich den stabilen emphysematischen Thorax erzeugt.

Auch bei sehr hochgradigem Hydrothorax findet man eine allgemeine Erweiterung des Thorax, ohne dass ein Verstrichensein der Intercostalfurchen Statt hat.

Viel häufiger als der doppelseitigen Volumenzunahme des Thorax begegnen wir der einseitigen Thoraxvergrösserung, wobei es sich entweder um Ansammlung abnormer Flüssigkeitsmengen, oder um abnorme Luftansammlung im Pleurasacke handelt.

Die Inspection ergiebt in diesen Fällen zunächst eine Vergrösserung der v o r d e r e n Brusthälfte, deren Intercostalfurchen v e r s t r i c h e n, gewölbt und sogar wulstförmig hervorgetrieben werden können. Ebensolche Volumzunahme bemerken wir an der betreffenden S e i t e n - w a n d der Brust, diese erscheint dann nicht mehr flach, sondern sie ist gewölbt und bei massenhafter Flüssigkeitsansammlung wird sie unterhalb der 6. Rippe auch etwas vorspringend gesehen.

Gleichzeitig bemerken wir ferner noch beim Ansehen eines solchen Thorax einen oft höchst auffallenden

Unterschied in den Excursionen der gesunden und kranken Seite, letztere bewegt sich oft gar nicht, soweit das Exsudat reicht. Intercostalmuskeln und Diaphragma contrahiren sich nicht und letzteres wird dann nicht selten kuppelartig in die Bauchhöhle gedrängt.

Schliesslich kann man schon durch die Inspection in solchen Fällen die Verdrängung des Herzens und der Leber erkennen, über welche indessen die Palpation und Percussion sicheren Aufschluss geben.

Pleuritische Exsudate, seröser, hämorrhagischer, oder eitriger Art, geben am ehesten zur einseitigen Vergrösserung des Thorax Gelegenheit, seltner begegnen wir dem Pneumo- oder Pyopneumothorax.

Partielle Erweiterung des Thorax.

Partielle Erweiterung des Thorax. Sie tritt in der Leber-Milz- und Herzgegend auf und ist bedingt durch Volumzunahme dieser Organe, oder durch Mediastinaltumoren, oder durch Echinococcusblasen, oder andere eine Ausdehnung des Bauchraumes bedingende Tumoren. Kam es zu einer Exsudation in das Pericardium, oder zu enormer Herzvergrösserung, so entsteht links in der Gegend der 2. bis 6. oder 7. Rippe eine Wölbung, eine Abflachung der Intercostalräume, und eine Wölbung der linken Seitenwand.

Vermindertes Volumen des Thorax.

Vermindertes Volumen des Thorax Auch hier sehen wir die Abnormität entweder beiderseitig, einseitig oder partiell ausgebildet.

In dem ersten Falle bezeichnet man einen solchen Der paralytische Thorax. allgemein verkleinerten Thorax als paralytischen. Diese meist auf mangelhafter Entwicklung beruhende Thoraxform, zeichnet sich vornehmlich durch einen

stark vermindertem Tiefendurchmesser aus,
während die Dimensionen in der Längsrichtung
erheblich vergrössert sind. Die Wölbung des Brust-
kastens ist dabei höchst mangelhaft, er ist nahezu platt,
die Intercostalräume sind stark vertieft, abnorm
weit und die Rippen nehmen mehr die Exspirations-
stellung ein.

Am hinteren Theile eines solchen Thorax,
vermisst man die normale Wölbung des Rückens,
ausserdem sehen wir die Schulterblätter flügel-
förmig abstehen.

Diese Thoraxform finden wir am häufigsten bei
Schwindsucht, aber auch oft genug sehen wir
sie bei solchen Kranken deutlich ausgesprochen, die in
schwere acute Krankheiten verfielen, die grosse
Säfteverluste erlitten, oder einer langwierigen
Reconvalescenz ausgesetzt waren.

Partielle Abflachung des Thorax.

Sie kann eine ganze Hälfte des Thorax einnehmen
oder irgend einen kleineren Theil betreffen. Als Ursache ist stets eine Schrumpfung des Lungenparenchyms, gleichviel welcher Art, anzunehmen.

Bei einseitiger Abflachung des Thorax, sehen
wir die vordere Wand platt, die seitliche flach oder
eingezogen, sie hat dann Neigung einen Winkel
zu bilden. Die Intercostalräume sind verengt und
in hohen Graden berühren sich die Rippen sogar.

Infolge des verkürzten Lungenlängsdurch-
messers wird die Schulter zu tieferem Stande gezwungen, während infolge des verkürzten Tiefen-
durchmessers der untere Winkel der Scapula
abstehend wird und eine Verunstaltung der Wirbelsäule,
eine Scoliose mit der Convexität nach der gesunden

Seite und Krümmung der Lendenwirbel nach der leidenden Seite herbeizieht. Hierdurch wird ein abnormer
Stand des B e c k e n s sich ausbilden müssen, welcher
einen hinkenden Gang zur Folge haben muss. Die
kranke Brust erscheint dann schief und meist etwas von
rückwärts nach vorn verschoben. —

Solche Thoraxformen sind die Folgezustände von
r e s o r b i r t e n   p l e u r i t i s c h e n   E x s u d a t e n, die
sehr lange Zeit bestanden, eine E x p a n s i o n der
dauernd comprimirten Lunge nachher nicht mehr ge-
statteten und fibrinöse Verwachsungen der Pleura mit
den Rippen herbeiführten.

Die gesunde Lunge wird in solchem Falle zu
vicariirendem Athmen gezwungen und oft besonders an
ihren Rändern hierdurch emphysematös.

Die Leber und andere Unterleibsorgane steigen in
die Höhe, um den entstandenen leeren Raum so gut
wie möglich auszufüllen.

Bei der A b f l a c h u n g resp. E i n s e n k u n g eines
k l e i n e r e n Theiles am Thorax, wie es besonders oft die
I n f r a c l a v i c u l a r r ä u m e darbieten, kann man, abgesehen von einer rachitischen Missbildung und Ver-
krümmung der Wirbelsäule, mit Bestimmtheit auf eine
V e r d i c h t u n g des darunter liegenden Lungengewebes
rechnen.

Eine g r u b i g e V e r t i e f u n g am unteren Ende
des Brustbeines, (vom Anstemmen harter Gegenstände)
kommt häufig bei Schuhmachern, Webern und Fähr-
leuten vor. E i n b i e g u n g des Schwertknorpels, ist
fast ausschliesslich Folge zu frühzeitigen und festen
Schnürens der Brust. —

b. Der Respirationstypus.

Der normale Respirationstypus ist der Costo-abdominale, bei welchem der vordere Theil der Brust und die Theile der Seitenwände sich gleichmässig während der Inspiration erweitern, wobei eine mässige Bewegung des Zwerchfells bei der Exspiration Statt hat.

Bei Frauen bemerken wir normalerweise den costalen Typus immer deutlicher ausgesprochen, was durch kräftigere Hebung der oberen Rippen mittelst der Scaleni zu Stande kommt, als bei Männern; herrscht bei männlichen Individuen der costale Typus doch vor und bleibt derselbe auch nach tiefen Inspirationen vorwaltend, so dürfen wir auf ein Respirations-Hinderniss schliessen.

Die Bedingungen zum Vorwiegen des costa- len Typus sind gegeben durch doppelseitige Infiltrationen und Compressionen des Lungengewebes, ferner durch permanente Contractionen der Bauchmuskeln, in Folge von Schmerzempfindungen; auch bei Schmerz innerhalb des Abdomens, besonders bei einseitiger Contraktion, bemerken wir eine fast ausschliessliche Bewegung der Rippen.

Bei vorwaltendem abdominalen Typus sehen wir eine beträchtliche Wölbung des Abdomens und ein Abflachen der Rippen auftreten.

Er kommt dann zu Stande, wenn die Rippen verknöchert sind, ferner bei Infiltrationen des Lungenparenchyms, bei lobärer Pneumonie, bei Tuberculose, bei sehr ausgebreiteten Bronchialcatarrhen; und endlich bei Strukturveränderungen des Rückenmarks, unterhalb des Abgangs der beiden

Nervi phrenici tritt der abdominale Respirationstypus in den Vordergrund.

Sichtbare und constante Ungleichmässigkeiten
in den Bewegungen der beiden Brusthälften werden sich
zeigen, wenn massenhafte Exsudation in denselben
vorhanden sind, oder wenn Missbildungen am
Thorax eine gleichmässige Action und Excursion verhindern.

c. *Der Respirationsakt.*

Der Athmungsprocess zerfällt in zwei Momente, welche in einem bestimmten Rhythmus aufeinander folgen.

Inspiration. Im ersten Moment, das Einathmen, bläst ein-
dringende Luft die Lunge auf, der Raum der Brusthöhle
wird erweitert, die Durchmesser des Thorax vergrössern
sich und das Lungengewebe folgt genau den Bewegungen
des Thorax mit.

Exspiration. Auf die Inspiration folgt rasch die Exspiration, als zweites Moment der Athmung.

Der erweiterte Thorax bestrebt sich, sein vorheriges
Volumen wieder einzunehmen, die Lungenzellen sinken
etwas zusammen und ein grösserer Theil der in ihnen
enthaltenen Luft wird aus denselben hinausgetrieben.

Die Inspiration ist gedehnter, länger dauernd, als
die Exspiration, nach ihr folgt ein Moment scheinbarer Ruhe bis zur nächsten deutlichen Inspiration.

Bei dem gewöhnlichen Athmen ist das Zwerchfell fast der einzige Inspirator; durch Contraktion
seiner Muskelfasern steigt es in die Bauchhöhle hinab,
dabei die Baucheingeweide nach abwärts drängend; es
vergrössert so den Raum der Brusthöhle von oben nach
unten, während das Abdomen vorgetrieben wird und
sich erhebt.

Bei tieferen Einathmen vergrössern sich auch die übrigen Durchmesser, besonders durch die Wirkung der Intercostalmuskeln, die die unteren Rippen gegen die oberen heben und das Sternum nach vorn schieben; auf diese Weise wird der Tiefen - und Querdurchmesser vergrössert. In gleicher Weise wirken ausserdem noch die M. M. scaleni und der M. subclavius, welche die erste Rippe heben, während die M. M. levatores costar. die anderen elf Rippen nach oben ziehen; durch die Gesammtwirkung dieser Muskeln wird dann der ganze Brustkorb in die Höhe gezogen. Auch die M. M. pectoral. und der M. serratus magn. postic. super., vermögen die Rippen aufwärts zu ziehen und so die Inspiration zu unterstützen.

Bei forcirter Athmung wirken noch mit: die M. M. sterno-cleido-mastoidei, die Bündel des M. cucullaris, welche zur Clavicula und zum Acromion gehen, ferner der M. angularis scapulae, der M. serratus magn. dann noch der Theil des M. pectoral. major, der sich an die Rippen ansetzt und der M. pector. minor.

Die gewöhnliche Exspiration erfolgt durch den blossen Collapsus, durch das Erschlaffen der vorher ausgedehnten elastischen Theile, insbesondere durch das Hinaufsteigen des Zwerchfells.

Beim kräftigeren Ausathmen wirken die Bauchmuskel mit, die die Rippen herabziehen, die Eingeweide zurück- und gegen das erschlaffte Bauchfell andrängen und so den Raum von unten nach oben verengern.

Als Exspirationsmuskeln wirken ausserdem noch in untergeordneter Weise der Quadrat. lumbor., der Sacro lumbal., der Serrat. postic. inferior und der M. longissim. dorsi.

Forcirte Exspiration wird bewirkt durch die M. M. intercostal., den anderen Theil des Cucul-

laris, ferner durch den Pector. major, den Subclavius
und endlich durch die Transversi und Obliqui abdominis.

Zum grossen Theile geht die Athmung unwillkürlich, unbewusst von Statten, doch kann sie
der Wille auch hervorrufen, unterstützen und unter-
brechen, sie gleicht hierdurch den durch den Instinkt
beherrschten Bewegungen.

II. *Die Palpation des Thorax.*

Die Palpation am Thorax giebt uns Aufschluss
1. über die Frequenz der Respiration, 2. über die
Excursionsfähigkeit des Bruskorbes, 3. über den
Zustand des Fremitus pectoralis, 4. über Stärke und
Ausdehnung des Herzschlags und endlich 5. und 6.
über abnorme fühlbare Geräusche und Bewegungen
im Thorax und schmerzhafte Stellen, Fluctua-
tionen etc. am Thorax. —

a. Frequenz der Respiration.

Um die Häufigkeit der Athemzüge zu prüfen, legen
wir unsere flache Hand auf die Brust des Kranken und
zählen die Inspirationen nach der Minute.

Frequenz der Respiration.

Die Häufigkeit der Athemzüge wechselt in den
verschiedenen Lebensperioden; Frauen athmen schneller
als Männer; während des Schlafs ist die Zahl der Athemzüge geringer als im Wachen, im Stehen athmen wir
häufiger als im Sitzen u. s. w.

Im Durchschnitt nehmen wir beim Erwachsenen in
der Minute 14 bis 18 Athemzüge als normal an, Mittel-
werthe sind für den

Neugeborenen   44 mal in der Minute
bis zum 5. Jahre 26 „   „   „   „

im 15—20. Jahre 20 mal in der Minute

„ 20—25.   „   18 „   „   „   „

„ 25—30.   „   16 „   „   „   „

„ 30—50.   „   18 „   „   „   „

In krankhaften Zuständen kann sich die Respiration steigern oder verlangsamen.

Dem Ersteren kann verschiedenes zu Grunde liegen. Vor allem ist es S c h m e r z , der eine frequentere Athmung bedingen kann, sie steigert sich mit einer I n t e n - sität, der schmerzhafte Theil braucht dabei nicht im Athmungsorgane seinen Sitz zu haben. Der Kranke beschränkt sich auf ein M i n i m u m von Luft, um die schmerzhafte Inspiration möglichst abzukürzen; hierdurch wird er gezwungen seinen Lufthunger durch häufigere Wiederholung der Respiration zu decken.

Ferner wirkt F i e b e r beschleunigend auf die Athmung, und mit dem S t e i g e n der Temperatur wird auch die Respiration, allerdings nicht ganz proportional, häufiger und umgekehrt, mit dem S i n k e n jener, werden auch die Athemzüge seltner. Dies sieht man besonders auffallend bei der Kaltwasserbehandlung solcher Krankheiten, bei denen die Lunge gar nicht mit im Spiele ist.

Weiterhin sind es noch m e c h a n i s c h e R e s p i r a - t i o n s h i n d e r n i s s e , welche ursächlich die Athemzüge beschleunigen. Es liegen dann immer S t r u k t u r v e r - ä n d e r u n g e n des Respirationsorganes zu Grunde und lle Affectionen, welche C o m p r e s s i o n , oder tration des Parenchyms, oder Anfüllung der Bronchien zur Folge haben, bringen auch eine frequentere Athmung mit sich.

Schnelles Athmen sehen wir entstehen bei Körper- und Gemüthsbewegungen, durch äussere Hitze etc.; es vergeht sobald das ursächliche Moment aufhört einzuwirken und ist bedeutungslos; ist es anhaltend, so deutet es auf grossen Blutandrang nach den Lungen, auf Hindernisse in der Circulation des Blutes, die besonders bei Lungen- und Unterleibsentzündungen zu Stande kommen.

Verminder-ung der Respiration. Eine Verminderung der Frequenz der Respiration bemerken wir öfter bei Gehirnaffectionen, ebenso auch bei gewissen Krankheiten des Rückenmarks z. B. bei Myelitis acuta.

Eine ganz eigenthümliche Respiration tritt uns bei dem Cheyne-Stockes'schen Respirations-Phänomen entgegen.

Cheyne-Stockesches Respirations-Phänomen. Dasselbe besteht in einer Reihe von Inspirationen, die bis zu einem Maximum ansteigen und dann an Stärke und Länge abnehmen bis ein Zustand von scheinbarer Athemlosigkeit (Apnoë) eingetreten ist. Dies kann so lange andauern, dass die Umgebung des Kranken, diesen für todt hält. Eine schwache Inspiration mit darauf folgenden stärkeren, bezeichnet den Beginn einer neuen steigenden und dann wiederum fallenden Reihe von Athemzügen. Die Abnahme in der Länge und Stärke der Athemzüge ist ebenso regelmässig und auffallend, als ihre progressive Zunahme. Jede folgende Respiration wird weniger tief, als die vorhergehende, bis sie alle fast unmerklich sind. Die tiefsten Inspirationen können einen dyspnoëtischen Charakter annehmen.

Mangelhafte Zufuhr von arteriellem Blute zur Medulla oblong., in welcher sich bekanntlich das Respirationscentrum befindet, ist das höchst wahrscheinliche ursächliche Moment dieses eigenthümlichen Phänomens.

Dyspnoë. Dyspnoë, Schwerathmen, behindertes Athemholen, ist ein Symptom vieler Krankheiten und geht im höchsten Grade in völlige Unterdrückung desselben und in Erstickungsfälle über. Theils mittelbar, theils unmittelbar wird das Respirationsorgan dabei an freier Ausübung seiner Funktion, entweder durch mechanische oder chemische Einflüsse behindert.

Die Dyspnoë zeigt zwei verschiedene Arten; entweder nicht vermehrte, selbst verlangsamte, aber tiefere, oder rascher auf einander folgende, aber oberflächliche Athemzüge. Sie ist entweder inspiratorisch oder exspiratorisch, oder auch gemischt. Bald ist sie in Einem fort vorhanden, bald fehlt sie in der Ruhe, oder ist gering, um bei Bewegungen, oder unter unbekannten Verhältnissen plötzlich hervorzutreten. Manchmal ist sie regelmässig intermittirend.

Die Ursachen der Dyspnoë liegen in dem Mangel freien Sauerstoffs für das nervöse Athmungscentrum, wozu in der Regel auch eine Vermehrung der Kohlensäure des Blutes kommt.

Ist die Dysp.noë so heftig, dass der Kranke auf- Orthopnoë. recht sitzen muss und gar nicht liegen kann, so bezeichnen wir dies als Orthopnoë.

Wird die Dyspnoë so intensiv, dass dem Kranken Asphyxie. die Respiration ganz unmöglich wird, so begründet dieser Zustand eine wahre Asphyxie; die Thätigkeit der Lungen wird endlich ganz aufgehoben, der Kranke geht asphyctisch zu Grunde.

b. Excursionen des Thorax.

Um die Excursionen des Thorax zu untersuchen, Excursion des Thorax legt man beide Hände leicht und symmetrisch auf die Vorder-, Hinter- und Seitenflächen der Brust, dabei lässt man einige, möglichst tiefe Inspirationen machen; bleibt noch eine Thoraxhälfte, auch nur um ein Geringes zurück, so wird dieser abnorme Zustand sehr deutlich unserem Gefühl übermittelt, oft deutlicher als es die blosse Besichtigung darbietet.

c. Fremitus pectoralis.

Fremitus
pectoral.

Auf dieselbe Art prüft man auch den Fremitus pectoralis, unter welchem man das Erzittern, Vibriren der Thoraxwand versteht, welches die aufgelegte Hand beim Sprechen, Singen, Schreien am Thorax fühlt; er nimmt normalerweise von oben nach unten zu und wird rechts stärker wahrgenommen als links

Krankheiten der Respirationsorgane führen häufig zu abnormem Stimmfremitus, und wir werden ihn unter solchen Verhältnissen dann auffallend stark, oder abnorm abgeschwächt oder vielleicht auch gar nicht fühlen, nur in seltenen Fällen betreffen solche Abnormitäten beide Brusthälften gleichzeitig, sie sind meist einseitig, und über kleinere oder grössere Partien ausgedehnt.

Verstärkter
Pectoral-
fremitus.

Der Fremitus pectoralis wird stärker als normal und abweichend von anderen Stellen am Thorax gefühlt, wenn das Lungenparenchym durch Infiltrationen verdichtet und luftleer wurde; in diesem Zustande befindet sich die Lunge exquisit, während der croupösen Pneumonie und zwar in deren Hepatisationsstadium; über der betroffenen Stelle fühlen wir abnorm starken Fremitus pectoralis.

Eine andere Ursache zur Verstärkung des Fremitus geben ferner solche Hohlräume (Cavernen) in den Lungen, die in der Nähe der Lungenoberfläche liegen, die mit einem grösseren Bronchus communiciren und deren Wände aus verdichtetem Gewebe bestehen. Bei Phthisis pulmonum ist das Zusammentreffen dieser Bedingungen nichts seltenes.

Abge-
schwächter
Pectoral-
fremitus.

Eine Abschwächung des Stimmfremitus kommt dann zu Stande, wenn sich flüssiges Material im Pleural-Raume angesammelt hat, um jedoch den Fremitus abschwächend zu beeinflussen, muss dasselbe mindestens eine Dicke von ca. 2,5 Centm. erreicht haben; wird der Erguss mächtiger, so kann der Fremitus auch g a n z v e r s c h w i n d e n, und erst mit der R e s o r p t i o n der Flüssigkeit kommt er wieder zum fühlbaren Ausdruck, und ist dann nicht selten das einzige Symptom der beginnenden und fortschreitenden R e s o r p t i o n des Ergusses, welcher entweder seröser, serös fibrinöser, seröseitriger, rein eitriger, oder sanguinolenter Natur sein kann.

Den nämlichen Effect wie Flüssigkeit im Pleurasacke übt auch in denselben getretene L u f t aus, so dass es bei einem P n e u m o t h o r a x zur Abschwächung resp. zum totalen Verschwinden desselben, gerade so wie beim p l e u r i t i s c h e n Exsudate kommen kann.

Endlich bewirken auch Verstopfungen der Bronchien durch vielen Schleim, allerdings immer nur ganz mässig, eine Abschwächung des F r e m i t u s p e c t o r a l i s

d. Die fühlbaren Reibungsgeräusche am Thorax.

Zunächst handelt es sich um diejenigen Tastwahrnehmungen am Thorax, die durch A u f l a g e r u n g von f i b r i n ö s e r S u b s t a n z auf die P l e u r a c o s t a l i s und p u l m o n a l i s entstehen und von der palpirenden Hand deutlich empfunden werden.

Die beiden, normalerweise sonst sehr glatten P l e u r a - blätter, werden auf mehr oder minder ausgedehnte Strecken rauh und erzeugen nun durch gegenseitiges R e i b e n während der I n - und E x s p i r a t i o n eigen- und verschiedenartige R e i b u n g s g e r ä u s c h e.

Die auf den Thorax gelegte Hand empfindet dabei ein Gefühl ähnlich jenem, das bei Treten auf frisch gefrornen und dann k n i s t e r n d e n S c h n e e zu unserer P e r c e p t i o n gelangt, anderemale kann man es auch

6

mit dem Knarren langsam gebeugten neuen Leders
vergleichen, noch anderemale bekommen wir den Eindruck des Kratzens oder Schabens, und endlich
in weniger ausgeprägten Fällen hat es blos einen
schwachen, leise anstreifenden Charakter, es ähnelt
dem Knittern leicht berührter seidener Stoffe.

Diese Reibungsgeräusche können an jedem
Theile des Thorax vorkommen, kleinere oder grössere
Ausdehnung einnehmen je nachdem eben die Pleura
ihre normale Glätte verlor.

Am öftersten findet man diesen pleuralen Fremitus an den seitlichen und hinteren Thoraxpartien,
tiefe Inspirationen verstärken ihn und nicht selten wird
er vom Kranken selbst percipirt; noch deutlicher als
der Palpation, wird er der Auscultation, die
dann sicher die Pleuritis diagnosticirt.

e. Cavernöse Reibungsgeräusche.

Cavernöser
Fremitus.
Liegen luft- und secrethaltige Cavernen sehr nahe
der Brustwand, was öfters an den vorderen oberen Lungen-
lappen der Fall ist, so wird die palpirende Hand über
einer solchen Stelle ein eigenartiges Erzittern fühlen,
es ist, als ob unter derselben eine Menge Bläschen zerplatzen; am stärksten wird dieses Phänomen auf der
Höhe der Inspiration wahrgenommen, Hustenstösse mit
Expectoration machen es oft zeitweise verschwinden.

Die Ausbreitung dieses cavernösen Fremitus
ist immer eine beschränkte und bedeutet eben blos Bewegung flüssigen Materials in einer lufthaltigen Lungen-
Excavation.

f. Bronchiale Reibungsgeräusche.

Bronchialer
Fremitus.
Auch ausgebreitete, stärkere Rasselgeräusche,
welche dadurch entstehen, dass dem Respirations-

s t r o m e grössere Mengen bronchialen S c h l e i m e s hin-
dernd in den Weg treten, kommen sehr häufig zum
fühlbaren Ausdruck, und machen dann ohngefähr die
Tastempfindung, die wir beim Berühren einer schwin-
genden Basssaite wahrnehmen.

Wird das Hinderniss entfernt, so verschwindet mit
ihm auch der B r o n c h i a l - F r e m i t u s.

g. Palpation schmerzhafter Stellen am Thorax.

Schmerzhafte Punkte am Thorax werden vom
Kranken betreffs ihrer Localität und Ausdehnung häufig
theils unbestimmt, theils falsch angegeben, der p a l p i -
r e n d e F i n g e r verschafft sich hierüber mehr Gewissheit.

Empfindliche, schmerzhaftere Stellen, denen Krankheiten des K n o c h e n g e r ü s t e s am Brustkorbe zu Grunde
liegen, verursachen meist bei Druck auf dieselben heftigere, schmerzhafte Sensationen; ebenso tritt in der
Regel gesteigerte Schmerzempfindung durch Druck der
Finger bei P l e u r i t i s auf, der Schmerz war hierbei bis
dahin vielleicht ein sehr unbedeutender, oder trat nur
spontan, stechend, auf.

Bei I n t e r c o s t a l n e u r a l g i e n verursacht Fingerdruck gleichfalls, und zwar in der Regel dem ganzen
Verlaufe des I n t e r c o s t a l n e r v e n nach, vermehrten
Schmerz, manchmal sind aber auch blos einzelne Stellen
dabei sehr empfindlich.

Bei R h e u m a t i s m u s der Brustmuskulatur pflegt
Druck auf diese, besonders wenn man gegen den Faser-
verlauf derselben drückt, gesteigerte Schmerzempfindung
hervorzurufen.

F l u c t u i r e n d e Stellen am Thorax werden der
Palpation durch ihren s c h w a p p e n d e n Charakter zugänglich und endlich erkennt man durch die Palpation

6*

das Emphysem des Unterhautzellgewebes, wie
es am Thorax z. B. durch traumatische, pene-
trirende Brustwunden, Rippenbrüche, durch Ver-
letzungen des Laryngotrachealkanales, durch
Luftaustritt aus den Bronchien, nach Perforation dieser aus verschiedenen Ursachen vorkommt.
Betastet man solche Stellen, so fühlt man, die, infolge
des Druckes in den zelligen Zwischenräumen des sub-
cutanen Gewebes leicht verschiebbare Luft sich kni-
sternd fortbewegen, wir haben dabei dasselbe Gefühl,
als ob wir ein Stück lufthaltiges Lungengewebe zwischen
den Fingern zusammendrücken.

III. *Mensuration des Thorax.*

ensuration
des
Thorax.   Messungen betreffs des Umfanges und der Durchmesser des Thorax werden bei einigen Affectionen
manchmal nöthig und um den Umfang zu bestimmen,
bedient man sich des in Centimeter eingetheilten Mess-
bandes, welches entweder den ganzen Umfang des
Thorax, oder ´immer nur eine Hälfte desselben, von
einem Dornfortsatze der Wirbelsäule bis zur Mitte des
Sternums misst, wobei man aber nicht ausser Acht lassen
darf, dass schon am normalen Thorax der Umfang der
rechten Brusthälfte um ein weniges grösser ist, als
der der linken.

Die Messung des ganzen Thoraxumfanges
wird bei wagrecht erhobenen Armen ausgeführt und das
Messband vorn dicht unterhalb der Brustwarzen angelegt
und nach hinten dicht unter den unteren Schulterblatt-
winkeln herumgeführt.

Zur Bestimmung der Durchmesser bedient man
sich des Tasterzirkels und misst den Thorax der
Länge nach, von der Clavicula ab bis zum Rippenrand,
der Quere nach von jedem beliebigen Punkte einer

Seitenfläche des Thorax, nach dem correspondirenden der
anderen Seitenfläche, und endlich der T i e f e nach, von
jedem Punkte der vorderen Thoraxfläche, nach dem correspondirenden der hinteren, für gewöhnlich misst man diesen
zwischen der Mitte des Sternums und der Wirbelsäule.

IV. *Spirometrie.*

Um jene Menge von Luft zu ermitteln, die nach Spirometrie
möglichst t i e f e r I n s p i r a t i o n wieder ausgeathmet
werden kann — v i t a l e L u n g e n c a p a c i t ä t — bedient man sich des H u t c h i n s o n's c h e n S p i r o -
m e t e r s; dieser Apparat besteht im Wesentlichen aus
einem in Wasser schwimmenden, durch Gewicht aequi-
librirten unten offenen Cylinder, der durch die a u s g e -
a t h m e t e Luft in die Höhe gehoben wird, an der Seite
desselben befindet sich eine Scala, an der die Hubhöhe
abgelesen werden kann.

Die v i t a l e L u n g e n c a p a c i t ä t ist ungemein
schwankend je nach der Grösse, dem Alter und dem Ge-
sundheitszustande eines Menschen, sie beträgt bei einem gesunden erwachsenen Manne durchschnittlich 3700 Cb.-Ctm.

Mit demselben Apparate misst man auch die R e -
s p i r a t i o n s l u f t, d. h. die Quantität, welche bei
r u h i g e r A t h m u n g geathmet wird, sie beträgt durchschnittlich 500 Cb.-Ctm.

Auch die R e s e r v e l u f t bestimmt man durch
diesen Apparat, es ist das jenes Luftquantum, welches
nach einer gewöhnlichen Exspiration, durch f o r c i r t e
Exspiration noch ausgeathmet werden kann, diese
beträgt im Mittel 1250 bis 1800 Cb.-Ctm.

V. *Percussion des Thorax.*

Die Thatsache, dass leichtes Beklopfen des Thorax   Histo-
eines gesunden Menschen vorzüglich in seinen vorderen   risches.

und seitlichen Theilen einen l a u t e n, v o l l e n Schall
geben muss, war schon zu hippocratischen Zeiten be-
kannt, aber dass der nämliche Wiederhall nicht mehr
vorhanden ist, wenn eine I n f i l t r a t i o n in die Lunge
stattgefunden hat, oder der pleurale Raum mit einer
F l ü s s i g k e i t erfüllt ist, wurde zuerst von A u e n -
b r u g g e r, einem Arzte in Wien 1761 erkannt und be-
kannt gemacht.

Diese Entdeckung, so wichtig wie sie war, kam aber
alsbald wieder in Vergessenheit, bis endlich ca. 30 Jahre
später 1808 von dem Franzosen C o r v i s a r t wiederum
darauf aufmerksam gemacht wurde.

Im Jahre 1839 begann man sie dann an der
W i e n e r Schule eifrig zu üben, nachdem sie vorerst
von S c o d a wissenschaftich geprüft und näher begründet worden war.

Anfangs führte man die P e r c u s s i o n unmittelbar
mit den Fingern aus, indem man einfach den Thorax
beklopfte, später erfand P i o r r y 1826 das P l e s s i m e -
t e r, wodurch der erhaltene Schall deutlicher hervorgebracht werden kann, und die Untersuchung überhaupt
exacter wird; noch später 1841 führte W i n t r i c h den
P e r c u s s i o n s h a m m e r, die H a m m e r p e r c u s s i o n ein,
durch welche auch für entfernt Stehende, neben anderen
Vorzügen, der Schall vernehmlich gemacht werden kann.

In der ersten Zeit wendete man die Percussion nur
auf die Erforschung der B r u s t o r g a n e an; das Ver-
dienst dieselbe auch auf das A b d o m e n in Anwendung
gebracht zu haben, gebührt gleichfalls einem W i e n e r
Arzte, P e t r u s F r a n k, jedoch damals fand auch seine
neue Lehre noch wenig Anklang und erst die neuere
Zeit erkannte richtig ihren grossen Werth.

G e g e n w ä r t i g untersucht die Percussion den
S c h a l l und den W i d e r s t a n d, den die Höhlen des

menschlichen Körpers, je nach Verschiedenheit der in
ihnen befindlichen Organe, beim Anschlagen von sich
geben. Sie nennt den Schall, den die gesunde mit
Luft gefüllte Lunge überall dort wo sie an der Brustwand anliegt, von sich giebt, den vollen S c h a l l, sie
macht darauf aufmerksam, in wiefern dieses durch seine
geschmeidige, dünne oder muskulöse oder fette Brustwand modificirt wird, wie das Herz, die Leber, die Milz,
die Niere, der schwangernde Uterus, ein degenerirtes Ovarium und andere Entartungen einen von den vorigen
ganz verschieden g e d ä m p f t e n Schall geben und wie
der mit Luft gefüllte Magen- und Darmkanal bei mässiger
Spannung t y m p a n i t i s c h klingt.

Technik der Percussion.

Wie schon erwähnt, wurde die Percussion anfangs
in der Art geübt, dass man mit den Fingerspitzen der
rechten Hand an die Körperwand anschlug, die u n -
m i t t e l b a r e Percussion; gegenwärtig bedient man
sich allgemein der m i t t e l b a r e n, die entweder mittelst
Plessimeter und Finger, oder mittelst Plessimeter und
Hammer ausgeführt wird.

Technik der Percussion.

Im Allgemeinen gelangt man bei beiden Methoden
zu gleichen Resultaten, doch da wo es sich um feinere
Schallunterschiede handelt, wird man derjenigen mit dem
Hammer und Plessimeter den Vorzug geben müssen;
handelt es sich um die Erforschung der R e s i s t e n z
eines Organes, so ist dazu Plessimeter und Finger geeigneter, aber auch in diesem Falle kommt man mit dem
Hammer bei einiger Uebung zu demselben Resultate,
wenn man den zweiten Finger der percutirenden Hand
auf den Kopf des Hammers auflegt und so percutirt.

Der A n s c h l a g mittelst Finger und Plessimeter
wird mit dem hammerartig gekrümmten Zeige- oder

Percus-sions-schlag.

Mittelfinger, durch eine leichte Bewegung des Hand-
gelenks, ohne den Arm selbst dabei zu heben, ausgeführt;
das letztere gilt auch für die Hammerpercussion, bei
der mit dem Percussionshammer leichte kurze Anschläge
ausgeführt werden sollen.

   Der Anschlag selbst geschehe mit mässiger
Stärke und nur bei grösserer Dichtigkeit der ober-
flächlichen Gebilde, darf die Percussion etwas kräftiger
in Anwendung gebracht werden.

   Die einzelnen Anschläge müssen in grösseren Intervallen aufeinanderfolgen, damit jeder durch
den Stoss entstandene Schall auch vollkommen wahrgenommen werden kann.

   Der percutirende Finger oder Hammer
muss sogleich nach dem Anschlage aufgehoben
werden, damit der Druck desselben nicht etwa die
Oscillationen des tönenden Körpers beeinträchtige, nur
dann, wenn der Widerstand, oder die Dichtigkeit eines Theiles eruirt werden soll, darf der Finger
oder Hammer auch nach dem Anschlage noch einige
Momente auf dem Plessimeter verweilen.

   Die aus Elfenbein oder Neusilber etc. gefertigten
Flessimeter müssen allenthalben genau auf der
zu beklopfenden Stelle aufliegen, ist dies der Configura-
tion wegen nicht möglich, so legt man statt dessen
einen Finger unter; dies gilt besonders für die Gegend
über der Clavicula und in den Intercostalräumen; percutirt man die Clavicula, so ist gar keine
Unterlage nöthig, dieselbe bildet an und für sich schon
ein gutes Plessimeter.

   Beim Percutiren sollen eng anliegende Kleider
entfernt werden, die Haltung des Patienten sei dabei
eine schlaffe; die oberen Extremitäten in schlaffer
möglichst symmetrischer Haltung, werden beim Percutiren

des R ü c k e n s , der dabei nur wenig nach vorn über
gebeugt werden soll, am besten leicht übereinander
gekreuzt.

Liegt der Kranke zu Bett, so darf die Unterlage
eine nicht zu weiche sein, Unterbetten täuschen leicht
Dämpfungen vor, die gar nicht vorhanden sind.

Da die Percussion an derselben Person an den ver- ^{Symmetri-sche}
schiedenen Stellen des Thorax mannigfache Unterschiede ^{Percussion.}
darbieten kann, so muss immer an s y m m e t r i s c h e n
S t e l l e n percutirt werden, wobei man die wahrscheinlich g e s u n d e immer zuerst beklopft.

B r u s t - und U n t e r l e i b s o r g a n e befinden sich ^{Stabile und labile}
durch die Athmung in einem r h y t h m i s c h e n D e - ^{Percussion.}
und A s c e n s u s , wobei das Zwerchfell den Angelpunkt
bildet. Infolge dessen sind auch die Percussionsbefunde,
je nachdem wir den mittleren Stand des Situs, oder
die Grenzen der Beweglichkeit ins Auge fassen entweder
s t a b i l e oder l a b i l e .

Die L a g e der einzelnen Organe ergiebt sich aus
der Art und Weise wie der v o l l e und g e d ä m p f t e
Schall wechselt.

D i e G r e n z e n der einzelnen Percussionsgebiete
pflegt man der besseren Uebersicht wegen (wenigstens
in der Klinik) mit Kreide, Kohle u. s. w. nachzuzeichnen.

Topographische Bestimmungen.

Der leichteren Orientirung und gegenseitigen Ver- ^{Topogra-phische Be-stimm-ungen.}
ständigung wegen, unterscheiden wir am T h o r a x v o r n
folgende Linien:

1. D i e S t e r n a l l i n i e von der Incisura jugularis
bis zum Processus xyphoideus.

2. D i e P a r a s t e r n a l l i n i e von der Grenze des
inneren und mittleren Drittels der Clavicula, zwischen dem
Sternum und der Brustwarze, beliebig weit nach abwärts.

3. Die Mammillarlinie von der Grenze des mittleren und äusseren Drittels der Clavicula durch die Brustwarze nach abwärts.

4. Die Axillarlinie von der Mitte der Achselgrube an der Seitenwand des Thorax bis zur 11. Rippe.

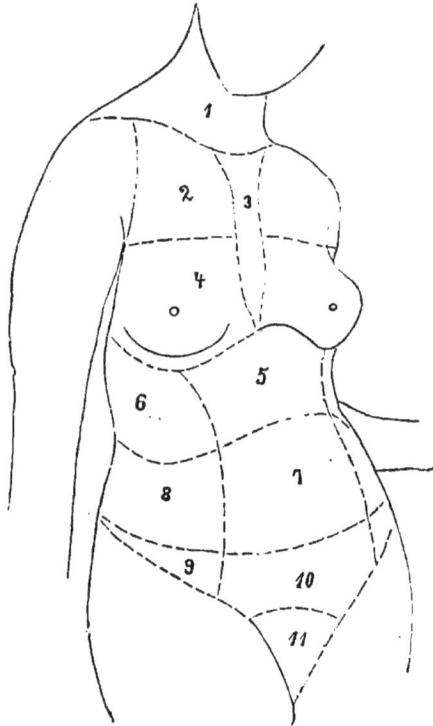

Fig. 1.

1. Regio supraclavicul.
2. „   infraclavicul.
3. „   sternal.
4. „   mammalis.
5. „   epigastric.
6. „   hypochondriac dextr.
7. „   umbilical.
8. „   iliaca.
9. „   inguinal dextr.
10. „   hypogastric.
11. „   pubis.

An dem Rücken percutirt man rechts und links in einer längs und neben der Wirbelsäule herablaufenden Linie und an den verschiedenen in der Anatomie giltigen Regionen.

Für die Percussion am Abdomen kommt die Linie alba und die gleichfalls der Anatomie entlehnte Regioneneintheilung in Betracht, was beistehende Zeichnung in Erinnerung bringen soll.

Sowohl diese wie jene Bestimmungen gelten auch für die Auscultation.

Verticale Lagenbestimmungen am Thorax berechnen wir nach Zwischenrippenräumen, Rippen und Wirbeln. Distanzbestimmungen

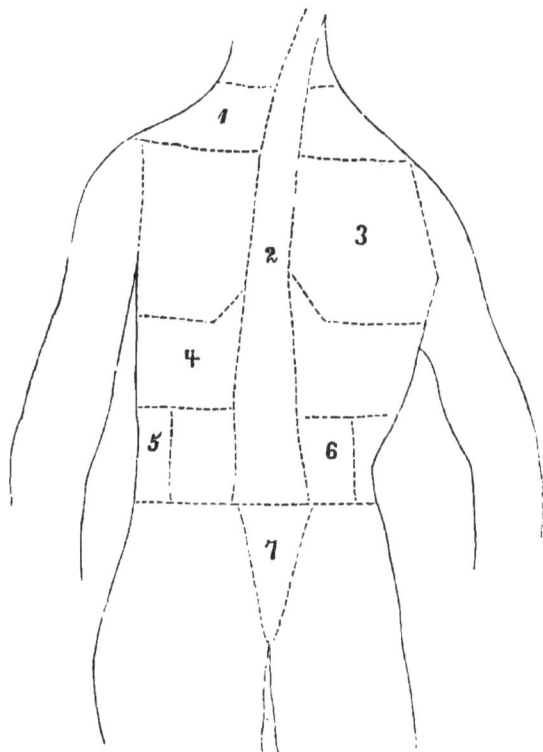

Figur 2.

1. Regio supra-
   clavicular.
2. Regio inter-
   scapularis.
3. Regio scapu-
   laris.
4. Regio infra-
   scapularis.
5. Regio abdom.
   later.
6. Regio lumbal.
7. Regio sacra-
   lis.

nach Centimetern und Querfingerbreiten. Pauschbestimmungen endlich, giebt man als Rechts vorn, Links hinten, unten u. s. w. an.

Der Schall und seine Verschiedenheiten.

Wir nennen jede Gehörswahrnehmung Schall und nach acustischen Grundsätzen unterscheiden wir am lebenden Körper des Menschen folgende Arten des Schalles:

1. D e n T o n ein aus regelmässigen Schwingungen entstehender Schall, der entweder h o c h oder t i e f sein kann.

2. D a s G e r ä u s c h, ein aus unregelmässigen Schwingungen gebildeter Schall.

3. D e r K l a n g, eine regelmässige Aneinander-reihung gleichartiger Töne.

4. D i e K l a n g f a r b e (Timbre) das eigenthüm-liche des Klanges, abhängig von Nebentönen, die den Haupttönen beigemengt sind.

5. C o n s o n a n z, continuirliche Tonempfindung.

6. D i s s o n a n z, discontinuirliche Tonempfindung.

7. R e s o n a n z ist identisch mit Wiederhall.

Verschiedenheiten des Percussionsschalles.

Durch A b s c h ä t z u n g unterscheiden wir mehrere Reihen des Percussionsschalles und innerhalb derselben wieder verschiedene Stufen vom M e h r zum W e n i g e r.

1. Die Reihe vom l a u t e n zum g e d ä m p f t e n Schall manifestirt sich in dem Verhältniss, je nach-dem unter der beklopften Stelle mehr oder weniger, oder gar keine Luft mitschallt, der Schall wird ausnahmslos überall da l a u t e r, wo die S p a n n u n g des Lungenparenchyms abnimmt und umgekehrt d u m - p f e r, wo sie wächst.

2. Die Reihe vom t y m p a n i t i s c h e n zum n i c h t tympanitischen Schalle, ein Schall heisst t y m - p a n i t i s c h oder k l i n g e n d, wenn er sich einem musikalischen Tone nähert, er entsteht, wenn das Medium auf den Schlag mit regelmässigen und gleichartigen Schwingungen antwortet, der n i c h t t y m p a n i t i s c h e Schall ist einem Geräusche ähnlich, er entsteht durch unregelmässige und ungleiche Schwingungen.

Durch die Unterscheidung zwischen t y m p a n i t i -

schen und nicht tympanitischen Schall bekommen wir über die Menge der schallenden Luft und
über den funktionellen Zustand des Lungengewebes Aufschluss, und wegen der grossen Wichtigkeit dieser Unterscheidung, ist es nöthig bei jedem Percussionsschall am Thorax, vorerst zu bestimmen, ob er
tympanitisch ist, oder nicht; sowohl dieser wie
jener ist dann entweder im Allgemeinen

> voll oder leer, laut oder gedämpft,
> höher oder tiefer.

Eine eigenthümliche Modification des Schalles ist
das metallische Klingen, welches bisweilen beim
Beklopfen grösserer, lufthaltiger Cavernen vernommen
wird, und haben diese Cavernen zufällig eine krugförmige
Gestalt, so wird dieses Klingen, neben noch anderen
Bedingungen seitens der Caverne einen amphoren
Charakter annehmen.

Zu dem abnormen tympanitischen Schalle am Thorax
gesellt sich unter bestimmten Umständen noch ein Geräusch, welches dem ähnlich ist, welches man beim
Anschlagen eines zersprungenen, thönernen
Topfes erhält, und hiernach ist das Geräusch auch
als das des gesprungenen Topfes (Bruit de pot fêlé)
benannt worden. Zur Entstehung dieses zischenden,
oder klirrenden Schalles ist es nöthig, dass eine grössere
oberflächliche Caverne Luft enthalte, dass sie
mit einem offenen Bronchialaste communicire und unter
einer dünnen biegsamen Brustwand liege; die darin ent-
haltene Luft wird durch den Percussionsstoss plötzlich
comprimirt und dann durch eine relativ enge Oeffnung
durchgepresst, ist letztere trocken, so wird der Schall
klirrend, ist sie aber feucht, was gewöhnlich der Fall
ist, so hört man ein zischendes Geräusch, welches
den Rasselgeräuschen der Auscultation sehr ähnlich ist.

L u f t l e e r e G e b i l d e geben einen ganz d u m p f e n,
g e d ä m p f t e n, l e e r e n Schall und als Prototyp gilt
hierfür derjenige, welcher erhalten wird, wenn wir den
Oberschenkel percutiren. (S c h e n k e l t o n.)

F l ü s s i g e s M a t e r i a l erzeugt dasselbe Phänomen
wie die Percussion des Schenkels.

J e d e r S c h a l l am Körper, der nicht dem am
Schenkel gleich ist, rührt von L u f t oder G a s her.

Der fühlbare Widerstand beim Percutiren.

Palpato-
rischer
Widerstand
beim
Percutiren.

Der Widerstand, welchen der percutirende Finger
beim Anklopfen an die Thoraxwand empfindet, giebt
uns in gewissen Fällen einen nicht unwichtigen Beitrag
zur Fixirung der Diagnose.

Ueber dem n o r m a l e n Lungenparenchym fühlen
wir bei der Percussion keinen direkten Widerstand, em-
pfinden aber stets die O s c i l l'a t i o n e n der berührten
Stelle; nur dann, wenn ein l u f t l e e r e r Theil der
Lunge nahe der Brustwand anliegt, wird dieser Widerstand fühlbar, und dies um so mehr, je grösser die luftleeren Partien und je biegsamer die Thoraxwand ist.

Am deutlichsten kommt ein solcher Widerstand
zum Ausdruck bei mächtigen E x s u d a t e n, in geringerem Maase auch bei der c r o u p ö s e n Pneumonie.

Percussion des Thorax.

A. Im normalen Zustande.

Stabile
Percussions-
zeichen.
Vorn oben.

a. s t a b i l e P e r c u s s i o n s z e i c h e n.

Auf dem normalen Thorax, mit gesunden Organen,
erhalten wir auf der r e c h t e n wie l i n k e n Fläche von
den Claviculis ab, bis zum oberen Rand der 4. Rippe
einen g l e i c h l a u t e n v o l l e n n i c h t t y m p a n i t i-
s c h e n Schall, etwas weniger laut und voll, aber gleich

ist er über den Claviculis und über den Lungenspitzen.

Links vorn beginnt von der 4. Rippe bis zur
6. Rippe die Herzdämpfung, die vertical vom linken
Rande des Sternums, bis zur Mammillarlinie ausge-
breitet ist; unterhalb der 6. Rippe geht der gedämpfte
Schall in den tympanitischen des Magens und
Darmes über.

Rechts vorn beginnt auf der Höhe der 5. oder
6. Rippe eine Dämpfung, die die darunter liegende
Leber erzeugt, dieser gedämpfte Schall setzt sich
bis Querfingerbreit über den Rippenbogen weiter
fort, während vertical, etwa Handbreit, bis unter die
Basis des Process. xyphoideus, die normale Leberdämpfung gefunden wird. Nach oben zu hat man die
wahre Lebergrenze um 3 bis 5 Ctm. höher als gefunden aufzunehmen, da die Lunge um so viel hier die
Leber überragt.

Auf der Mitte des Sternums erscheint ein sehr
lauter, voller, nicht tympanitischer Schall, der am rechten
Rande desselben etwas voller ist, als am linken. Hier
ist die Brustwand am dünnsten und den Schwingungen
des elastischen Thorax der grösste Spielraum gegeben.

In der linken Seitenwand erhalten wir bis
zur 9. Rippe einen lauten vollen Schall, von da
ab beginnt die bis zur 11. Rippe reichende Milzdämpfung und über diese hinaus wird dann deutlicher tympanitischer Darmton gehört.

In der rechten Seitenwand zeigt sich bis
zur 6. oder 7. Rippe ein gleich lauter, voller Schall,
von da ab markirt sich die Leberdämpfung bis zur
11. Rippe, nie darf dieser Dämpfungsbezirk, ohne pathologisch zu sein, von der 5. oder 7. Rippe beginnen.

Auf der hinteren Brustwand ist der Per-

cussionsschall, der stärkeren Muskulatur wegen, w e n i g e r
l a u t, er ist d u m p f e r und am d u m p f e s t e n über
der S c a p u l a r g e g e n d.

Z u b e i d e n S e i t e n der W i r b e l s ä u l e hören
wir bis zur 10. Rippe herab einen g l e i c h v o l l e n,
l a u t e n Schall.

b. m o b i l e P e r c u s s i o n s z e i c h e n.

Die H e r z - L u n g e n g r e n z e zeigt bei der I n s p i -
r a t i o n in ihrem obern und unteren Verlaufe eine Vergrösserung.

Die L u n g e n - L e b e r g r e n z e ist bis auf Hand-
breite einer Excursion fähig. Die L u n g e n - D a r m -
g r e n z e wird durch die I n s p i r a t i o n verkleinert.
D i e M i l z nimmt bei aufgetriebenem, oder gefülltem
Magen und Quer-Grimmdarme, eine mehr verticale Richtung an. Die H e r z g r e n z e erleidet bei Seitenlagen
eine Verschiebung von 2 bis 3 Ctm. nach rechts, oder
links; ebenso verändert sie sich um ein Weniges beim
Uebergange vom Liegen zum Stehen und in vorgebeugter
Haltung.

Es ist noch darauf aufmerksam zu machen, dass bei
verschiedenen Individuen, deren Brustorgane übrigens
vollkommen gesund sind, ein ganz verschiedener Percussionsschall erhalten werden kann, man muss auf den
Bau des Thorax, auf die Dicke seiner Wandungen, auf
Alter etc. neben fortwährender Vergleichung beider Seiten
stets die nöthige Rücksicht nehmen.

Die V e r s c h i e d e n h e i t e n des Percussionsschalles
am Thorax gründen sich vorzugsweise auf die Menge
der in ihm enthaltenen L u f t und auf das Verhältniss
dieser, zu den p a r e n c h y m a t ö s e n Theilen.

B. Percussion des Thorax unter abnormen Verhältnissen.

Unter abnormen Verhältnissen enthalten die Lungen entweder **mehr Luft** als normal, oder das **Luftquantum ist relativ vermindert**, oder die **Luft fehlt in einzelnen Abschnitten** der Lunge gänzlich.

Abnorme Percussions-zeichen.

1. *Die Luftmenge im Thoraxraume ist vermehrt.*

a. beim **vesiculären Emphysem.**

Vermehrung des Luftquantums.

Die Percussion ergiebt einen abnorm lauten, vollen Schall, neben Verkleinerung der Herzdämpfung, die sogar ganz verschwinden kann, dann eine Ausdehnung der unteren Lungengränze vorn bis zur 7. Rippe, hinten bis zur 11. und 12. Rippe und einen permanenten Tiefstand des Zwerchfelles.

b. bei **Pneumothorax** und **Pyopneumothorax.**

Hierbei erscheint lauter, tympanitischer Schall, wenn die Thoraxwände nicht allzusehr gespannt sind, der tiefer herabreicht als normal.

c. **bei leeren Cavernen.**

Percussionsschall: lauter gedämpfter Schall, nicht selten erscheint hierbei metallisches Klingen, oder das Geräusch des gesprungenen Topfes, und dann besonders in der Schlüsselbeingegend.

d. **bei partiellem Emphysem.**

Insbesondere an den Rändern der Lunge, welches häufig der Begleiter einer Pneumonie, eines Exsudates, einer Tuberkel-Infiltration ist. Die Percussion ergiebt dabei einen lauten, gedämpften bisweilen tympanitischen Schall.

2. Die Luftmenge im Thoraxraume ist vermindert

Dieselben führen aber so lange keine ahnormen Percussionszeichen herbei, als durch sie keine Strukturveränderungen im Lungenparenchyme (Bronchiectasie) entstehen.

b. im Beginne und in der Lösung der Pneumonie.

Der Schall ist hier um so gedämpfter, je weiter der entzündliche Process verbreitet ist und je näher er dem Stadium der Hepatisation rückt.

c. beim Lungenödem.

Percussionsschall: sehr deutlich gedämpft tympanitisch.

d. bei beträchtlicher Verdickung der Pleura.

Gedämpfter, aber doch lauter Schall.

e. bei geringem pleuritischen Exsudate.

Mehr weniger gedämpfter, wenig voller Schall.

3. Ganz luftleer werden Abschnitte der Lunge.

a. In der Pneumonie im zweiten Stadium.

Percussion: leerer, gedämpfter Schall, in der Umgebung der erkrankten Stelle nicht selten tympanitischer Schall.

b. Bei Infiltration mit tuberculösem oder käsigem Material.

Percussion: leerer, gedämpfter Schall, nicht selten tympanitischer Beiklang.

c. Bei Erweiterung der Bronchien mit gleichzeitigem Schwunde des Lungenparenchyms.

Percussion: verchiedenartig gedämpfter Schall, in der Regel tympanitisch.

(margin) Verminderung des Luftquantums.

d. Bei hämoptysichem Infarkte.

Percussion: mässig gedämpfter Schall.

e. durch Compression des Parenchyms, infolge mächtiger Exsudate.

Percussion: Schenkelton; in den nicht comprimirten Theilen lauter, öfters tympanitischer Schall.

f. durch Compression des Lungenparenchyms.

Infolge von Vergrösserung anderer Organe, wie z. B. bei Hypertrophie und Erweiterung des Herzens, bei Aneurysmen der Aorta, bei grossen Exsudaten im Herzbeutel, bei Tumoren im Raume der Brusthöhle (Mediastinaltumoren).

In keinem der aufgeführten Fälle erreicht der Percussionsschall jenen hohen Grad von Dämpfung und Leere, wie bei dem pleuritischen Exsudate.

Nach Vorstehendem lässt sich der Percussionsbefund der Lungen dahin zusammenfassen: wo gedämpfter Schall ist, da ist weniger resp. keine Luft in den Lungen enthalten, sie sind luftleer geworden oder es nimmt statt ihrer ein anderer flüssiger, oder festweicher Körper diese Stelle ein.

Welche Art von Infiltration statt gefunden hat, oder ob flüssiges Material vorhanden sei, darüber kann die Percussion nicht allein entscheiden, hier nimmt sie dann die Auscultation und andere diagnostische Hilfsmittel in Anspruch, um so z. B. die beginnende und bis zur Hepatisation vorgeschrittene, oder sich zurückbildende Pneumonie zu diagnosticiren.

VI. Die Auscultation des Respirationsapparates.

Die Erforschung der innerhalb des Körpers sich erzeugenden Töne oder Geräusche durch unser Gehör begreift die Auscultation in sich, und vorzüglich

Allge-meines.

7*

sind es die Respirations- und Circulationsorgane, die wir behorchen; doch ebenso wie die Per-
cussions-Befunde für sich allein mangelhaft sind, da ein
und derselbe Schall mehreren krankhaften Zuständen
gemeinschaftlich zukommt, so liefert auch die Auscultation für sich allein keine, oder nur selten exclusiv
diagnostische Zeichen, indem das nämliche Phänomen
bei den verschiedenartigsten Erkrankungen des Respi-
rations- oder Circulationsapparates zur Wahrnehmung
gelangen kann, beide Untersuchungsmittel gehen eben in
sehr vielen Fällen Hand in Hand.

Ausser Herz und Lungen auscultiren wir den
Kehlkopf, grössere Arterien, Venen, Geräusche im Abdomen, den Foetalenpulsschlag,
die Reibung gebrochener Knochen und rauh
gewordene Gelenkflächen.

Histo-
risches.

Schon von Hippokrates geübt, und von mehreren Aerzten später in Anwendung gezogen, hatte doch
die Auscultation, so wenig Vortheile gewährt, dass
man sich ihrer fast gar nicht mehr bediente, bis endlich
Laennec, ein französischer Arzt des Hospitals de la
Charité in Paris, auftrat und in seinem 1819 her-
ausgegebenen Werke zeigte, welchen grossen Vortheil
dieses Untersuchungsmittel dem Arzte gewährte, später
wurden dann die Laennec'schen Lehren durch
Scoda fester begründet, werthvoller gemacht und allgemein verbreitet.

Technik der
Aus-
cultation.

Die Auscultation kann auf zweierlei Art ausgeführt werden, entweder durch unmittelbares Anlegen des Ohres an die Körperoberfläche des Kranken,
oder mittelbar durch das Höhrrohr-Stethos-
cop. — Beide Methoden haben ihre Vortheile, mit dem
blossen Ohre hört man deutlicher und stärker, namentlich der Anfänger, als durch das Stethoscop; man kann

aber das Ohr nicht an alle Körpertheile genau anlegen und gänzlich unmöglich ist es, durch das angelegte Ohr die Geräusche einer bestimmten Stelle isolirt zu hören, ausserdem stehen manchmal noch andere Hindernisse der unmittelbaren Auscultation entgegen. —

Wenn wir uns des S t e t h o s c o p e s bedienen, so setzen wir es genau so auf die Körperoberfläche, dass das konische Ende überall gleich und genau aufliegt, während das Ansatzstück mit dem auscultirenden Ohre, mit dem äusseren Ohre derart verbunden wird, dass jede Communikation der äusseren atmosphärischen Luft, mit der im Raume der Röhre befindlichen, aufgehoben wird.

Man lege den Kopf nur l e i c h t an das Rohr, vermeide jeden unnöthigen Druck, beobachte eine möglichst ruhige Haltung des Stethoscopes und entferne die Hand vom Instrumente.

Findet die Untersuchung mit dem b l o s s e n O h r e statt, so muss dieses immer etwas fest angedrückt werden; das Stethoscop verträgt nur bei Untersuchung des F o e - t a l p u l s e s und zuweilen bei Untersuchungen am Unterleibe ein stärkeres Andrücken.

Am v o r d e r e n Thorax ist es zweckmässiger stets die m i t t e l b a r e Auscultation anzuwenden, während die R ü c k seite besser u n m i t t e l b a r auscultirt wird.

Im ersten Falle empfiehlt sich eine mässig e r - höhte Rückenlage des Kranken, die Arme lassen wir dabei am Stamme anliegen; auch im S i t z e n kann die Untersuchung stattfinden und wenn möglich soll die Bekleidung entfernt werden.

Bei Untersuchung der S e i t e n w ä n d e des Thorax bringen wir den Kranken in eine Seitenlage und veranlassen eine mässige Hebung des Armes.

Bei Auscultation der h i n t e r e n T h o r a x w a n d

heissen wir den Kranken aufsitzen, den Kopf ein wenig
nach vorn neigen und die Arme nach vorn kreuzen.

Doch nicht immer lässt sich die Haltung des Kranken
nach Belieben verändern, man muss sich gewöhnen in
allen Stellungen zu hören und beide Ohren müssen von
uns gleich gut geübt sein. Die Stellung des Auscultirenden sei immer die bequemste und keine zu ge-
neigte, weil sonst Congestionen nach seinem Kopfe
Täuschungen herbeiführen könnten. Die Umgebung muss
eine möglichst ruhige sein.

Auch die Auscultation erfordert eine gewisse
Ordnung und symmetrische vergleichende
Untersuchung beider Thoraxhälften, geradeso wie die
Percussion und auch hier wird man die vermuthlich
gesunde Seite zuerst behorchen, welche durch die
vorangeschickte Percussion oft angedeutet werden wird.

Die Auscultation der Brusthöhle zerfällt in die der
Respirations- und Circulationsorgane.

1. Auscultation der Athmungsorgane.

Die Auscultations-Erscheinungen der Respirationsorgane sind die hörbare Stimme, die Respirationsgeräusche und das pleurale Reibege-
räusch.

a. Auscultation der Stimme.

Auscultiren wir einen Gesunden während er laut
spricht, zählt, schreit an irgend einer Stelle am
Thorax, so verstehen wir von dem, was ausgedrückt
wird gar nichts, wir hören nur ein undeutliches Summen;
die Stärke desselben ist an den verschiedenen Stellen
des Thorax variabel.

Broncho-
phonie.   Hören wir Gesprochenes am Thorax deutlich,
so sind pathologische Veränderungen im Lungengewebe
vorhanden und wir bezeichnen dies als Broncho-

phonie und zwar tritt dieselbe dann auf, wenn das Lungengewebe in grösserer Ausdehnung durch Infiltration etc. luftleerer, oder solid wurde; also bei Pneumonie im zweiten Stadium, bei tuberculösen Infiltrationen, dann bei solchen hämoptoischen Infarkten, wo die Lunge an einer grösseren oberflächlich gelegenen Stelle gänzlich unwegsam für die Luft geworden ist, ferner wenn das Lungengewebe durch Compression luftleer wurde, wie bei freiem pleuritischen Exsudate, endlich bei Cavernen und Bronchiectasien, deren Wände sehr dichtes luftleeres Gewebe besitzen. Manchmal vernimmt man trotz vorhandener Verdichtung des Lungenparenchyms keine Bronchophonie, sie stellt sich aber ein, sobald man den Kranken husten und die Sputa auswerfen lässt.

Dem ursächlichen Momente nach kann die Bronchophonie an jeder Stelle am Thorax vorkommen und mehr oder weniger deutlich sein, je nachdem ein grösseres oder kleineres Stück Parenchym verdichtet wurde, ihre Deutlichkeit, temporäres Verschwinden oder Wiederauftreten ist namentlich an den Umfang des luftleeren Gewebes oder Hohlraumes geknüpft, der mindestens so mächtig sein muss, dass damit ein Bronchus grösseren Kalibers, der frei mit der Trachea communiciren kann, in Verbindung steht.

Die Stimme am Thorax wird abgeschwächt oder verschwindet gänzlich, wenn massenhaftes pleuritisches Exsudat oder ein Pneumothorax vorhanden ist; in mässigem Grade auch dann, wenn sich viel flüssiges Material in den Bronchien ansammelte.

Eine Modification der Bronchophonie ist die Aego- Aegophonie. phonie, welche einen schärferen, zitternden, stossweisen Klang hat, so dass sie dem Meckern einer Ziege nicht

unähnlich ist; man hört dieselben meist in der hinteren
unteren Brustgegend, und kommt scheinbar in einiger
Entfernung zu Stande.

Die cavernöse Stimme auch Pectoriloquie
genannt, ist gleichfalls eine Modification der Bronchophonie, bei der die Schwingungen der Stimme in einem
hohlen Raume concentrirt und die Laute mehr oder weniger articulirt dem auscultirenden Ohre überliefert werden,
so dass die Töne sich in der Brust zu bilden scheinen
und scheinbar direkt an unser Ohr dringen, ähnlich so,
wie wir die Stimme beim Auscultiren des Kehlkopfes
wahrnehmen. Meistentheils hören wir sie nur am vorderen Thorax, in der Regel auf einen kleinen Raum
beschränkt. Lufthaltige Cavernen, Abscesshöhlen,
Bronchiectasen, deren Wände luftleer und verdichtet sind, die mit einem grösseren Bronchus frei communiciren, oberflächlich und in einem dünnwandigen
Thorax gelegen sind, geben zu diesem Phänomen Veranlassung.

Ein metallischer Klang eine amphorische
Resonanz kann den Nachhall der Stimme begleiten.
Im ganzen haben diese Stimmphänomene für die Semiotik
nur einen untergeordneten Werth, besonders da sie nicht
constant und weniger characteristisch als die Veränderungen der Respirationsgeräusche sind.

2. Auscultation der Respirationsgeräusche.

Normale Respirationsgeräusche.

Dringt Luft in die Athmungsorgane ein, so bringt
dieselbe ein Geräusch hervor, welches durch die Grösse
der einströmenden Luftsäule, durch das Lumen und
Struktur der Kanäle in die sie eindringt, und durch
die Kraft der Athembewegungen mehrfach modificirt
werden kann.

Setzen wir das Stethoscop auf den Larynx oder auf die Trachea, so vernehmen wir ein scharfes, blasendes, trockenes Geräusch, sowohl während der Inspiration als auch Exspiration, welches durch kräftiges Ein- und Ausathmen bei der Zungenstellung, wie sie der Consonant *ch* fordert, nachgeahmt werden kann; das Exspirationsgeräusch wird dabei stärker vernommen, als das der Inspiration, es entsteht nur im Larynx, in der Trachea und in den grossen Bronchialstämmen und zwar durch Reibung der ein- und ausströmenden Luft an den starren Wandungen dieser Gebilde, wir nennen dieses Geräusch das bronchiale Athmen und im normalen Zustande der Respirationsorgane hören wir es nur, an der vorderen und seitlichen Gegend des Halses, schwach über dem Manubr. sterni und bei mageren Leuten am Rücken in der Gegend des 2. und 3. Rückenwirbels zwischen den Schulterblättern, besonders rechts. An jedem andern Orte ist es pathologisch.

An den übrigen Stellen des Thorax, wo sich unter dem applicirten Ohre oder Stethoscope eine dicke Lage der vorzugsweise aus nicht knorpligen, sondern häutigen Bronchien und aus Lungenzellen gebildeten Lungensubstanz befindet, ist das Athmungsgeräusch ein ganz anderes, wir hören daselbst normalerweise ein weiches, sanftes, schlürfendes Geräusch, ähnlich dem, welches bei Aussprache eines gedehnten H entsteht, oder wenn wir Luft langsam zwischen ziemlich nahe aneinander gebrachte Lippen einziehen.

Es wird erzeugt in dem Momente, wo der Luftstrom in die Alveolen eindringt und wird desshalb auch als das **vesiculäre Athmungsgeräusch** bezeichnet.

Dieses Respirationsphänomen ist nur während der Inspiration deutlich zu hören und bei oberflächlichem

Athmen in der Regel auch nicht während der ganzen Dauer sondern nur gegen das Ende derselben, also im Momente der grössten Ausdehnung der Lungenzellen durch Luft.

Die Exspiration, von kürzerer Dauer als die Inspiration, ist meist gar nicht hörbar, oder sie markirt sich höchstens, als ein sehr leises Hauchen, als ein unbestimmtes Geräusch.

Vesiculäres Athmen hört man unter normalen Verhältnissen überall am Thorax, und besonders deutlich bei tiefem langsamen Inspiriren, doch nicht überall ist es gleich laut, am lautesten wird es an den dünneren Stellen, an der vorderen Fläche und an den Seitenwänden des Thorax gehört, weniger laut ist es an den hinteren Thoraxpartien wahrnehmbar, und je weiter man nach abwärts auscultirt, desto schwächer wird das Geräusch, welches aber an der Rückseite des Thorax tiefer herabreicht, als auf der vorderen Fläche.

Neben dem linken Sternalrande in der Gegend zwischen der 4. und 7. Rippe wird das Athmungsgeräusch von den Herztönen verdeckt, um es auch hier deutlich zu hören, bedarf es jedoch nur der Uebung. —

Verschiedenheiten des normalen vesiculär Athmen. Das normale vesiculäre Athmen unterliegt betreffs seiner Deutlichkeit nach Verschiedenheit der Individualität einigen Schwankungen, es tritt stärker hervor bei Frauen, als bei Männern, und vermindert sich bei demselben Individuum mit dem zunehmenden Alter und im Greisenalter verliert sich durch die Strukturveränderungen der Lungen das Weiche des Vesiculär-Athmens; es wird schärfer und härter. Bei Kindern hören wir ein sehr lautes verschärftes, verstärktes Vesiculärathmen, weshalb man auch die krankhafte Verstärkung desselben bei Erwachsenen mit dem Namen pueriles Athmen bezeichnet hat.

Ferner ist das Athmungsgeräusch im Stehen deutlicher als im Liegen, im wachen Zustand intensiver, als während des Schlafes, nach Nahrungsaufnahme lauter, als im nüchterem Zustande. Mässige Anstrengungen bringen das Vesiculärathmen mehr zur Wahrnehmung, wogegen übermässige Anstrengungen das Gegentheil im Gefolge haben.

Um nun die Norm herauszufinden, verfahren wir wie bei der Percussion und auscultiren immer die entsprechende Stelle der anderen Seite gleichzeitig, worauf auch schon früher aufmerksam gemacht wurde.

Im Allgemeinen kann man bei Gegenwart des vesiculären Athmungsgeräusches annehmen, dass sich das Respirationsorgan, besonders das Lungenparenchym, in einem normalen Zustande befindet, vorausgesetzt, dass sonst keine Symptome vorhanden sind, die auf eine Affection dieser Organe deuten, denn es wird z. B. auch ganz deutliches Vesiculär-Athmen vernommen, trotzdem, dass das Lungenparenchym mit unzähligen solitären Tuberkeln durchsetzt ist, ferner erleidet es ebensowenig eine Veränderung, wenn es sich um kleinere, zerstreute, tiefliegende Verdichtungen des Parenchyms, wie es bei Infarkten und Lobarpneumonien statt hat, handelt, dagegen können folgende Processe bei vorhandenem Vesiculär-Athmen ausgeschlossen werden: Pneumonie, grössere hämorrhagische Infarkte, käsige Infiltration, Atrophie des Parenchyms, Verstopfung und Schwellung der Bronchien, Compression der Lunge durch schon etwas mächtigere pleuritische Exsudationen, grössere die Lungen comprimirende Tumoren oder Ablagerung solcher in das Lungenparenchym

In all diesen Fällen ist die Permeabilität der Luftwege mehr oder weniger beeinträchtigt, das Lungenparenchym wurde weniger lufthaltig und infolge dessen

wird, ausser noch anderweitigen Symptomen, das Athmungsgeräusch pathologischer Art werden müssen.

Die **pathologischen Abänderungen** des Vesiculär-Athmens sind folgende:

1. entweder ist es abnorm deutlich und ver-
schärft oder

2. abnorm schwach, auch wohl gar theilweise
ganz aufgehoben oder

3. an Stellen, wo normalerweise vesiculäres Athmen
vorhanden sein soll, erscheint dafür bronchiales oder

4. durch Hindernisse, welche sich der ein- und
ausströmenden Luft entgegen stellen, gesellten sich zu
dem Vesiculär-Athmen noch andere Geräusche, die sogenannten Rasselgeräusche hinzu.

Krankhaft verstärktes verschärftes vesiculär
Athmen, pueriles Athmen, finden wir über solchen
Stellen, wo eine gesunde Lungenpartie die aufgehobene
Funktion einer erkrankten benachbarten durch lebhaftere
Thätigkeit zu übernehmen strebt, wir nennen dies dann
Supplementär-Athmen, Vicariirendes Athmen.

Es wird auftreten:

1. an der vorderen Fläche des Thorax in der
Gegend des oberen Lappens, wenn sich eine Pneumonie
nach unten und rückwärts etablirte.

2. an der gleichen Stelle bei Lungenödem und
bei hypostatischer Pneumonie.

3. bei Tuberculose der oberen Partien an der
vorderen Seite der unteren Lungen-Lappen.

4. bei pleuritischen Ergüssen an jener Seite,
welche frei von Exsudat ist.

In allen diesen Fällen wird auch an dem Orte, wo
verschärftes Athmen wahrgenommen wird, der Percussionsschall abnorm, und erscheint voller, bisweilen
tympanitisch.

Nicht selten begleitet pueriles Athmen solche Lo-
bularpneumonien und Tuberkelablagerungen,
die sich centrale Theile des Lungenparenchyms zum
Sitze wählten, oder im Allgemeinen an Zahl und Grösse
nicht sehr beträchtlich sind, hierbei kann die Percussion
normal oder etwas gedämpft sein.

Abgeschwächtes Athmungsgeräusch.

Krankhaft v e r m i n d e r t e s, a b g e s c h w ä c h t e s *Abge-schwächtes Athmen.*
Vesiculär-Athmen nehmen wir dann an, wenn irgendwo
am Thorax weniger deutliches Vesiculär-Athmen, auch
bei tiefen Inspirationen, c o n s t a n t vorhanden ist, Hin-
d e r n i s s e, welche sich dem Eintritte der Luft entgegen-
stellen, oder auch vollständige U n w e g s a m k e i t einzelner
Partien der Luftwege, — infolge dessen theils vermindertes Luft-Quantum, theils verminderte Beweglichkeit
der Lungenzellen — werden dieses Symptom im Gefolge
haben, und nach diesem ursächlichen Momente richtet
sich dann auch die Ausdehnung in der wir es bemerken.

Ausgesprochenes a b g e s c h w ä c h t e s A t h m e n
werden wir daher finden:

1. wenn durch krankhafte Zustände der B r u s t -
w a n d u n g e n, Oedem oder Tumoren in diesen, oder
anderes, die Beweglichkeit des Thorax mehr weniger
behindert wird.

2. wenn Erkrankungen der P l e u r a vorliegen, acute
Pleuritis mit geringem flüssigen Exsudate, oder Verdickungen der Pleura durch P s e u d o m e m b r a n e n (pleuritische Schwarten).

3. wenn das L u n g e n p a r e n c h y m oder die B r o n -
c h i e n pathologisch verändert wurden, hierher gehören
also die Catarrhe der Bronchien, Hyperämie der Lungen,
in der Lösung vorgeschrittene Pneumonie und Tuberculose.

Aufgehobenes Athmen.

Gänzlich f e h l e n wird das vesiculäre Athmen,

1. bei v ö l l i g e r O b l i t e r a t i o n eines Bronchialastes.

2. bei g r o s s e n pleuritischen Exsudaten, welche durch Compression die Lunge von der Brustwand entfernen, und

3. beim P n e u m o t h o r a x und bei hochgradigem v e s i c u l ä r e n E m p h y s e m.

Auch in diesen Fällen wird sich die Ausdehnung des aufgehobenen Athmens nach der In- und Extensität des jeweiligen Processes richten, es kann partiell aufgehoben sein, es kann eine ganze oder auch beide Thoraxhälften betreffen; letzteres ist selten und nur dann der Fall, wenn sehr h o c h g r a d i g e s E m p h y s e m der Lungen vorhanden ist. In grösserer Ausdehnung hören wir auch dann nichts von dem vesiculären Athmungsgeräusche, wenn die Lunge durch ein m ä c h t i g e r e s E x s u d a t von den Thoraxwandungen entfernt und in grösserer Ausdehnung vollkommen comprimirt wurde, das nämliche kann auch L u f t im Pleurasacke herbeiführen. (Pneumo- und Pyopneumothorax.)

Zu p a r t i e l l e m Verschwinden des Vesiculär-Athmens geben hin und wieder m e d i a s t i n a l T u m o r e n, bedeutendere H y p e r t r o p h i e n des Herzens, grosse p e r i c a r d i a l e Exsudate Veranlassung; anderemale sind es Infiltrationen in die Lungenalveolen, woher aufgehobenes Athmen resultirt, und unter gewissen Bedingungen v e r n e h m e n wir dann über solchen Partien an Stelle des vesiculären Athmens entweder b r o n c h i a l e s A t h m e n, oder andere Geräusche, die R a s s e l g e r ä u s c h e, die so sehr in den Vordergrund treten können, dass sie das vesiculäre Athmungsgeräusch eben nicht zur Wahrnehmung kommen lassen.

Bronchial-Athmen an abnormer Stelle.

Der Charakter des an abnormer Stelle gehörten Patho-
Bronchial-Athmens ist im Allgemeinen dem am
Larynx normalerweise entstehenden betreffs der Höhe
und seinem Timbre nach nahezu gleich, oft aber bemerken wir die Eigenthümlichkeit desselben nicht so
deutlich ausgesprochen, und wir haben es dann mit
Uebergängen des bronchialen Athmens zu unbe-
stimmten Geräuschen zu thun, die man als unbestimmt bronchiale und sich den bronchialen
nähernden Geräusche zu bezeichnen pflegt; ausserdem unterscheidet man dabei scharfes und weiches,
hohes und tiefes bronchial Athmen und ist es in
höheren Graden vorhanden, so nennen wir es auch
consonirendes Athmen. Es wird immer scheinbar
wie ganz in der Nähe des auscultirenden Ohres vernommen.

Bedingung für das Auftreten dieses Phänomens ist,
dass das einen grösseren Bronchialast umgebende Lungenparenchym in grösserer Ausdehnung luftleer geworden
ist, und infolge dessen als solides Material den Schall besser
fortzupflanzen vermag, als ein lufthaltiges, den Schall
wenig fortleitender Körper; in dem zuführenden Bronchus muss ausserdem noch die Möglichkeit des Circu-
lirens von Luft vorhanden sein.

Alle Krankheiten, welche durch Infiltration oder
Compression die Lungenzellen für das Eindringen
der Luft unwegsam machen, welche ferner zugleich die
Permeabilität der Bronchien höherer Ordnung auf-
heben, bis diese durch ihre knorplige Struktur der
Compression widerstehen und in ihrem Lumen offen
erhalten bleiben, führen in mehr weniger grosser Ausdehnung bronchial Athmen an abnormer Stelle herbei,
wird jedoch der zuführende Bronchus durch irgend welches

Material verstopft, und die Communication nach der Trachea unterbrochen, dann kann kein bronchiales Athmen wahrgenommen werden; das Fortpflanzen der Schwingungen und der Geräusche durch die andrängende Luft wird unmöglich. Wird nun aber jenes Hinderniss z. B. durch Hustenstösse hinweg geräumt, so wird mit dem Fortschreiten der Schwingungen durch die Luftsäule auch das Geräusch wieder consoniren. Und hierdurch wird es nun auch erklärlich, wie das bronchiale Athmen an einer Stelle vesschwinden kann, an der wir es kurze Zeit vorher noch ganz deutlich gehört haben; wie es dagegen wieder auftritt, wenn durch Räuspern, Husten etc. jenes Hinderniss beseitigt wurde.

Wo bronchiales Athmen vorhanden ist, ersetzt es immer das vesiculäre vollkommen, seine Höhe hängt von dem Lumen des zuführenden Bronchus, von der Beschaffenheit der inneren Auskleidung, von dem Zustande des umgebenden organischen Gewebes ab, successive verliert es seinen eigenthümlichen Charakter und geht so in das unbestimmte Athmen und in die sogenannten consonirenden oder nicht consonirenden Rasselgeräusche, die später abgehandelt werden, über. —

Unter den Erkrankungen der Respirationsorgane tritt bronchiales Athmen auf

1. bei Pneumonie im zweiten Stadium.

2. bei tuberculösen Infiltrationen und Cavernenbildung.

3. bei dem hämorrhagischen Infarkte.

4. bei Ablagerung von Krebsmassen in das Parenchym.

5. bei Atrophie der Lungensubstanz und Carnification ihres Gewebes.

6. bei grossen sackförmigen Bronchialerweiterungen und Lungenabscessen.

7. Flüssige Exsudate, mögen diese seröser, purulenter oder hämorrhagischer Art sein, werden sich nach dem Gesetze der specifischen Schwere immer zunächst in den unteren Partien ansammeln und den hinteren Theil der unteren Lungenlappen comprimiren event. die eingetauchten Partien luftleer machen und so bronchiales Athmen im Gefolge haben. Nimmt nun aber das Exsudat enorm zu, comprimirt es nicht blos das Parenchym und jene Bronchien niederer Ordnung, sondern macht es auch solche höherer Ordnung unwegsam, so hört man kein bronchiales Athmen mehr, weil zwischen Brustwand und dem comprimirten Lungenparenchym ein Medium von heterogener Beschaffenheit gelegen ist, durch welches die Schwingungen der in einem Bronchus consonirenden Geräusche sich nicht mit der Stärke fortzupflanzen vermögen, dass sie unserem Ohre zugänglich werden.

Ausser diesen ursächlichen Momenten entsteht bronchiales Athmen seltner und weniger ausgebreitet durch Pneumothorax, durch grosse pericardiale Exsudate, grosse Aortenaneurysmen, beträchtlichere Hypertrophien des Herzens und durch Tumoren im Pleurasack.

Eine Modification des Bronchialathmens ist das amphorische Athmen; es tritt unter denselben Bedingungen auf wie jenes, wenn der Luftstrom dabei einen ampullenartigen Hohlraum passirt; es lässt sich künstlich nachahmen, wenn man horizontal über die Mündung einer Röhre bläst. *Amphorisches Athmen.*

Am häufigsten werden grosse Cavernen, (mindestens Gänseeigross), die sehr wenig oder gar kein Secret enthalten, als ampullenartige Hohlräume zu einem amphorischen Wiederhalle Veranlassung geben; über solchen Cavernen wird dann auch meist das klirrende Geräusch

des poté fêl percutorisch vorhanden sein, eine grosse
diagnostische Bedeutung hat dieses Phänomen nicht.

Unbestimmtes Athmen.

Unter u n b e s t i m m t e m A t h m e n fassen wir jene
Athmungsgeräusche zusammen, die weder einen ausge-
sprochenen vesiculären, noch einen deutlichen bronchialen Charakter an sich tragen, es ist nur dann pathologisch, wenn es c i r c u m s c r i p t, oder nur auf der
e i n e n Seite des Thorax constatirt werden kann, ausserdem muss es auch nach tiefen Inspirationen bestehen
bleiben. — Bei erwachsenen Männern hören wir es
unter gewöhnlichen nicht forcirten Inspiriren fast stets
und besonders über der Regio supra- und infraspinata,
lässt man aber tief athmen, so tritt im normalen Zustande, mehr oder weniger deutliches Vesiculär-Athmen
auf. Unter p a t h o l o g i s c h e n Verhältnissen der Respirationsorgane finden wir ungemein häufig unbestimmtes
Athmen, bald in geringerer, bald in grösserer Ausdehnung über den Thorax verbreitet.

Als ursächliche Momente sind anzuführen:

1. Ungenügende E x s p a n s i o n der Lungenalveolen
infolge Elasticitäts-Verminderung der Lungenzellen, daher
beim vesiculären Emphysem der Lungen, oder infolge
von I n f i l t r a t i o n der Alveolen mit flüssigem, oder
plastischem Exsudat, oder aber endlich ist es C o m -
p r e s s i o n und S c h r u m p f u n g des Lungenparenchyms,
wie die pleuritische Exsudate, die lange comprimirend
wirken konnten, mit sich bringen.

2. Jene Zustände, wo V e r s t o p f u n g eines grösseren oder mehrer kleinerer Bronchien, in ein infiltrirtes
Lungenstück führend, durch Bronchialschleim statt gefunden hat; hierdurch kann nur sehr wenig Luft in

das Parenchym gelangen, das Athmungsgeräusch wird unbestimmt, und da Infiltrationen des Parenchyms stets mit Catarrhen der Bronchien einhergehen, werden wir es ebenso häufig finden, wie jene; ist es möglich durch Hustenstösse solche Hindernisse hinwegzuräumen, so verschwindet auch das unbestimmte Athmungsgeräusch und macht einem vesiculären oder bronchialem Platz, je nachdem das Parenchym noch lufthaltig ist oder nicht.

3. Wird jedes Athmungsgeräusch ein unbestimmtes, wenn es durch stärkere Nebengeräusche verdeckt wird und diese entstehen, wenn der Luftstrom mehr weniger flüssiges Material überwinden muss, welches in Bronchien, Alveolen, oder Excavationen angehäuft wurde, diese Nebengeräusche können zum Theil oder ganz verschwinden, wenn das Hinderniss für die ein- und ausströmende Luft hinweggeräumt werden kann, was in manchen Fällen durch tiefes Inspiriren, oder durch Expectoration möglich ist und entweder wird dann normales Athmen oder aber, wenn Verdichtung des Lungenparenchyms vorhanden ist, bronchiales Athmen auftreten.

Saccadirtes Athmen.

Als saccadirtes Athmen bezeichnen wir das-jenige Inspirationsgeräusch, welches in deutlichen Absätzen gehört wird, wozu entweder eine mangelhafte Entfaltung der Lunge, oder eine nur zögernd eintretende Wegsamkeit der Bronchien Veranlassung giebt.

Diagnostisch wichtig ist es in den Fällen, wo es an einer, oder an beiden Lungenspitzen vorkommt, und hier auch nach tiefen Inspirationen und Expectoration nur auf kurze Zeit verschwindet, um später wieder zu erscheinen. In der Regel deutet es auf be-

Saccadirtes Athmen.

8*

ginnende Lungenphthise, auf einen C a t a r r h in den
Lungenspitzen hin, der dem Eintritte der Luft einen noch
leichter überwindbaren Widerstand engegengesetzt, so dass
eben nur eine kurze Verzögerung der Inspiration zu
Stande kommt, indem sie in zwei oder mehreren in
kürzester Frist sich folgenden Abschnitten vollzogen wird

Das abnorme Exspirationsgeräusch.

Abnorme
Expiration.   Wie schon anderwärts kurz angedeutet wurde, hören
wir normalerweise nur sehr wenig von dem Ausathmen,
es verräth sich nur durch ein sehr weiches, hauchendes Geräusch, welches eine kürzere Zeitdauer an-
hält, als das Inspirium und dem der Charakter des vesiculären Athmens gänzlich mangelt.

Unter pathologischen Zuständen des Respirationsapparates können die Charaktere auch dieses Actes
modificirt werden, indem das Exspirium eine abnorme
lange Zeit in Anspruch nimmt und dabei als scharfes,
rauhes Ausathmen gehört wird; oft ist ein solches
Exspirationsgeräusch von verschiedenartigen Nebenge-
räuschen begleitet, die, wenn sie sehr intensiv sind,
dasselbe ganz unhörbar machen können.

Es handelt sich dabei stets um ein Hinderniss,
welches sich der auszuathmenden Luft entgegensetzt und
dem entsprechend kann verstärktes Exspiriren entweder
über den ganzen Thorax verbreitet sein, oder es ist nur
partiell vorhanden, ebenso verschieden wird hiernach
auch seine Intensität sein.

Alle jene pathologischen Veränderungen der Athmungsorgane, welche eine Verminderung des Lumens
der Bronchien mit sich bringen, werden dieses Symptom
darbieten.

In erster Reihe wird dies also bei diffusen,
chronischen Bronchialcatarrhen der Fall sein

vollends dann, wenn dadurch vesiculäres Emphysem zu
Stande kam, in diesem Falle wird dann über dem ganzen
Thorax ein s e h r s c h a r f e s , v e r l ä n g e r t e s E x -
s p i r i u m zu hören sein, dem je nach Umständen
andere abnorme Nebengeräusche in Begleitung sein
werden.

Ein c i r c u m s c r i p t e s , scharfes, längeres Exspirium über den oder blos über einer L u n g e n s p i t z e
ist diagnostisch noch wichtiger, indem es oft der einzige
Anhaltspunkt ist, der uns den Verdacht auf p h t h i s i s c h e
Processe erwecken lässt; jede Art der Schwindsucht geht
mit mehr oder weniger c a t a r r h a l i s c h e n Zuständen
der Bronchien einher und besonders die P h t h i s e , im
eigentlichen Sinne, pflegt sich zunächst in den L u n g e n -
s p i t z e n zu etabliren, so dass infolge dessen auch zunächst catarrhalischer Zustand der Bronchien dort entwickeln und sich durch verlängertes, verschärftes Exspirium documentiren wird. Noch sicherer wird dieser
Schluss, wenn nach öfteren Untersuchungen immer an
der betreffenden Stelle dieses Symptom diagnosticirt
werden muss.

An anderen circumscripten Stellen am Thorax ist
es weniger wichtig, es deutet eben nur auf catarrhalische
Schwellung, auf Verdickungen der Bronchialschleimhaut
hin, durch welche aber auch in höheren Graden vorhanden, Verdichtungen des Lungenparenchyms selbst
herbeigeführt werden können.

Die Rasselgeräusche, · Ronchi.

Eigenartige Geräusche, welche nicht von der nor- Rasselgeräusche.
malen Respiration abhängen und nicht dem Widerhalle
der Stimme zu Grunde liegen, können unter bestimmten
Verhältnissen im Innern der Respirationsorgane auftreten,
wir bezeichnen sie mit dem Collectivnamen R a s s e l -

geräusche und unterscheiden im Allgemeinen, indem
wir aus dem acustischen Effect einen Schluss auf die
Consistenz des Inhaltes in den Luftwegen machen,
trockne und feuchte Rasselgeräusche.

Die Rasselgeräusche kommen zu Stande entweder dadurch, dass die Respirationsluft Schleim, Eiter,
Serum oder Blut durchdringen muss, oder dadurch, dass
sie sich durch, auf andere Weise verengte Stellen, Bahn
bricht; im ersten Falle entstehen dann die feuchten,
im letzteren die mehr trockenen Rasselgeräusche.
Aus dem Zustandekommen dieser Geräusche erklärt sich
auch sehr leicht die sehr grosse Verschiedenheit derselben, da die Qualität der in den Bronchien angesam-
melten Flüssigkeit, das Lumen der Bronchialäste, in
welchen das Rasseln entsteht, die Gewalt der eindring-
enden Luftsäule, und die Beschaffenheit der angrenzenden
Organe auf die Bildung von Rasselgeräuschen verschiedenartigsten Einfluss haben muss.

a. Die trocknen Rasselgeräusche. Ronchi
sicci.

Trockne
Rassel-
geräusche.
Wir hören das trockne Rasseln, wenn die
Respirations-Luft durch eine abnorm verengte Stelle der
Luftwege hindurchgedrängt wird, dies wird der Fall sein,
wenn die Schleimhaut der Bronchien Auflockerung, Ver-
dickung und Anschwellung erfuhr, wenn reichliche, zähe
Schleimmassen fest an ihr haften, oder aber, wenn eine
Stenose durch Compression, z. B. durch Schwellung der
Lymphdrüsen, durch Lobular-Hepatisation etc. zu Stande
gekommen ist.

Das trockne Rasselgeräusch vernehmen
wir als ein scharfes Knarren oder Pfeifen und
Zischen, welches nicht selten so laut wird, dass man es
schon in der Nähe des Kranken ohne Weiteres vernimmt.

Meist entsteht dieses Geräusch in den feineren und

mittleren Bronchien und ist dann auch in der Regel über grösseren Partien am Thorax wahrnehmbar; oft wird dadurch das vesiculäre Athmen verdeckt; es ist während der In - wie während der Exspiration vorhanden und verschwindet weder durch Husten noch nach dem Expectoriren. Es kommt sehr häufig im Beginne des Bronchitis acuta vor, wo die Sputa noch zäh und spärlich sind; stufenweise geht es in das Knisterrasseln, in feuchte Rassel-geräusche, oder in Schnarren über. Im letzteren Falle gleicht dann das Geräusch, entweder dem Schnarchen eines Schlafenden, oder dem Schnurren eines Spinnrades, oder dem Schnarren beim Aufziehen eines Uhrwerkes; das Ohr unterscheidet dann deutlich, dass es ein weiterer Raum sein muss, in welchem diese Geräusche entstehen. Diese Ronchi sind oft so intensiv, dass durch dieselben die Wände des Thorax in Vibra-tionen versetzt werden, die die aufgelegte Hand leicht fühlen kann, besonders deutlich über den Stellen, wo sie entstehen. Es handelt sich in diesem Falle meist um eine beträchtlichere Schwellung und Hyper-trophie der Schleimhaut mittlerer und grösserer Bronchien, die mit einem zähen fest daran haftenden Secret bedeckt ist, das von der Respirations-Luft ver-schoben und durchbrochen wird.

Pfeifen und Zischen entsteht aus derselben Ursache, mehr in den kleineren und kleinsten Bronchien; Knister-Rasseln, welches einigermassen Aehnlich-keit mit dem Gehen auf gefrornem Schnee, dem Pras-seln brennenden Holzes etc. hat, entsteht wenn luftleere zähe Schleimpartikelchen, die fest an den Bronchien haften, durch die vorbeistreichende Luft in träge, klappen-artige Schwingungen gerathen.

b. Die feuchten Rasselgeräusche. Ronchi humidi.

Die feuchten Rasselgeräusche entstehen hauptsächlich, wenn die Respirationsluft im Bronchialrohre auf flüssiges Material stösst, dies wird nun je nachdem es seine Consistenz gestattet, je nachdem es in einem grossen oder kleinen Bronchus vorhanden ist, durch die ein- und ausströmende Luft zu verschieden grossen Blasen aufgeworfen, welche, wie die Seifenblasen unter knallartigem Geräusche, theils durch die stets ab und zu strömende Luft, theils aber auch durch die Verdichtung der Luft zerplatzen und auf diese Weise die verschiedenartigsten klingende und klanglose Rasselgeräusche in verschiedenster Intensität entstehen lassen; auch in solchen Fällen entstehen derartige Geräusche, wenn der Luftstrom solches flüssiges Material bloss hin und her schiebt, ferner dann wenn Falten der Bronchialschleimhaut zum Flottiren durch die vorbeistreichende Luft gebracht werden; endlich werden noch derartige Geräusche gebildet, wo kein flüssiges Material vorhanden ist, wo aber die Bronchien feinerer Ordnung, durch Compression einander genähert wurden, sei dies in Folge von Atelektase, oder einer Infiltration, oder aus anderer Ursache; der andrängende Luftstrom hebt die mehr weniger verklebte Lichtung auf und erzeugt dadurch ein Geräusch, welches dem ähnlich ist, was vernommen wird, wenn mit klebriger Masse bestrichene Finger einander genähert und dann auseinander gerissen werden.

Die feuchten Rasselgeräusche theilen wir ein je nach der Grösse der Blasen und sprechen von gross-, klein- und mittelgrossblasigen Rasseln, wobei man zu bestimmen hat ob es klingend oder klanglos ist.

Die kleinblasigen Rasselgeräusche entstehen der Natur der Sache nach in den feineren und feinsten Bronchien, obschon es durchaus nicht ausgeschlossen bleibt, dass auch in den grösseren Bronchien kleinblasiges Rasseln zu Stande kommen kann. Gross- und kleinblasiges Rasseln kann sich mit einander vermengen wir bekommen dann ungleichblasiges Rasseln zu Gehör.

In den Fällen wo ein sehr gleichblasiges und kleinblasiges Rasseln vorhanden ist, welches den Eindruck macht, wie wenn wir unsere Kopfhaare nahe dem Ohre zwischen den Fingern reiben, vernehmen wir ein sehr zartes Knistern, und hiernach hat es auch Laennec benannt, Knisterrasseln, crepitirendes und subcrepitirendes! immer zeigt es an, dass die Lungenalveolen noch wegsam sind, und sein Vorhandensein schliesst somit alle Processe aus, welche die Luft gänzlich aus dem Parenchyme verdrängen. Durch tiefere Inspirationen wird es stärker entwickelt, durch Husten oder Auswurf kaum oder gar nicht verändert.

Dieses crepitirende Rasseln ist eines der charakteristischten Zeichen einer Pneumonie im 1. und 3. Stadium derselben, er hält hier so lange an, bis die Alveolen vollkommen mit flüssigem Material ausgefüllt, bis sie luftleer geworden sind, es tritt wieder ein sobald die Resorption des plastischen Zelleninhalts beginnt und Luft wieder in sie eintreten kann.

Auch bei anderen Krankheiten der Respirationsorgane kommt dieses Symptom zur Wahrnehmung, vorzüglich bei der catarrhalischen Pneumonie der Kinder und Greise, sowie beim Lungenoedem, ferner bei geringen Residuen pleuritischer Exsudate, besonders in dem oberhalb eines pleuritischen Exsudates retrahirten Lungenparenchym grade hierbei tritt crepitirendes Rasseln auf, ohne dass Flüssigkeit, resp. Blasenbildung vorhanden ist; die zusammengefallenen verklebten A l v e o l e n w ä n d e, ebensowie die der B r o n c h i o l e n werden mechanisch durch die andrängende Luft auseinander gerissen, wobei nebenbei auch noch ein direktes Losreissen des zähflüssigen Bronchieninhaltes zum Auftreten dieses crepitirenden Rasselns ein nicht unmögliches ursächliches Moment abgeben kann; die Luft wird hierbei in die bei dem Losreissen entstehenden kleinen Räume mit einer gewissen Geschwindigkeit hineinstürzen, wodurch dann jener Schall auftreten kann, der entsteht, wenn atmospärische Luft plötzlich in einen luftverdünnten, oder luftleeren Raum hineinstürzt.

Dieses crepitirende Rasseln ist die feinste Art der kleinblasigen Rasselgeräusche.

Bei dem s u b c r e p i t i r e n d e n Rasseln erscheinen die vermeintlichen oder wirklichen Blasen dicker und feuchter, namentlich kommt diese Art bei O e d e m der Lunge und manchmal bei H ä m o p t y s e n zur Beobachtung. C r e p i t a t i o n kann niemals über grösseren Höhlen gehört werden.

Gross-
blasiges
Rasseln. Das g r o s s b l a s i g e Rasseln hören wir am lautesten als T r a c h e a l - R a s s e l n, das Röcheln der Sterbenden, ein von Weitem schon vernehmbares tiefes Rasseln, es entsteht durch Bewegungen von massenhaft angehäuftem Secret in der Trachea und den grösseren Bronchien, welches der Kranke nicht mehr im Stande ist zu expectoriren.

Andere g r o s s b l a s i g e R a s s e l g e r ä u s c h e von geringer Intensität, die nebenbei bemerkt immer t i e f t ö n e n d sind, verlegen wir in die Bronchien grösserer Ordnung, sie sind die steten Begleiter a c u t e r wie c h r o n i s c h e r Bronchialcatarrhe, sie fehlen in geringerem

Grade nie bei einer in der Resolution fortschreitenden Pneumonie, ebensowenig bei Bronchiectasen,
bei Excavationen des Lungenparenchyms in Folge
der Phthise oder Lungenabscessen. Wenn wir sie
hören, zeigen sie uns die Anwesenheit einer Flüssigkeit
in einem weiteren Raume an, ohne dass wir jedoch
aus ihnen allein auf die Natur des krankhaften Processes
oder auf die Qualität des Materials zu schliessen im
Stande wären, das nämliche gilt auch von den mittelgrossblasigen Rasselgeräuschen, die in den mittleren
Bronchien entstehen. — Häufig verdecken diese Rasselgeräusche die Athmungsgeräusche, bisweilen auch selbst
die Herztöne. —

Die Rasselgeräusche können inspiratorisch,
exspiratorisch, oder auch während beider Respira-
tionsphasen vorhanden sein, ferner können sie an einer
Stelle auftreten, an welcher sie im nächsten Augenblicke
verschwunden sind, wenn durch Husten und Expectoration freie Wegsamkeit der Bronchien hergestellt wurde,
um wiederzukehren, sobald neue Massen sich angesammelt haben.

Die Rasselgeräusche werden dem Auscultiren- Consoni-
den um so heller und stärker erscheinen je näher rendes
sie in der Nähe der Brustwand zu Stande kommen; Rasseln.
durch Consonanz werden diese Geräusche hell und
hoch.

Amphorische Rasselgeräusche entstehen unter Ampho-
den gleichen Bedingungen wie das amphorische Athmen. risches
Rasseln.

Metallisches Rasselgeräusch begreift die Metal-
höheren metallisch-klingenden Formen des ampho- lisches
rischen in sich. Rasseln.

Letztere beide Arten bezeichnet man auch als
cavernöse Rasselgeräusche. Beide Erscheinungen
kommen nur dann zu Stande, wenn die Excavationen

sehr gross sind, wenn diese gleichmässig verdickte
Gewebswandungen besitzen und nahe an der Lungenoberfläche gelegen sind.

Das Succussionsgeräusch (Fluctuationsgeräusch).

Wenn Luft den oberen Theil der Pleurahöhle
einnimt, während sich im unteren Theile Flüssigkeit
befindet, entsteht, sobald wir den Kranken bewegen,
ein eigenthümliches Schwappen, dem ein metallisches
Klingen beigesellt ist, oft ist schon ein schnelles Umwenden oder Aufsetzen der Kranken allein hinreichend,
um dieses Phänomen hörbar zu machen; manchmal
nur schwach und mit Hülfe des Stethoscops, manchmal aber auch bis auf grössere Entfernung ohne Weiteres
hörbar. Es beweist uns mit Bestimmtheit die Anwesenheit eines Pyo-Pneumothorax. Jedoch kann
recht wohl ein solcher vorhanden sein und dieses
schon von Hippocrates gekannte Symptom fehlt doch,
und zwar dann, wenn es sich um einen abgesackten
Pyo-Pneumothorax handelt, oder dann, wenn das
Exsudat weniger leicht durch seine dickere Consistenz
in Bewegung gesetzt werden kann.

Ausnahmsweise kann dieses Succussionsgeräusch
auch in grossen Cavernen auftreten, wenn sie viel und
dünne Flüssigkeit enthalten.

Die Reibungsgeräusche.

Die hörbaren Reibungsgeräusche entstehen am
Thorax durch solche Processe, welche die sonst glatten
und feuchten Blätter der Pleura costalis und pulmonalis
rauh, uneben machen, infolge der unmittelbaren Berührung beider Blätter während der Athmung, enstehen
dann eigenartige Geräusche, die bald nur einem zarten
Anstreifen, als ob man mit den Fingerspitzen leise
über einen Seidenstoff streifen würde, bald einem harten
Schaben und Kratzen ähnlich sind, manchmal hört

es sich an, wie das Knarren von neuem Schuhwerk beim Gehen (Lederknarren), anderemale dem Geräusche, welches man beim Treten auf gefrorenen Schnee vernimmt, oder dem Crepitiren zwischen den Fingern geriebener Haare.

Das R e i b u n g s g e r ä u s c h finden wir das einemal nur auf kleine Stellen beschränkt, anderemale bemerken wir es über einer grossen Thoraxpartie, selten erscheint es an den Lungenspitzen, meistens tritt es an der mittleren Seitengegend und nach rückwärts auf und wechselt dabei in seiner Stärke.

Wenn es über eine grössere Fläche verbreitet ist, hört man es in der Regel absatzweise, entweder beim Inspiriren oder beim Exspiriren, öfter noch innerhalb beider Athmungsphasen. Durch H u s t e n und das ist wesentlich, erleidet es keine Veränderung. In exquisiten Fällen ist es, wie schon früher dargethan, auch durch die Palpation leicht wahrzunehmen.

Es wird vorhanden sein, wenn es sich um Pleuritis handelt und zwar ist es hier zu hören am Beginne und gegen das Ende der Krankheit, wo nach Resorption der Masse die rauhen mit Pseudomembranen überkleideten Flächen sich einander nähern, und sich entweder nach und nach abglätten, oder mit einander verwachsen und pleuritische S c h w a r t e n bilden.

Ausser der Pleuritis können aber auch noch, wenn auch weniger häufig, Reibungsgeräusche entstehen, wenn sich auf der Pleura T u b e r k e l ablagerten und hier resistente Vorsprünge bilden, die zu Rauhigkeiten der Pleuralenflächen führen und so wahrnehmbare Reibung erzeugen.

II. ABTHEILUNG.

Untersuchung des Circulationsapparates im normaien und abnormen Zustande.

a. Das Herz.

1) *Inspection der Herzgegend.*

Bei der Besichtigung der Herzgegend handelt es sich im Wesentlichen um den Stoss, welchen das Herz während seiner Contraction (Systole) wider die Brustwandung ausführt; dieser kann nun entweder als circumscripter, sogen. Spitzenstoss, oder als ein diffuser Stoss gesehen werden, in noch anderen Fällen bemerken wir nur ein Erschüttern, Erzittern in der betreffenden Gegend, oder aber wir sehen gar keine Erhebung.

Spitzen-stoss.

Der Spitzenstoss erscheint normalerweise nie über der 4. und nie unter der 6. linken Rippe als eine circumscripte leichte Elevation von höchstens 2,5 Ctm. Breite im 4. oder 5. Intercostalraume. Zwischen der Brustwarze und dem Sternum, zwischen der Parasternallinie und der Mammillarlinie. Durch den veränderten Zwerchfellstand während der Respiration erfährt auch der Spitzenstoss einen geringen Ortswechsel und bei forcirter Inspiration kann derselbe bis auf Intercostalbreite herab und bei kräftigeren Exspiriren ebensoweit heraufrücken.

Der Spitzenstoss ist schwer zu constatiren, sobald reicher Panniculus adiposus, oder stark entwickelte Musculatur am Thorax vorhanden ist, ebenso sobald ein grösserer Theil der Lunge das Herz überlagert, in diesem Fall bemerken wir dann einen mehr d i f f u s e n *Diffuser Herzstoss.* S t o s s über der Herzgegend, andererseits kann aber auch neben einem Spitzenstosse ein d i f f u s e r S t o s s sichtbar werden und bei erhöhter Herzthätigkeit sieht man fast immer sowohl diesen wie jenen.

In noch anderen Fällen bemerkt man in der *Klappen-stoss.* Herzgegend vom 3. bis 6. linken Rippenknorpel und am untern Rande des Sternum eine E r s c h ü t t e r u n g, E r z i t t e r n dieser Region, auch dies ist normal und kommt durch die systolische Spannung der M i t r a l - und T r i c u s p i d a l k l a p p e zu Stande, weshalb man diesen Stoss als K l a p p e n s t o s s bezeichnet.

Pathologische Zustände der Brust- und Unterleibs-organe beeinflussen häufig den Herzstoss, und zwar kann derselbe an ungewöhnlicher Stelle, abnorm s t a r k oder s c h w a c h oder g a r n i c h t wahrgenommen wer-den oder er zeigt sich in regelwidriger B r e i t e und A u s d e h n u n g.

Am häufigsten sind es die H y p e r t r o p h i e n mit *Dislocation des Herz-stosses nach links.* D i l a t a t i o n des Herzens, welche den Herzstoss dies-bezüglich beeinflussen; betrifft die genannte Affection den l i n k e n V e n t r i k e l, so wird der Herzstoss weiter nach links aussen sichtbar, er kann die linke Mammillar-linie überschreiten und sogar die Axillarlinie erreichen; nach unten zu wird er dann im 6., 7. bis 8 Intercostal-raume anzutreffen sein.

Ist der r e c h t e V e n t r i k e l hypertrophisch und *Dislocation des Herz-stosses nach rechts.* dilatirt, so bemerken wir den Herzstoss abnorm weit nach rechts hin dislocirt; er kann bis über den rechten Sternalrand hinausgerückt sein und selbst die Mammillar-

linie dort erreichen; in diesem Falle wird dann für
gewöhnlich auch eine abnorme Ausbreitung desselben
nach links zu sichtbar, indem das Herz dabei in eine
mehr horizontale Lage gebracht wird, auch nach unten zu
wird er in diesem Falle tiefer als normal wahrgenommen.

Mässige Hypertrophien des rechten Herzens
entgehen häufig der Inspection, besonders dann, wenn
nebenbei das Herz noch von emphysematöser Lunge
bedeckt wird.

Bei diesen Anomalien sehen wir auch ausser der
abnormen Ausbreitung und abnormen Localisation in
der Regel abnorm starken Herzstoss, am stärksten
wird er erscheinen, wenn die Hypertrophie das ganze
Herz betrifft.

Von anderen Krankheiten des Herzens sind dies-
bezüglich hervorzuheben die Endocarditis und die
Pericarditis; letztere bringt so lange ausgebreiteteren
und stärkeren Herzstoss mit sich, als das flüssige Exsudat noch nicht zu beträchtlich geworden ist; ist dies
der Fall so verschwindet der Herzstoss für das Gesicht
völlig.

Neurosen des Herzens und vorübergehende
psychische Affecte bedingen gleichfalls abnorm starken
Herzstoss.

Ein regelwidriger Herzstoss wird häufig auch durch
solche pathologische Zustände hervorgerufen, bei denen
das Herz gar nicht mit im Spiele ist, und vorzüglich
geben hierzu pleuritische Exsudate Veranlassung.
Das nämliche gilt von den Pneumothorax und Pyo-
pneumothorax; bei diesen Affectionen wird der
Herzstoss theils verschoben theils in ungewöhnlicher
Stärke oder Schwäche und Ausdehnung erscheinen.

Umfänglichere Exsudate im linken Pleurasack
vermögen das Herz selbst bis in die rechte Mammillar-

linie zu verdrängen; nicht so mächtig wirken rechts-
seitige Exsudate und Luftansammlungen, das
Herz wird nur mässig nach links zu seine normale
Grenze überschreiten.

Auch mit dem Tief- und Hochstande des Zwerchfells wird das Herz disloccirt. Ersterem liegt häufig
Lungenemphysem zu Grunde, wobei dann das Herz
nach abwärts verschoben wird; bei Hochstand des
Zwerchfells ist entweder eine Verkleinerung des linken
Pleuraraumes, durch Schrumpfung oder Atelec-
tase des Lungenparenchyms das ursächliche, oder aber
dasselbe wurde infolge von Lebervergrösserung,
durch Milztumoren, durch Uterus- oder Ovarien-
Geschwülste, durch hochgradigen Ascites u. a. m.
zum Hochstande gezwungen, infolge dessen wird auch das
Herz nach oben gedrängt und der Herzstoss kann dann
sogar im 3. Intercostalraume sichtbar werden.

Eine pathologische Abschwächung des Herz- **Abnorm schwacher Herzstoss.**
stosses bis zum völligen Verschwinden desselben, kann
infolge fertiger Degeneration der Herzmuskulatur
oder nach Atrophie des Herzens vorkommen.

Auch bei Myocarditis, ferner bei Verwachsungen des Herzens mit dem Herzbeutel, bei beträchtlichen pericardialen Exsudaten und dann, wenn
sich emphysematöse Lungenpartien zwischen Herz
und Brustwand drängen, wird der Herzstoss mehr oder
minder dem Gesicht entzogen, endlich kommt es öfters
im Verlaufe schwerer acuter Krankheiten zur
pathologischen Abschwächung des Herzstosses.

Bei Verwachsungen des Herzbeutels mit dem **Systolische Einziehung in der Herz- gegend.**
Herzen wird unter Umständen neben einer systolischen
Elevation in der Herzgegend noch eine systolische
Einziehung in dem dem Spitzenstosse entsprechen-
den Intercostalraume wahrgenommen.

Auch an einem, oder zwei höher gelegenen
Intercostalräumen können sich solche systolische Ver-
tiefungen zeigen, wenn nämlich noch eine Verwachsung
des Pericardiums mit der costalen Pleura
hinzukam.

An solchen Einwärtsbewegungen betheiligen sich
dann nicht blos die Weichtheile, sondern auch die
Rippen.

Abnorme
Pulsationen   Ausser diesen angeführten sichtbaren Anomalien
sind noch abnorme Pulsationen zu erwähnen,
welche hier, vom Herzen selbst oder von den grossen
Gefässen bedingt, der Inspection zugänglich sind.

Infolge von verstärkter Herzaktion kommt es häufig
zu abnormen Elevationen resp. Undulationen
in der epigastrischen Gegend. Es ist dies eben nur der
fortgeleitete stärkere Herzstoss; wird derselbe wieder schwächer, so verschwinden auch diese
vorher deutlich sichtbaren Pulsationen. (Pulsatio epi-
gastrica.)

In anderen Fällen basiren derartige epigastrische
Erhebungen auf Tiefstand des Zwerchfelles,
und hierzu giebt dann recht häufig ausgedehntes
chronisches Lungenemphysem Veranlassung, wobei nicht selten ausserdem auch noch Hypertrophie
des linken Ventrikels vorhanden sein wird.

Wir sehen bei solchen Kranken in der Gegend des
linken inneren Rippenbogens am Process. xyphoid. eine
rhythmische systolische Elevation.

Noch anderemale werden solche Pulsationen die
Folgen eines verstärkten Abdominal aortenpulses
sein, oder die Fortleitung des Herzstosses wird durch
schlaffe Bauchdecken, oder durch einen vergrösserten
und tiefer liegenden linken Leberlappen wesentlich unterstützt. Diese Pulsationen erscheinen um einen

kurzen Moment später, als der Herzstoss und häufig werden sie über einem grösseren Theile am Abdomen sichtbar.

2. Palpation der Herzgegend.

Soll die Herzgegend und ihre Umgebung palpirt werden, so führen wir dies zunächst mit der ganzen flach aufgelegten Hand aus und fühlen zu, mit welcher Kraft, in welcher Ausdehnung die Herzthätigkeit vorhanden ist, hierauf suchen wir den Spitzenstoss zu betasten, indem wir zwei Fingerspitzen in den entsprechenden Intercostalraum legen und bestimmen so den Ort, die Stärke und die Ausdehnung desselben.

Unter pathologischen Zuständen kann der Herzstoss nun entweder an einem regelwidrigen Orte, oder abnorm stark oder schwach oder enorm ausgebreitet oder auch gar nicht gefühlt werden.

Ausserdem können wir durch die Palpation dieser Gegend noch fühlbare Geräusche, die entweder pericardialer oder endocardialer Art sein können und Pulsationen, die direct oder indirect mit dem Herzimpulse zusammenhängen, constatiren.

Normalerweise fühlt die flach aufgelegte Hand über der Regio cordis eine mässige Erschütterung durch den Herzstoss; der Spitzenstoss macht sich für gewöhnlich im 5. Intercostalraume in der Mitte zwischen der linken Brustwarze und dem Process. xyphoid. als mehr oder minder kräftiger Stoss fühlbar, der sich dann mit einer höchstens zwei Fingerspitzen völlig bedecken lässt.

Alter, Constitution u. a. m. beeinflussen den fühlbaren Herzstoss bei ganz gesunden Herzen oft sehr wesentlich, so dass es oft nicht ganz leicht ist ohne Weiteres das normale vom abnormen palpatorisch zu unterscheiden.

Normaler Palpations-Befund.

9*

Die pathologischen Veränderungen des Herz-
resp. Spitzenstosses, die wir palpatorisch wahrnehmen
können, stimmen bezüglich ihrer Deutung und Bedeutung völlig mit dem Inspectionsbefunde überein,
wenigstens was Stärke, Ausbreitung und Localisation
anbelangt, so dass es nur nöthig ist, auf die abnormen
fühlbaren Geräusche noch Rücksicht zu nehmen.

Abnormer Palpations-Befund. (Randnotiz)

a. Das pericardiale Reibungsgeräusch.

Peri-cardiales Reibungsgeräusch. (Randnotiz)

Es kommt auf dieselbe Art zu Stande wie das schon
früher beschriebene pleurale Reibungsgeräusch, auch dem
tastenden Finger ist es dem Gefühle nach recht ähnlich, wir bekommen dabei gleichfalls den Gefühlseindruck
des Schabens oder Kratzens, meist ist es jedoch
weicher und zarter als jenes und unterscheidet sich von
den endocardialen dadurch, dass es sich zwischen
die Herzbewegungen hineinschiebt; von dem pleuralen
dadurch, dass es während einer Athempause in
gleicher Weise vorhanden ist und nicht wie dieses für
den betreffenden Moment verschwindet. Dieser wie
jener differenzial, diagnostische, wichtige Unterschied
wird durch die Auscultation sicherer constatirt.

b. Das endocardiale Reibungsgeräusch.

Endo-cardiales Reibungsgeräusch. (Randnotiz)

Die endocordialen Reibungsgeräusche
entstehen entweder, wenn der Blutstrom rauhe Flächen
des Endocardiums berührt, oder wenn derselbe an degenerirten Klappen oder verengten Ostien oder in Aneurysmen der grossen Gefässe in Wirbelbewegungen versetzt wird.

Diese hierdurch erzeugten Geräusche werden verschiedenartig, mehr oder minder deutlich gefühlt und
hängen ihrer Entstehung gemäss mit verschiedenen
Affectionen des Circulationsapparates zusammen; auch
hierbei giebt uns die Auscultation positivere Befunde, vollends da dieselben viel seltener zu fühlen, als zu hören sind.

In exquisiten Fällen fühlen wir die endocardialen Geräusche als das sogen. Katzenschnurren, das Fremissement cataire Laennecs, es kann mit jenem Schnurren verglichen werden, welches die Katzen beim Streicheln von sich geben. Die palpirende ganze Hand muss mässig kräftig auf die linke Präcordialgegend, auf die es in der Regel beschränkt ist, applicirt werden; manchmal ist es jedoch auch auf der ganzen vorderen Brustpartie wahrnehmbar.

In weniger ausgeprägten Fällen fühlt man nur ein mehr oder minder deutliches Schwirren, Vibriren über der betreffenden Gegend.

Die endocardialen Geräusche fallen entweder in die Zeit der Systole oder Diastole oder sie gehen dem Herzstosse unmittelbar voraus und heissen dann praesystolische.

Bei der Auscultation der Herzens kommen wir auf dieselben nochmals zurück.

3. Percussion des Herzens.

a. Im normalen Zustande.

Für gewöhnlich bestimmen wir nur die sogen. absolute Herzdämpfung, d. h. jenen Theil des Herzens, der von Lunge nicht bedeckt ist; der ganze Herzumfang — die relative Herzdämpfung — kann nur durch die palpatorische Percussion eruirt werden und ist von geringerem Interesse.

Die Percussion des Herzens muss sehr sorgfältig und durch weniger kräftigen Anschlag ausgeführt werden, als die der Lungen, indem durch einen starken Percussionsstoss der Lungenschall in den Vordergrund tritt und den gedämpften des Herzens verdeckt.

Bei normaler Lage des Herzens und bei normaler Beschaffenheit der Lungen, läuft

der vordere Rand der rechten Lunge an der Sternal-
wand abwärts und bedeckt so den r e c h t e n V o r h o f
nebst einem kleinen Abschnitt des r e c h t e n V e n -
t r i k e l s. Der vordere Theil der linken Lunge überlagert den grössten Theil des l i n k e n V e n t r i k e l s
mit Ausnahme der H e r z s p i t z e, so dass also fast nur
der nach vorn liegende r e c h t e V e n t r i k e l einen
gedämpften Schall bedingen wird.

Normaliter ist die Figur der a b s o l u t e n H e r z -
d ä m p f u n g in der Regel u n r e g e l m ä s s i g v i e r e c k i g;
der linke Sternalrand von der Basis des Processus
xyphoideus bis zum unteren Rande des Knorpels der
4. Rippe bildet die eine Dämpfungslinie, während eine
zweite am untern Rande der 4. Rippe ca. $2\frac{1}{2}$ Quer-
finger nach aussen, eine dritte vom äusseren Ende dieser
letzteren Linie vertical und etwas schräg nach aussen
bis unter die 5. Rippe verläuft, die vierte Begränzungs-
linie endlich, zieht von dem unteren Ende der dritten
Linie zur Basis des Processus xyphoideus. Meist sind
die Ecken des Herzviereckes stark abgerundet, so dass
mehr eine ovale Gestalt entsteht, in anderen Fällen bildet
die Herzdämpfung nahezu die Form eines gleichschenk-
ligen Dreiecks.

Diese absolute Herzdämpfung, auch H e r z -
l e e r h e i t genannt, wird von der Zone eingefasst, in
welcher ein Uebergang des l a u t e n v o l l e n S c h a l l e s
in den g e d ä m p f t e n stattfindet, welche durch die Ueberlagerung der vorderen, besonders der linken Lungenränder
über das Herz entsteht, infolge dessen wird daher auch
in diesen Zonen auf der Höhe der E x s p i r a t i o n der
Percussionsschall annähernd g e d ä m p f t, auf der H ö h e
der I n s p i r a t i o n aber l a u t e r und v o l l.

Wir beginnen die Percussion des Herzens von oben
nach unten der Herzspitze zu und finden normalerweise

am oberen Rande der linken 4. Rippe eine Dämpfung, im
5. Intercostalraume wird dieselbe intensiver und auf der
5. Rippe ist sie am deutlichsten ausgesprochen, von da
ab erhalten wir den tympanitischen Schall des Magens;
nach rechts hin, in transversaler Richtung von der Mamillarlinie reicht der gedämpfte Schall bis zum linken
Sternalrande, nach links erstreckt sich endlich die normale Herzdämpfung bis zur linken Mamillarlinie.

Die Herzdämpfung erreicht an keiner Stelle
jenen hohen Grad von Dämpfung wie ihn die Leberdämpfung an sich hat, falls nicht pathologische Veränderungen vorhanden sind.

Soll auch der von Lunge bedeckte Theil des Her- Relative Herz-
zens, die relative Herzdämpfung aufgesucht werden, dämpfung.
so beginnt man unter leiser palpatorischer Finger-
percussion von der 1. Rippe ab plessimeterweise zu
percutiren, am unteren Rande der 3. Rippe wird man
dann in der Regel eine schwache Dämpfung antreffen, welche dem oberen, hinter der Lunge liegenden
Theile des Herzens angehört.

Bei der Inspiration wird die Herzdämpfung
kleiner, bei der Exspiration grösser.

b. Abnorme Herzdämpfung.

Abnorme Herzdämpfungen resultiren entweder aus
Herzkrankheiten oder aus Lungenaffectionen,
wir erhalten dann entweder grössere oder kleinere
Dämpfungsbezirke, oder es ist gar keine Herzdämpfung
nachzuweisen.

Einen grösseren Dämpfungsbezirk in der Abnorm ver-
Richtung von der Herzspitze nach dem Musc. sterno- grösserte Herz-
cleido-mastoideus wird gegeben durch Hypertrophie dämpfung.
und Dilatation des linken Ventrikels; eine
grössere Ausbreitung desselben von der Brustwarze nach
dem Sternum zu, finden wir bei der gleichen Anomalie

des rechten Ventrikels, da die Vergrösserung
des linken Ventrikels vorzugsweise nach dem
Längsdurchmesser, die des rechten hingegen
nach dem Querdurchmesser des Herzens stattfindet.

Erstreckt sich die Hypertrophie auf das ganze
Herz, wobei jedoch meist die eine Herzhälfte vorwie-
gender betroffen ist, so werden wir sowohl in der
Länge, als in der Breite, abnorm grosse Dämpfungsbezirke percutorisch nachweisen können.

Ist jedoch ein hypertrophisches Herz in
normwiedriger Weise von Lunge bedeckt, so entgeht
der Percussion diese Anomalie.

Scheinbare Vergrösserung des Herzens werden
sehr oft durch Krankheiten des Lungenparenchyms
hervorgerufen, so kommt es z. B. bei Phthisis
pulmon. zur Verkleinerung der Lungen, wodurch
dann ein abnorm grosser Abschnitt des Herzens
nicht mehr von Lunge bedeckt wird, und folglich auch
in grösserer Ausdehnung der Percussion zugänglich
werden muss; einen gleichen Effect werden jene Lungen-
krankheiten herbeiführen, durch welche das Lungenparenchym auf andere Art luftleer und verdichtet
wurde (Infiltration, Exsudate etc.).

Eine abnorm grosse und besonders eigenartige
Form der Herzdämpfung entsteht, wenn sich im Pericardium Flüssigkeit ansammelt.

Das Exsudat oder Transsudat schoppt sich
zunächst im oberen Theile des Herzbeutels an und über
der Herzbasis markirt sich alsdann eine abnorme
Dämpfung; nimmt die Anschoppung weiterhin zu,
so senkt sich die Flüssigkeit mehr nach dem unteren
Raume des Herzbeutels; die Dämpfung nach oben
nimmt infolge dessen an Breite ab, die nach unten
hingegen zu, so dass die annähernde Form eines Drei-

eckes mit stumpfer Spitze nach oben und mit der Basis
nach unten zu entsteht, immer reicht die Dämpfung
über die H e r z s p i t z e hinaus; sie kann die l i n k e
M a m i l l a r l i n i e überragen und nach r e c h t s den
S t e r n a l r a n d überschreiten.

Von oben herab beginnt bei einem massenhaften
Ergusse die Dämpfung schon im 2. Intercostalraume.
Die Dämpfung wird unten am i n t e n s i v s t e n (absolut
gedämpft) nach oben zu m ä s s i g e r auftreten. L a g e -
w e c h s e l des Kranken verändert je nach der Menge
Flüssigkeit mehr oder minder sowohl Localität als Intensität des Dämpfungsbezirkes, vorausgesetzt, dass die
beiden pericardialen Blätter nicht etwa durch entzündliche Processe an mehreren Stellen miteinander verwachsen sind.

Auch A n e u r y s m e n der A o r t a a s c e n d e n s
oder solche der A r t e r. p u l m o n a l i s, bedingen in der
Herzgegend einen ausgedehnteren gedämpften Percussionsschall.

. Die Herzdämpfung n i m m t bei sonst normal grossem _{Abnorm verkleinerte}
Herzen ab, oder v e r s c h w i n d e t gänzlich, wenn das- _{Herz-dämpfung.}
selbe in a b n o r m e r A u s d e h n u n g von L u n g e n
b e d e c k t wird und hierzu giebt wie schon erwähnt
das v e s i c u l ä r e L u n g e n e m p h y s e m häufig Veranlassung.

Aber auch G a s - und F l ü s s i g k e i t s a n s a m m -
l u n g e n im p l e u r a l e n R a u m e beeinflussen ebenso
die Herzdämpfung und der Percussionsschall wird über
der Herzgegend im ersten Falle entweder t y m p a n i -
t i s c h oder m e t a l l i s c h klingen, im anderen Falle
aber ist die dadurch erzeugte Dämpfung von der des
Herzens g a r n i c h t z u u n t e r s c h e i d e n, vorausgesetzt, dass das Herz nicht dislocirt ist.

In sehr raren Fällen sammelt sich G a s, L u f t im

Herzbeutel selbst an, die Herzdämpfung verschwindet
dann gleichfalls und statt ihrer wird lauter tympanitischer Schall vorhanden sein.

4. Auscultation der Herzgegend.

a Normaler Befund.

Um die im Herzen und in den grossen Gefässen entstehenden Schallphänomene zu er-
forschen, ist es nöthig, die Herzgegend des zu Untersuchenden von jeder Bekleidung zu befreien, und
wenn irgendmöglich lasse man den Kranken während
der Auscultation den Athem anhalten.

Diese Exploration wird stets mittelbar mit dem
Stethoscope ausgeführt, welches für gewöhnlich an
vier ganz bestimmten Stellen zu appliciren ist.

An all diesen Stellen hören wir normalerweise zwei
kurz aufeinanderfolgende Töne, von denen der eine
in die Zeit der Systole (systolischer Ton), der andere
in den Anfang der Diastole (diastolischer Ton)
des Herzens fällt. Zwischen beiden liegt eine sehr kurze
Pause; nach der Diastole folgt gleichfalls eine kurze
Pause die sogenannte Herzpause bis mit der
nächstfolgenden Systole die gleichen Töne im
nämlichen Rhythmus sich wiederholen; die Pause
zwischen dem zweiten und dem neuen ersten Tone
ist länger, als die zwischen dem ersten und zweiten.

An der Herzspitze ist der erste Ton lang
und accentuirt, der zweite kurz. ⌐ᴜ.

An der Herzbasis der erste kurz und der
zweite lang und accentuirt. ᴜ⌐.

Die Intensität und Deutlichkeit der Herztöne ist schon bei ganz normalen Herzen ungemein
variabel und nur durch grosse Uebung lässt sich das
normale vom abnormen unterscheiden.

Bei dem einen Menschen sind die Herztöne kaum vernehmbar und nicht scharf begrenzt, bei einem Anderen hingegen finden wir dieselben sehr laut, selbst annähernd klingend, in einem anderen Falle können sie fast an der ganzen vorderen Thoraxfläche gehört werden, selbst bis auf den Rücken können sich die Herztöne erstrecken.

Bei manchen Menschen hört man sie besonders deutlich an der Stelle des Thorax, gegen welche das Herz anschlägt, wo bei Anderen nur undeutliche Töne vernommen werden, dagegen aber hören wir dieselben vielleicht sehr deutlich über der Herzbasis.

Der Ton, welcher synchron mit dem Pulse der A. carotis, oder radialis gehört wird, ist der erste, jener der nach dem Pulse gehört wird ist der zweite und hierdurch ist man denn auch in den meisten Fällen bald im Stande, den einen von dem anderen zu unterscheiden, wenn man eben während der Auscultation gleichzeitig den Puls betastet; der der Carotis ist dazu geeigneter.

Der erste Herzton entsteht durch Verschluss der beiden Atrioventrikularklappen, bei der Systole der Ventrikel und theilweise durch die Muskelcontraction selbst, den Hauptantheil an der Erzeugung des Tones hat jedoch der Klappenschluss der Mitralis und Tricuspidalis. Entstehen des ersten Herztones.

Der zweite Herzton wird hervorgebracht durch die Schliessung der halbmondförmigen Klappen bei der Diastole der Ventrikel und durch Zusammenziehung der Aorta und der Arteria pulmonalis; er ist im Wesentlichen nur der forgepflanzte zweite Arterienton. Entstehen des zweiten Herztones.

Der erste Arterienton entsteht an den Ostien der Aorta und Pulmonalis durch Spannung und plötzliche Ausdehnung der Arterienmem- Entstehen des ersten Arterientones.

branen, zum Theil ist er jedoch auch von den Ventrikeln als fortgeleitet zu betrachten; diesei Ton ist isochron mit dem ersten Ventrikelton.

Die Atrio-Ventrikularklappen verhindern bei der Contraction der Ventrikel das Zurückströmen des Blutes aus den Ventrikeln in die Atrien, die Semilunarklappen dagegen bei der Contraction der Arterien den Rückfluss des Blutes aus den Arterien in die Ventrikel; während die Atrio-Ventrikularlappen sich schliessen, öffnen sich die Semilunarklappen, und umgekehrt; beide Klappenapparate arbeiten in entgegengesetzter Richtung.

Beim ersten Ventrikelton (systolischer Ton) zieht sich der Ventrikel zusammen, treibt das Blut im rechten Ventrikel gegen die Valvula tricuspitalis und im linken Ventrikel gegen die Valvula mitralis und durch die beiden arteriellen Ostien im linken Ventrikel in die Aorta und im rechten Ventrikel in die Arteria pulmonalis.

Beim zweiten Ventrikelton (diastolischer Ton) dehnt sich der Ventrikel aus, das Blut strömt aus dem Vorhof durch das Ostium venosum in den Ventrikel, die Semilunarklappen werden durch den Rückstoss des Arterienblutes in Spannung resp. Schwingungen versetzt und verschliessen im rechten Ventrikel das Ostium pulmonale, im linken Ventrikel das Ostium aorticum.

Um nun die an verschiedenen Stellen entstehenden Töne deutlich und isolirt von einander zu untersuchen, auscultiren wir:

1. Die Herzspitze. Hier hören wir die Töne der Mitralis am deutlichsten, der erste ist lang der zweite kurz. ⌣.

2. Den rechten Rand des Sternum in der Höhe des 3. Rippenknorpels, woselbst die in der Aorta enstehenden Töne am besten gehört werden. Der erste ist kurz, der zweite lang. ◡⌐

3. Am unteren Ende des Sternum in der Höhe des 4. Intercostalraumes, hier erhalten wir die Töne der Tricuspidalis, einen ersten langen und einen zweiten kurzen. ⌐◡.

4. Die Mitte des linken 3. Rippenknorpels, an dieser Stelle sind die Töne der Pulmonalarterie am deutlichsten vernehmbar, der erste ist kurz, der zweite lang. ◡⌐.

Bei Dislocationen des Herzens richtet man sich nach der Stelle des Spitzenstosses, ist er nicht vorhanden, nach dem Orte, wo die Herztöne am lautesten vernommen werden und auscultirt dann entsprechend höher oder tiefer, weiter nach innen oder aussen.

Die normalen Herztöne sind ganz rein d. h. ganz ohne Geräusch begleitet; normal reine Töne sprechen für normale Beschaffenheit der Klappenapparate sowie für glatte Wände sowohl dieser, als der inneren Wände der Arterienstämme; treten anstatt der Töne Geräusche auf, so sind Abnormitäten der Klappenapparate, oder Rauhigkeiten an ihnen und den Arterienwandungen vorhanden, ausserdem können die Herztöne unter pathologischen Verhältnissen abnorm stark, abnorm schwach, als verdoppelte oder gespaltene Töne gehört werden.

Der Unterschied zwischen Ton und Geräusch ist schwer zu beschreiben, eine Analogie dafür giebt am ehesten noch folgender Versuch: Man drücke den Daumen der linken Hand fest gegen den Mittelhandknochen des linken zweiten Fingers und lege diese Hand, deren drei andere Finger eingeschlagen werden, fest an das linke Ohr; mit dem rechten Zeigefinger klopfe man dann das einemal auf den linken Zeigefinger, ein anderesmal streiche man leichter oder stärker darüber hin. Beim Anklopfen hören wir einen Ton, beim Darüberhinstreifen ein Geräusch, ähnlich dem Tone und Geräusche im Herzen.

b. Abnormer Befund.

1. Abnorm starke Herztöne.

Entweder treffen wir alle Herztöne stärker an, oder ein einzelner Ton für sich allein ist abnorm stark. —

Alle Herztöne werden verstärkt durch gesteigerte Herzthätigkeit, so durch körperliche Anstrengung, durch psychische Affecte, durch Fieber etc.

Der zweite Herzton erfährt eine Verstärkung für sich allein durch Hypertrophie des Herzens und wird dann entweder über der Aorta oder über der Pulmonalis abnorm stark gehört.

Bei Hypertrophie des linken Ventrikels ist der zweite Ton über der Aorta verstärkt.

Bei Hypertrophie des rechten Ventrikels ist der zweite Ton über der Pulmonalis verstärkt, und am bedeutensten dann, wenn die Hypertrophie infolge einer Insufficienz der Mitralis, oder infolge einer Stenose des Ostium venosum sinistrum entstand; beide Herzfehler combiniren sich häufig.

2. Abnorm schwache Herztöne.

Pathologisch schwache Herztöne betreffen alle Töne, wenn sie entweder infolge schwacher Herzthätigkeit auftreten, welche durch allgemeine körperliche Schwäche während und nach schweren Krankheiten, in der Reconvalescenz bedingt sind, ferner bei fettiger Degeneration des Herzens, durch die die Leistungsfähigkeit des Herzmuskels abnimmt,

ebenso werden die Herztöne verdeckt durch p e r i c a r -
d i a l e und p l e u r i t i s c h e E x s u d a t e, die das
Herz von der Brustwand abdrängen, ferner durch Ueberlagerung e m p h y s e m a t ö s e r L u n g e, wodurch in
diesen letzteren Fällen die Leitung des Schalles mehr
oder minder abgeschwächt wird.

Der z w e i t e A o r t e n t o n wird für sich allein
abnorm schwach gehört bei I n s u f f i c i e n z und Stenose der M i t r a l i s.

Der z w e i t e P u l m o n a l t o n erleidet eine Abschwächung bei den seltenen I n s u f f i c i e n z e n der
T r i c u s p i d a l i s.

3. Verdoppelte und gespaltene Herztöne.

V e r d o p p e l u n g der H e r z t ö n e kann den e r s t e n ^{Verdoppelte Herztöne.}
sowohl als den z w e i t e n Ton betreffen.

Jeder einzelne Ton wird durch zwei kurze Pausen
getrennt.

Bei Verdoppelung des e r s t e n Tones finden wir
den Rhythmus des A n a p a e s t ‿‿ —, bei Verdoppelung des z w e i t e n den des D a c t y l u s — ‿‿.

Ein d o p p e l t e r Ton während der S y s t o l e
des Herzens, anstatt des einfachen Tones zeigt nur eine
u n g e r e g e l t e H e r z a c t i o n an, ist ohne besondere
Bedeutung und kommt vorübergehend auch bei ganz
gesunden Menschen vor. Ist dagegen aber der d i a s t o -
l i s c h e T o n v e r d o p p e l t und dann über der
P u l m o n a l i s und A o r t a hörbar, so deutet dies auf
einen u n g l e i c h z e i t i g e n K l a p p e n s c h l u s s; die
beiden diastolischen Töne folgen nach einander und
das zweite Schallmoment des diastolischen Doppeltones
ist dann der von der anderen Klappe herübergeleitete Ton.

Bei H y p e r t r o p h i e des einen oder anderen V e n -
t r i k e l s kann der verdoppelte Ton auch blos über der
A o r t a oder blos über der P u l m o n a l i s gehört werden.

Bei Insufficienz der Aortenklappen ist
dies am öftesten der Fall.

Der gespaltene Herzton besteht darin, dass
er aus zwei oder drei schnell aufeinanderfolgenden
und zu einem einzigen verbundenen Tönen bestehend, gehört wird, selten ist er so rein, wie der Doppelton und bei verstärkter Herzaction, geht er leicht in ein
diastolisches Geräusch über.

Bei Stenose des Ostium venosum sinistrum kommt ein diastolischer gespaltener
Ton, am untern Theile des Sternum und an der Herzspitze am deutlichsten hörbar, ziemlich constant vor.

Diese gespaltenen Töne werden auch gebrochene
genannt.

4. Unreine Herztöne.

Manchmal entbehren die Herztöne, namentlich die
systolischen, ihren reinen Charakter, so dass sie
weder als Ton noch als Geräusch aufgefasst werden
können, sie sind undeutlich zu hören; schwache und
ungeregelte Herzaction ist die gewöhnliche Veranlassung
dazu. Durch Lagenveränderungen und Bewegungen des
Kranken werden oft diese Erscheinungen deutlicher hervortreten; sobald aber nicht noch andere Anomalien
am Herzen nachzuweisen sind, bleiben unreine Töne
diagnostisch bedeutungslos.

Bei Luftansammlung im Herzbeutel, wie dies
durch Traumen von aussen oder durch Perforation eines
Pyopneumothorax am ehesten vorkommen kann, nehmen
die Herztöne einen klingenden Charakter an,
auch bei linksseitigem Pneumothorax und bei grossen
mit luftgefüllten Cavernen innerhalb der Lunge und in
der Nähe des Herzens, werden die Herztöne manchmal
klingender Art, sie entstehen dann durch Consonanz
in dem Lufttraume, durch den sie fortgepflanzt werden.

5. Die Herzgeräusche.

Pathologische von der Action des Herzens abhängige Geräusche, die sogen. Herzgeräusche, entstehen entweder innerhalb der Herzhöhlen, innerhalb der grossen Gefässstämme, oder sie entstehen am Pericardium und wir bezeichnen dieselben desshalb auch als endocardiale oder pericardiale Herzgeräusche.

a. Die endocardialen Herzgeräusche.

In den ungleich meisten Fällen kommen die endo- *Endocar-diale Herz-geräusche.* cardialen Herzgeräusche durch ein Circu- lationshinderniss zu Stande; diese pflegt man als organische Herzgeräusche zu bezeichnen, ihnen gegenüber stehen die unorganischen, denen kein direktes Hinderniss zu Grunde liegt, sondern die infolge von ungleichmässigen Schwingungen von Klappen und Membranen zu Stande kommen, dieselben finden sich zuweilen ausser bei Kranken, auch bei gesunden Leuten vor.

Zu organischen Herzgeräuschen geben *Organische Herz-geräusche.* vorzüglich die Insufficienzen und Stenosen des Herzens Veranlassung.

Unter Insufficienz versteht man die Unfähigkeit der Klappen gehörig zu schliessen.

Unter Stenose aber, Verengerung der Ostien infolge von fibrösen, knorpligen, kalkigen, knöchernen Verdickungen und Geschwürsbildungen, wie sich solche bei Myocarditis, bei acuter und subacuter Endocarditis anbilden.

In der Regel ist Insufficienz und Stenose an einer Klappe gleichzeitig vorhanden.

Eine Insufficiente Klappe regurgitirt einen Theil des Blutes, während eine stenosirte Klappe den Blutstrom in nicht hinreichender Stärke hindurch-

treten lässt; in beiden Fällen ist alsdann die Gesammtmenge des vorzutreibenden Blutes eine verminderte und
infolge dessen erhalten die Arterien zu w e n i g , die
Venen z u   v i e l Blut.

Dieses M i s s v e r h ä l t n i s s sucht nun das Herz selbst
auszugleichen, zu c o m p e n s i r e n; die D r u c k k r a f t in
dem betreffenden Herzabschnitt wird g e s t e i g e r t, hierzu
gehört gesteigerte Muskelarbeit und wie jeder andere
Muskel wird hierdurch auch der H e r z m u s k e l — das
Herz — nach und nach h y p e r t r o p h i s c h.

Der r e g u r g i t i r e n d e B l u t s t r o m der einen Seite
trifft mit dem von der anderen Seite in den betreffenden
Herzabschnitt gelangenden zusammen und versetzt hierdurch den Blutstrom in w i r b e l n d e B e w e g u n g (Oscil-
lation), wodurch nun anstatt oder neben den normalen
Herztönen, H e r z g e r ä u s c h e auftreten; diese können
dann noch verstärkt werden, . indem die Wände der
O s t i e n und die d e g e n e r i r t e n K l a p p e n gleichfalls in
abnorme S c h w i n g u n g e n gerathen.

Auf dieselbe Weise ist die Entstehung von abnormen
Geräuschen über A n e u r y s m e n der grossen Gefässe
zu erklären, jede neu ankommende s y s t o l i s c h e
B l u t w e l l e erzeugt W i r b e l b e w e g u n g und infolge
dieser verschiedenartige und ungleichmässige Schwingungen, die dann als Geräusche zu unserem Ohre gelangen.

Anorgani-
sche Herz-
geräusche. Den a n o r g a n i s c h e n H e r z g e r ä u s c h e n liegt im
Wesentlichen A n a e m i e zu Grunde, wie sie die Chlorose
Leucaemie, marastische Zustände u s. w. im Gefolge
haben, ausserdem finden wir in schweren acuten Krankheiten (Typhus, Pneumonie, Gelenkrheumatismus etc.
nicht selten Aftergeräusche am Herzen; geringfügige
f e t t i g e Veränderungen des H e r z f l e i s c h e s, besonders
der P a p i l l a r m u s k e l n mögen dann wohl regelwidrige,
unregelmässige Schwingungen der Klappen herbeiführen,

die dann anorganische, accidentelle, anaemische Geräusche zu Stande bringen.

Diese anorganischen Herzgeräusche sind stets systolisch, zeichnen sich durch einen schwach blasenden, hauchenden Charakter aus und sind nicht immer constant hörbar.

Wird der Allgemeinzustand des Kranken gehoben, so werden sie schwächer und machen endlich reinen Herztönen Platz.

In der Regel ist in diesen Fällen auch in den Halsvenen ein eigenartiges und hauchendes Geräusch, besonders in der Vena jugularis dextra, das sogenannte Nonnensausen, Kreiselgeräusch, bruit de diable, vorhanden; auch diese Erscheinung ist ein weiteres Zeichen der Blutleere des Körpers.

Die endocardialen Geräusche treten synchronisch und permanent mit der Systole oder Diastole des Herzens auf, oder das Geräusch fällt in das Ende der Diastole, kurz vor die Systole (praesystolisches Geräusch), letzteres ist besonders für Stenose des Ostium venosum sinistrum characteristisch und in diesem Falle ist es dann am deutlichsten an der Herzspitze zu hören. *Zeiteintritt der endocardialen Geräusche.*

Systolische Geräusche sind stets mit dem Herzstoss genau isochron, lauter und schärfer accentuirt, als die diastolischen, welche nach dem Herzstosse auftreten.

Sowohl diese wie jene können auch gleichzeitig vorhanden sein und in einander zu einem Geräusche verschmelzen. —

Die systolischen Geräusche entstehen im Allgemeinen seltener durch anatomische Veränderung im Herzen, die diastolischen dagegen sind stets durch solche Anomalien bedingt.

10*

Organische
systolische
Geräusche. Organische systolische Geräusche im rechten Herzen entstehen durch Insufficienz der Tricuspidalklappen und Stenose des Ostium pulmonal.

Organische systolische Geräusche im linken Herzen entstehen durch Degeneration der Mitralklappe mit consecutiver Insufficienz, ferner durch Stenose des Ostium aortic., durch atheromatöse Processe und Aneurysmen in der Aorta ascendens.

Organische
diastolische
Geräusche. Diastolische Geräusche im linken Herzen entstehen durch Stenose des Ostium venosum und durch Insufficienzen der Semilunar Klappen, sehr selten kommen dieselben Anomalien im rechten Herzen vor.

Am öftersten kommen diese Regelwidrigkeiten infolge von Endocarditis zu Stande, die ihrerseits Excrescenzen an den Klappen und Arterien-Ostien, Verwachsungen der Klappensegel unter sich oder mit dem Pericardium anbildete. —

Um diese Geräusche von einander zu halten, palpiren wir, gerade so wie bei der Bestimmung des Tones, die Carotis während der Auscultation, deren Puls also mit dem Herzimpulse isochron ist.

Charakter
der endo-
cardialen
Geräusche. Der Charakter der endocardialen Geräusche ist ein sehr verschiedener, manche gleichen einem leisen Hauchen oder sanften Blasen, andere haben Aehnlichkeit mit Feilen, Sägen, Raspeln u. dgl.; in diagnostischer Hinsicht giebt uns nur die strenge Unterscheidung von Ton und Geräusch und der Zeiteintritt des letzteren, sicheren Anhalt.

Stärke der
endo-
cardialen
Geräusche. Ebenso variabel ist die Stärke derselben, öfters sind sie so schwach, dass man dieselben nur bei grosser Aufmerksamkeit und Uebung zu hören im Stande

ist, oft aber auch so laut, dass sie nicht blos über der
Herzgegend, sondern auch am ganzen vorderen
Thorax und am Rücken leicht vernehmbar sind,
manchmal hören wir sie sogar schon in der Nähe des
Kranken und ohne Stethoscop.

Hauptsächlich wird die Stärke der endocardialen Geräusche von der Kraft der Herzaction abhängen, ist dieselbe sehr herabgesetzt, so
werden auch die Geräusche schwach sein und umgekehrt.

Um dieselben auch bei schwacher Herzaction deutlicher vernehmbar zu machen, empfiehlt
es sich, durch rasches Gehen oder durch wiederholtes
Emporheben der Arme, eine gesteigerte Herzaction zu
veranlassen.

Die Dauer der endocardialen Geräusche
ist gleichfalls eine sehr verschiedene, sie können während der ganzen Systole, während der ganzen
Diastole oder während beider Phasen zu gleicher
Zeit vorhanden sein. Dauer
der endo-
cardialen
Geräusche.

Am Allgemeinen sind sie von längerer Dauer,
als die normalen Herztöne und dies gilt ganz besonders
für die diastolischen Geräusche.

Letztere, ebenso auch die systolischen können
noch einen Ton an sich haben oder sie sind ganz
tonlos; ist ein Ton neben dem Geräusche vorhanden,
so deutet dies auf theilweise Integrität der
Klappe oder Arterienmembran hin, diese wie jene blieb
zum Theil noch schwingungsfähig resp. sufficient. Ton und
Geräusch.

Bei einem systolischen Geräusch ist der betreffende Ton dann entweder mit diesem zusammenfallend
oder er geht ihm kurz voran.

Bei einem diastolischen Geräusche ist nicht
selten auch noch ein diastolischer Ton vorhanden,

der in den Anfang des Geräusches fällt — Insufficienz der Aortenklappe mit theilweiser Funktions-
fähigkeit derselben. —

Die Töne sind dann immer von kürzerer Dauer
als die Geräusche.

Um diese noch vorhandenen Töne besser zu hören
verschiebe man die am Ohre anliegende Stethoscopplatte
vom äusseren Gehörgange soweit, dass sie nur zum
Theil die Mündung desselben bedeckt, hierdurch wird
für uns das Geräusch etwas abgeschwächt, der Ton aber
deutlicher werden. —

Dilatation
der
Ventrikel.
Durch bedeutendere Circulationshemmungen im
Herzen entsteht aber nicht blos Hypertrophie desselben,
sondern auch oft Dilatation (Erweiterung) des betreffenden Herzabschnitts.

Im linken Ventrikel entwickeln sich Dila-
tationen fast einzig infolge von Klappenfehlern
und nur Anomalien des Aortenstammes könnten
eine Ausnahme herbeiführen.

Im rechten Ventrikel hingegen, kann die
Erweiterung ebensogut wie durch Klappenfehler, als
auch durch Krankheiten des Lungenparenchyms,
welche den vollständigen Eintritt des Blutes unmöglich
machen, zu Stande kommen, so bei Emphysem,
Compression, Hepatisation der Lungen, und
zwar entweder nur vorübergehend oder dauernd, je nach
der Art der Lungen-Anomalie.

Zur besseren Uebersicht der Klappen und Ostien-
fehler verweisen wir auf die Seite 152 und 153 einge-
schaltete Tabelle.

2) *Die pericardialen Herzgeräusche.*

Die pericardialen Herzgeräusche ent-
stehen gleichfalls durch die Action des Herzens, jedoch

nicht innerhalb der Herzhöhlen, sondern am P e r i -
c a r d i{u m und zwar durch Reibung des Herzens an
rauhen, nicht mehr normal glatten, entzündeten Flächen
des Pericardiums, welches durch fibrinöse Auflagerungen
in mehr oder minder grosser Ausdehnung uneben wurde.

In diesem Falle hören wir nun über der Herz- Charakter der peri-
gegend eigenartige R e i b u n g s g e r ä u s c h e, die ihrem cardialen Geräusche.
Charakter nach, sowohl den e n d o c a r d i{a l{e n, wie
den p l e u r i t i s c h e n nicht unähnlich sind, auch hierbei
hören wir ein K r a t z e n, S c h a b e n oder leiseres
A n s t r e i f e n. Es unterscheidet sich aber wesentlich
von jenen beiden dadurch, dass es nicht wie die endocardialen g e n a u i s o c h r o n mit den H e r z t ö n e n
auftritt, — indem die Bewegung des Herzens länger
andauert, als die Herztöne —, sondern es ü b e r d a u e r t
dieselben „s c h l e p p t n a c h" oder g e h t i h n e n v o r-
h e r. In u n r e g u l ä r e r Art schieben sich die pericardialen Geräusche fernerhin noch in die Phasen der
S y s t o l e und D i a s t o l e des Herzens ein, schleppen
manchmal mehr der Systole, manchmal mehr der Diastole nach.

Weiterhin pflanzen sich diese Geräusche um vieles
w e n i g e r l e i c h t fort, als die endocardialen; schon
in geringer Entfernung von der Herzgegend werden die
pericardialen undeutlich oder auch gar nicht mehr hörbar. Sie verschwinden ferner an einer Stelle mit dem
L a g e w e c h s e l des Kranken, um da wieder aufzu-
tauchen, wohin das Herz verschoben wurde, wodurch
Veränderungen in den Berührungspunkten resultiren
mussten und da es hauptsächlich das rechte Herz ist,
welches sich an der vorderen Thoraxwand während der
Systole und Diastole verschiebt, so werden oberhalb
des r e c h t e n V e n t r i k e l s die pericardialen Geräusche am deutlichsten zu hören sein, überdies kommen

Uebersicht der Symptome der Klaj

Insufficienz der Mitralis und Stenose des Ost. ven. sinistr.	Insufficienz der Aortenklappen und Stenose des Ost. arter. sin.
Bei Insufficienz der Mitralis wird ein mit den Herztönen synchronisches systolisches, bei Stenose des Ostium venosum sinistr. ein diastolisches Geräusch über der Herzspitze und längs des linken Randes des Herzens gehört. Der zweite Ton der Pulmonalis ist infolge der Rückstauung des Blutes in den Lungen erheblich verstärkt.	Bei Insufficienz der Aortenklapp man ein diastolisches Geräusch ü Aortenstamme; bei Stenose desse systolisches Geräusch über denselb
Die Herzdämpfung ist wegen Dilatation des rechten Ventrikels und wegen Hypertrophie des linken Ventrikels über die linke Mammillarlinie hinaus gedämpft.	Sehr bedeutender Umfang de dämpfung. Dieselbe beginnt oft s der 2. oder 3. Rippe, überschreitet l lich die linke Mammillarlinie, und weilen über die linke Sternallinie l
Der Herzstoss ist bei Insufficienz der Mitralis verstärkt, bei Stenose der Ostien, abgeschwächt, bei Vereinigung beider Zustände verstärkt.	Der Herztoss ist beträchtlich und erschüttert die ganze Brustwai
Die Stauungen in den Lungen und im Venensystsm sind mässig, erst wenn Compensationsstörungen eintreten, entsteht Dyspnoë, Verminderung der Harnmenge und event. Haemoptoe und Oedem an den Knöcheln.	Meist noch geringere Stauungserschi in den Lungen wie bei Mitralinsuf
Häufig im jugendlichen Alter wegen des in demselben besonders häufigen Gelenkrheumatismus.	In der Fossa jugularis sieht und f die verstärkte Pulsation der erw Aorta, auch die Carotiden schlagen und in den oberflächlichen kleinen pe Arterien ist ein Schwirren und Tön zunehmen.
	Häufig im hohen Alter wegen de besonders angehörigen atheromatö cesse.

stienfehler der Circulationsorgane.

Insufficienz der Tricus pidalis und tenose des Ost. venos. dextr.	Insufficienz der Pulmonalarterienklappen und Stenose des Ost. arterios. dextr.
sufficienz der Fricus pidalis hört systolisches Blasen unter dem Ster- schen den Ansatzpunkten der Knor- 4. Rippe; bei Stenose ein diasto- eräusch an derselben Stelle.	Bei Insufficienz der Pulmonalarterie hört man ein diastolisches Schwirren am linken Sternalrande in der Höhe des 2. Inter- costalraumes und über dem Knorpel der 3. linken Rippe; bei Stenose ein systolisches Schwirren.
reite Pulmonalton ist abgeschwächt.	Die erste, meist auch der zweite Pulmonal- arterienton fehlt ganz.
erzdämpfung überragt enorm den Sternalrand, nicht aber die linke	Die Herzdämpfung ist nach rechts ver- grössert.
erzstoss ist am meisten gegen das zu verstärkt.	Der Herzstoss ist bald geschwächt, bald verstärkt, bald an normaler Stelle, bald über die linke Mammillarlinie hinausgerückt und demnach seine Beschaffenheit kein charakte- ristisches Symptom.
edeutende und sich leicht steigernde erscheinungen in den Hohlvenen en übrigen Venen des Körpers. ls tritt vollkommene Compensation	Sehr oft bildet sich die Compensation und finden sich daher nicht leicht venöse Stauungen. Dagegen führt eine kräftig ent- wickelte Hypertrophie des rechten Ventrikels nicht selten eine enorme Erweiterung der Pulmonalarterie und dadurch Blutüberfüllung in den Lungen mit Lungenblutungen herbei.
tauungserscheinungen bestehen be- in strotzender Anfüllung und Pul- r Jugularis, in Leberpulsation, Hy- t Albuminerie.	Andererseits entwickelt sich bei hoch- gradiger Stenose infolge unzureichender Nah- rungszufuhr zu den Lungen öfters Lungen- phthise.
rterienpuls ist wegen der schwachen n Blutsäule schwach.	
erhaupt seltener Herzfehler.	Dieser Herzfehler ist sehr selten.

hier E n d o c a r d i t i s und K l a p p e n f e h l e r überhaupt nur selten vor.

Ist die H e r z a k t i o n eine sehr frequente, so kann
es allerdings schwierig werden zu bestimmen ob die
Geräusche mit den Herztönen isochronisch sind oder
nicht, der Percussionsbefund etc. giebt dann entschei-
denden Aufschluss.

Von den p l e u r i t i s c h e n R e i b u n g s g e r ä u -
s c h e n differenziren sich die pericardialen wesentlich durch ihre P e r m a n e n z , während einer längeren
und mit Willen hervorgerufenen A t h e m p a u s e , in
welchem Falle die pleuritischen nicht wahrnehmbar sind

Ist die P l e u r a c o s t a l i s über dem Herzbeutel
entzündet, so kann ein rhythmisches Reibungsgeräusch
entstehen, wenn die rauhe Pleurastelle während der Herzaction an der anliegenden P l e u r a p u l m o n a l i s verschoben wird. Dieses e x t r a - p e r i c a r d i a l e R e i b e n
ist von dem i n t r a p e r i c a r d i a l e n nicht zu unterscheiden.

Endlich unterscheiden sich diese Geräusche noch
dadurch von den pleuritischen, dass sie selbst bei be-
trächtlichem Exsudat noch gehört werden, während letztere nur im B e g i n n e einer Pleuritis und nach der
R e s o r p t i o n der Exsudates constatirt werden können.

Während der I n s p i r a t i o n werden die pericardialen in der Regel deutlicher auftreten, als während
der E x s p i r a t i o n , wenigstens erfahren sie während
der Inspiration niemals eine Abschwächung, —

B.   Untersuchung der Arterien und Venen.

Das wesentlichste bezüglich des Pulses und der
sicht- oder fühlbaren Pulsationen der grossen Gefässe
ist bereits erörtert worden, so dass nur die A u s c u l -
t a t i o n s b e f u n d e derselben hier noch anzureihen sind

und zwar betrifft dies die Arteria carotis, die subclavia, brachialis, cruralis, und die Venae jugulares.

Normalerweise hören wir in der Carotis zwei reine Töne, von denen, wie schon früher angedeutet, der erste der Systole, der zweite der Diastole des Herzens isochron ist.

Der erste Ton wird hauptsächlich durch die systolische Ausdehnung der Arterienmembran gebildet, der zweite Ton hingegen ist nur der fortgepflanzte zweite Aortenton und hierdurch wird nun auch das Ausbleiben dieses zweiten Tones oder an dieser Stelle ein hörbares Geräusch, diagnostisch wichtig, indem es auf eine Insufficienz der Aortenklappen hinweist.

Ganz dasselbe gilt auch von der Arteria subclavia, sowohl normaler wie abnormerweise.

In den kleineren Arterien ist nur unter pathologischen Verhältnissen ein Tönen in denselben zu constatiren und zwar bei hochgradiger Hypertrophie des linken Ventrikels infolge von beträchtlicher Insufficienz der Aortenklappen; man hört dann bei jeder Pulswelle einen ziemlich deutlichen kurzen Ton nicht nur in den stärkeren Axillar- und Cruralgefässen sondern auch selbst in kleineren Arterien.

An der Cruralarterie kommt bisweilen bei sehr hochgradiger Insufficienz der Aortenklappen ein hierfür charakteristischer Doppelton vor, an anderen Arterien ist er dabei nicht gegenwärtig.

Auch Rauhigkeiten der inneren Arterienwandungen vermögen Geräusche hervorzurufen, und ebenso pflanzen Aneurysmen der Aorta häufig Geräusche bis in die Carotis und Subclavia fort.

In den Venen ist normalerweise weder Ton noch
Geräusch zu hören, bei anaemischen Leuten, namentlich Chlorotischen kommt ziemlich oft ein mehr
oder minder starkes, blasendes, hauchendes
Geräusch in der Venae jugulares und dann besonders in der rechten Vene vor, ist dasselbe nur
schwach, so hört man es nur während der Inspiration, man bezeichnet dieses Geräusch als Kreisel-
oder Nonnengeräusch; (bruit de diable) manchmal
hat es einen singenden oder pfeifenden Charakter.
Eine Anschwellung der Vene wird hierbei nicht bemerkt,
wohl aber bei einem anderen seltneren Geräusche in
denselben Gefässe, welches aber nicht fortwährend
sondern nur am Ende einer Exspiration gehört werden
kann und mit einem Vibriren, einer Art Katzenschnurren verbunden ist.

Dieses letztere Geräusch hängt mit einem Rück-
stauen des Blutes gegen den an dieser Stelle befindlichen Klappenapparat zusammen.

III. ABTHEILUNG.

Untersuchung der Unterleibsorgane im normalen und abnormen Zustande.

1. Inspection des Abdomen.

Schon normalerweise variirt die relative G r ö s s e und die F o r m des A b d o m e n je nach Alter, Geschlecht etc. des Menschen ungemein; alle auffallenden F o r m v e r ä n d e r u n g e n gehen unter normalen, sowie unter krankhaften Zuständen vorwiegend von den in ihm und in der Beckenhöhle befindlichen Eingeweiden aus, so dass es oft nicht leicht ist, durch die Inspection das normale vom abnormen zu unterscheiden, vollends da es nur die M i n d e r z a h l der abdominalen Affectionen ist, welche p a t h o l o g i s c h e F o r m a t i o n und Grösse des Abdomen herbeiführen; sind solche aber vorhanden, so springen diese durch ein Missverhältniss zum übrigen Körper leicht in die Augen, und eine a l l - g e m e i n e oder p a r t i e l l e V o l u m z u n a h m e, ebenso V o l u m a b n a h m e, die natürlich auch auf die Form einwirken wird, kann dann schon durch die blosse B e t r a c h t u n g des Unterleibes eruirt werden.

Eine a l l g e m e i n e p a t h o l o g i s c h e V o l u m - z u n a h m e am Abdomen kann bedingt sein 1. durch a b n o r m e F l ü s s i g k e i t s a n s a m m l u n g im Bauch- fellsack, A s c i t e s. Sie dehnt das Abdomen in der

Allgemeine Volum-zunahme des Abdomen.

Rückenlage des Kranken in die Breite aus und
lässt es dabei weniger gewölbt erscheinen, als im Stehen.

Bei Lagewechsel wird sich die Flüssigkeit stets
nach dem am tiefsten gelegenen Raume hinsenken und
somit eine sichtbare Formveränderung herbeiführen, vorausgesetzt, dass das Flüssigkeitsquantum nicht
etwa so enorm ist, dass ein Verschieben der Flüssigkeit, wegen der sehr gespannten Bauchdecken, überhaupt
unmöglich ist, in diesem Falle; nimmt das Abdomen
eine mehr halb-kuglig, runde Form an und sehr
oft bemerken wir in solchen Fällen gleichzeitig eine
starke Erweiterung der Bauchvenen, welche auf einer
Stauung resp. Ueberfüllung des Pfortadergebietes
hinzeigt.

2. Sind es abnorme Gasentwicklungen im
Darmrohre, Meteorismus, oder die nämliche Ursache
im Peritonaealsack, Tympanitis, welche eine abnorme
Volumzunahme des Abdomen herbeiführen; letzteres ist
in diesen Fällen mehr oder weniger halbkuglig
vorgewölbt und Lageveränderungen des Kranken
beeinflussen nicht die dadurch gegebene Form des
Unterleibes.

Partielle
Volumen-
zunahme am
Abdomen. Eine partielle sichtbare Volumzunahme am
Abdomen wird am häufigsten bei beträchtlicher Aus-
dehnung des Magens oder Carcinom desselben,
bei Lebervergrösserungen, bei Milz-, Uterus-
und Ovarien-Tumoren beobachtet, seltner sind
es maligne Tumoren des Netzes, oder Echi-
nococcen und noch seltener massenhaftere Faecalmassen, die als Geschwülste imponiren können, welche
sich als partielle Vergrösserungen am Abdomen
markiren.

Ectasieen des Magens charakterisiren sich durch
eine ziemlich gleichmässige, kuglig ovale Hervorragung in

der Magengegend, wogegen ein grösseres C a r c i n o m des Magens eine circumscripte Erhebung im Epigastrium bildet.

Eine durch Urin sehr stark angefüllte H a r n b l a s e, die sogar bis zum Nabel reichen kann, zeigt sich als eine halbkugelige Erhabenheit in der Mitte des Abdomen.

V e r k l e i n e r u n g e n resp. E i n s e n k u n g e n des Ab- domens sind in der Regel secundäre Erscheinungen solcher Krankheiten, die allgemeine Abmagerung zur Folge haben. Ver-
kleinerung
des
Abdomen.

Bei a c u t e r M e n i n g i t i s sehen wir die Bauch- decken, charakteristisch für diese Affection, t i e f k a h n - f ö r m i g eingezogen.

II. Palpation des Abdomen.

Die P a l p a t i o n des U n t e r l e i b e s wird entweder in der R ü c k e n - oder in einer S e i t e n l a g e vorge- nommen und in den meisten Fällen wird man diese Untersuchung, um die Bauchmuskulatur in einen mög- lichst schlaffen Zustand zu versetzen, bei angezogenen unteren Extremitäten auszuführen haben.

Unter n o r m a l e n V e r h ä l t n i s s e n fühlt die flach auf das Abdomen aufgelegte Hand, oder d i e tiefer in die Bauchdecken eindrängenden Finger nirgends einen a u f f a l l e n d e n W i d e r s t a n d; das Abdomen fühlt sich überall nahezu g l e i c h m ä s s i g weich an, mit Ausnahme der e p i g a s t r i s c h e n Gegend, wo sich durch eine ge- ringe Resistenz der L e b e r fühlbar macht.

Drückt man die Finger zwischen die beiden Recti allmählig und so tief wie möglich ein, so wird man bei sehr dünnen und schlaffen Bauchdecken die A o r t a a b d o m i n a l i s und die W i r b e l s ä u l e eventuell palpiren können.

Die P a l p a t i o n am gesunden Menschen ist schmerzlos.

Unter abnormen Zuständen hat die Palpation des Abdomen vielerlei zu eruiren, sie bildet in diagnostischer Beziehung fast immer die Grundlage zur Erkennung abdomineller Affectionen, indem wir durch dieselbe Aufschlüsse über abnorme Empfindlichkeit, abnorme Resistenz, abnorme Grösse und Lage etc. der Unterleibsorgane erhalten können.

I. Palpation der Magengegend.

In dieser Region hat man sich zunächst von der Empfindlichkeit des Magens auf Fingerdruck zu überzeugen und zwar ob nur ein geringes und schmerzloses Druckgefühl, oder ob ein circumscripter oder diffus ausgebreiteter Schmerz dabei vom Kranken empfunden wird.

Die meisten Magenkrankheiten haben fast stets bei Druck auf die Magengegend mehr oder weniger unangenehme Sensationen bis heftigen Schmerz im Gefolge.

Bei Ulcus ventriculi, welches am häufigsten am Pylorustheil und an der kleinen Curvatur des Magens seinen Sitz hat, äussert der Kranke auf Druck stets vermehrtes Schmerzgefühl, wogegen bei Neuralgien des Magens Druck eher die Schmerzen mildert.

Carcinome des Magens werden bei etwa Haselnussgrösse bereits der Palpation zugänglich, besonders dann, wenn dieselben am Pylorus und an der grossen Curvatur aufsitzen, was übrigens das häufigste ist. Wir fühlen dann entweder in der Magengrube, oder in der Nabelgegend, im linken oder im rechten Hypochondrium eine umgreifbare, höckrige, bewegliche oder unbewegliche Geschwulst, meist hart und resistent; Druck auf dieselbe wird vom Kranken mit Schmerz beantwortet; derartige Tumoren können aber auch dem linken Leberlappen angehören oder die fühlbare Geschwulst kann durch Hyperplasie der Magenmuskulatur be-

dingt sein, wodurch die Diagnose durch die Palpation·
allein, unsicher wird.

Bei c a t a r r h a l i s c h e n Z u s t ä n d e n des Magens
haben die Kranken in den meisten Fällen über ein
unangenehmes Druckgefühl zu klagen; bei a c u t e n
Magencatarrhen verursacht die Palpation mehr oder
minder wirklich schmerzhafte Empfindungen, die durch
vermehrten Druck gesteigert werden.

Den P y l o r u s hat man ohngefähr 5,5 Ctm. vom
Nabel nach oben und rechts vom Nabel aufzusuchen.

Palpation der Leber.

Auch die Palpation der L e b e r muss bei möglichst Palpation der Leber.
erschlaffter Bauchwand, mit den Fingern beider Hände
ausgeführt werden, indem man dieselben während einer
recht tiefen Inspiration in die Concavität des Rippenbogens hineinzudrängen sucht, um so den normalerweise
etwas resistenten, scharf begrenzten, glatten abgerun-
deten, auf Druck nicht schmerzhaften Leberrand dem
Tastsinne zugänglich zu machen.

Durch die Palpation kann eine offenbare patho-
logische V e r g r ö s s e r u n g oder V e r k l e i n e r u n g mit
oder ohne F o r m v e r ä n d e r u n g der Leber eruirt werden;
ihre Oberfläche fühlen wir bei c i r r h o t i s c h e n Zuständen
uneben, höckrig, lappig, gewulstet, während C a r c i n o m e
meist verchieden grosse Knollen, oft harte Knoten, die
auf Druck und spontan schmerzhaft sind, durchfühlen
lassen; auch bei der s y p h i l i t i s c h e n H e p a t i t i s bemerken wir bei höherem Grade der Erkrankung eine
knollige, lappige Oberfläche der Leber. Grosse, hügelige
P r o m i n e n z e n sind bei Ech i n o c o c c e n keine Selten-
heiten. A b s c e s s e der Leber, wenn sie der Leberober-
fläche nahe gerückt sind, werden sich durch F l u c -
t u a t i o n s g e f ü h l erkennen lassen. — In selteneren Fällen

·fühlt man wohl auch einmal am unteren Leberrande
eine pralle, wenig resistente, birnförmige, deutlich fluc-
tuirende Geschwulst, welche der durch Galle stark ausgedehnten Gallenblase angehört; auch Gallensteine
in derselben sind zu wiederholtenmalen durch die Palpation diagnosticirt worden.

So sehr wichtig die Palpation im Allgemeinen gerade bei Leberkrankheiten ist, so reicht sie doch wohl
niemals allein zur Fixirung der speciellen Diagnose hin,
eine umsichtige Hinzunahme aller übrigen Symptome, bei
diesen oft schwer zu deutenden Affectionen, muss hier
hilfreiche Hand leisten.

Palpation der Milz.

Palpation
der Milz.   Die Betastung der unvergrösserten normalen Milz
ist eine sehr problematische Aufgabe In rechter Seitenlage lässt man den Patienten den Bauch tief einziehen,
unter den linken Rippenbogen legt man dann die rechte
Hand und sucht nun während einer recht langsamen
Exspiration den andrängenden vorderen Milzrand zu
palpiren. Leichter wird die Untersuchung der Milz bei
Vergrösserungen dieses Organs, wie dies gewöhnlich
bei Intermittens, Typhus, Leucämie etc. der Fall
ist; erreicht die Schwellung der Milz einen höheren Grad,
so werden auch ihre zwei Einkerbungen, die dann an
Tiefe zunehmen, deutlich gefühlt werden können.

Die Consistenz grösserer Milztumoren ist immer
eine feste, während kleinere Milzvergrösserungen, wie
sie mit acuten Krankheiten einherlaufen, von weicher
Beschaffenheit sind; ihre Oberfläche ist nur sehr selten
uneben und die Palpation selbst mit Ausnahme krebsiger
Entartung immer schmerzlos.

Eine Wandermilz darf man vermuthen, wenn

neben dem Fehlen der Milzdämpfung, sie sich durch
ihre Form am unrechten Platze im Abdomen verräth.

Palpation der Nieren.

Die normal grossen Nieren sind der Palpation bei
richtiger Lage unzugänglich. *Palpation der Nieren.*

Bedeutende durch Carcinom, Cysten, Echino-
coccen vergrösserte Nieren können gefühlt werden,
und eine Wanderniere, die in der Regel unter oder
an der Synchondros. sacro-iliaca, meist weit nach vorn
rückt, kann man an ihrer bohnenförmigen Gestalt erkennen.

Palpation der Blase und des Mastdarmes.

Die Harnblase palpiren wir nicht nur durch die
Bauchdecken, sondern auch vom Anus und von der *Palpation der Harnblase.*
Vagina aus; bei Frauen können wir das Innere der-
selben durch Erweiterung der Harnröhre, wie sie vor
wenig Jahren Prof. Simon in Heidelberg in die Praxis
eingeführt hat, dem Tasten sehr zugänglich machen.
Concremente fühlen wir mit der mit Catheter oder
Sonde armirten Hand.

Auch die Digitaluntersuchung des Mast- *Palpation des Mast-darmes.*
darms ist eine dankenswerthe Erfindung Simons sowohl
für diagnostische Zwecke, als auch für direkte Eingriffe.

Der Kranke wird in tiefe Chloroformnarkose versetzt und in Steinschnittlage gebracht. Nach möglichster
Entleerung des Darmrohrs mittelst Irrigator von Faecalmassen dringt man unter rotirenden Bewegungen mit
möglichst schmal zusammengelegter und beölter Hand,
langsam den Widerstand der Sphincteren überwindend,
in dem Darmrohre vor; es ist auf diese Weise möglich
geworden, die hintere Wand des Uterus, die Ovarien
etc. zu touchiren. Je tiefer die Narkose, um so leichter
wird die Untersuchung. —

Weiterhin bringen wir am Abdomen die Palpation
in Anwendung bei diffuser- und circumscripter
Peritonitis; im ersten Falle wird sie in grösserer Ausdehnung intensive Schmerzen hervorrufen, während im
zweiten Falle die auf Berührung schmerzende Stelle eine
eng begrenzte ist. Wurde das parietale, wie das visce-
rale Blatt des Peritoneums durch Entzündung rauh,
so kann hin und wieder dem palpirenden Finger ein
kratzendes, schabendes, knarrendes Reibungsgeräusch
entgegentreten.

Andere Affectionen des Peritoneum oder Netzes,
wie Carcinose, Sarkome, tuberculös entartete
Mesenterialdrüsen werden als knotige Erhabenheiten
durch eine schlaffe Bauchdecke durchgefühlt.

Transsudate und Exsudate im Peritonealsack
werden mittelst der Palpation erkannt, wenn man einen
Finger gegen die Seitenfläche des Abdomen anschnellen
lässt, während die auf die andere Seite flach aufgelegte
Hand ein wellenförmiges Erzittern, unter solchen
Zuständen, fühlen soll.

III. Die Percussion des Unterleibes.

Percussion
des
Abdomen.   Die Percussion des Abdomens wird zunächst
in der Rückenlage, mit etwas angezogenen Beinen
vorgenommen, der Kopf soll durch ein Kissen unterstützt werden.

Man percutirt zunächst vom Process. ensiform.
ab längs des Verlaufs der Linea alba.

Normalerweise ist der Schall oben auf ca. zwei bis
drei Fingerbreiten bei leiser Percussion, mässig gedämpft und jener Widerstand dabei fühlbar, den der
darunter liegende Leberlappen bedingt; hieran schliesst
sich unmittelbar der laute tympanitische Schall des
Magens; in der mittleren Bauchgegend erhalten wir eben-

falls einen lauten tympanitischen Schall, den das
Darmrohr von sich giebt; sind die Bauchdecken nicht
allzusehr gespannt, so wird öfter ein metallisches
Nachklingen gehört.

Ueber dem Os pubis wird nur dann ein gedämpfter Schall erzeugt, wenn die Harnblase durch
Urin beträchtlich angefüllt wurde, oder wenn ein ver-
grösserter Uterus zugegen ist, sonst für gewöhnlich ist
auch in dieser Region ein tympanitischer Darmton
vorhanden.

Hierauf percutiren wir die einzelnen Organe der
Reihe nach.

Percussion des Magens.

Der normale mässig gefüllte Magen giebt einen
vollen tympanitischen Schall, nur im Scrobicul.
cordis; wo die kleine Curvatur und der obere Theil
des Magens von dem linken Leberlappen überdeckt
wird, ist der Schall bei mässig starker Percussion gedämpft, nur bei stärkerer Percussion wird er gedämpft
tympanitisch.

Die palpatorische Percussion fühlt nirgends
einen Widerstand, ausser den des von der Leber überragten
Theiles; die Elasticität muss sich aber im gleichen Ver-
hältnisse vermindern, mit dem lauten tympanitischen
Schalle bei beträchtlicherer Anfüllung des Magens mit
Speise oder Flüssigkeiten.

Nach links bis zur mittleren Axillarlinie grenzt
sich der Magenton auffällig von der Milzdämpfung
ab, ebenso deutlich markirt sich die Grenze desselben
nach oben links von der Lunge, sowie die neben und
über dem Scrobiculum vom Herzen und die nach
unten von dem tympanitischen Ton der Gedärme.

Percussion der Leber.

Bei Percussion d e r L e b e r ist zunächst der zufällige Wechsel ihrer L a g e durch die R e s p i r a t i o n zu
beachten.

Als dichtes wenig elastisches Organ giebt die L e b e r
beim Percutiren einen l e e r e n , g e d ä m p f t e n Schall
(Schenkelton) und r e s i s t i r t der klopfenden Hand. Ihre
normalen Grenzen wurden schon früher angegeben.

V o l u m s v e r ä n d e r u n g e n der Leber lassen sich
leicht durch die Percussion nachweisen.

V e r g r ö s s e r t finden wir die L e b e r d ä m p f u n g
hauptsächlich bei E n t z ü n d u n g , bei a m y l o i d e n Ent-
a r t u n g e n , bei C a r c i n o m e n , bei A b s c e s s e n und
H y p e r t r o p h i e e n der Leber, letztere besonders infolge
von H e r z k r a n k h e i t e n (Hypertrophie des rechten Ventrikels) und endlich auch bei contagiös m i a s m a t i -
s c h e n Krankheiten sowie bei der ziemlich seltenen
b i l i ö s e n P n e u m o n i e.

V e r k l e i n e r t wird die L e b e r d ä m p f u n g insbesondere durch die a c u t e g e l b e L e b e r a t r o p h i e (bei
Phosphorvergiftung und bei Puerperalfieber (äusserst
rapide Abnahme der Leberdämpfung) und durch c i r-
r h o t i s c h e V e r k l e i n e r u n g (hier erst innerhalb mehrerer
Monate.) Eine Anzahl anderer Affectionen, theils pri-
märer theils secundärer Art, haben auf das Volumen
der Leber einen durch die Percussion leicht nachweis-
baren Einfluss.

Eine D i s l o c a t i o n der Leberdämpfung n a c h
u n t e n kann statt haben, wenn das Zwerchfell durch
E m p h y s e m der rechten Lunge, oder durch einen
P n e u m o t h o r a x, oder durch ein grösseres E x s u d a t
der rechten Seite, herabgedrängt wird; der r e c h t e
Leberlappen tritt dann tiefer in die Bauchhöhle herab

und kann so den Schall der Eingeweide bis in die
rechte Darmweiche dämpfen.

Eine scheinbare Verkleinerung der Leber
dämpfung kommt zu Stande, wenn sich über der Leber
Luft oder Gas befindet, welches entweder durch Perforation der Pleura, oder durch Perforation des Darmrohres oder durch Ueberlagerung einer lufthaltigen Darm-
schlinge, dorthin gelangte; die Leberdämpfung kann
hierbei auch ganz schwinden.

Die Differentialdiagnose zwischen vergrös-
serter oder nur dislocirter Leber ergiebt sich aus
der Percussions-Bestimmung der oberen Lebergrenze.
Reicht die Leber von der oberen normalen Grenze noch
erheblich unter dem Rippenrand herab, so ist die Leber
vergrössert, sie kann aber auch herabgedrängt und
zugleich vergrössert sein.

Percussion der Milz.

Um die Milz zu percutiren, bringt man den Patienten am besten in die rechte Seitenlage, und bestimmt deren obere, dann die untere und endlich die
vordere Grenze derselben mittelst mässig starker Percussion. Im normalen Zustande hat die Milz eine durch-
schnittliche Länge von 12¹⁄₂ Ctm., eine Breite von
7¹⁄₂ Ctm. Sie nimmt den Raum zwischen dem oberen
Rand der 9. linken Rippe bis zum untern Rand der
11. linken Rippe ein; ihre Lage ist eine schräge von
hinten oben, nach vorn und unten. Die durch sie bedingte Dämpfung wird nach oben von dem lauten,
vollen nicht tympanitischen Lungenschall, nach
unten von dem lauten, tympanitischen Darmton
nach vorn vom tympanitischen Magenton begrenzt.
Die hintere Milzgrenze liegt in der Verlängerung des
Schulterblattwinkels zwischen der 9. und 11. Rippe, und

Marginal notes: Scheinbare Verkleinerung und gänzliches Fehlen der Leberdämpfung. — Percussion der Milz.

lässt sich nicht genau bestimmen. Auch die innere Grenze ist öfter durch den stark ausgedehnten Magen, sowie durch einen pathologisch vergrösserten linken Leberlappen, unmittelbar der Milz anliegend, schwer oder gar nicht zu eruiren.

Ferner können pathologische Zustände am Thorax der Bestimmung der Milz-Grenzen Hindernisse entgegensetzen, sie scheinbar vergrössern, scheinbar verschwinden machen.

Scheinbar vergrösserte Milzdämpfung.

Ist z. B. ein mässig grosses linkseitiges pleuritisches Exsudat vorhanden, welches auch den vordern Pleuraraum einnimmt, so wird der dadurch bedingte Dämpfungsbezirk direkt in die Milzdämpfung übergehen; bei massenhafter Zunahme des Exsudats wird dann das Zwerchfell mehr in das Abdomen gedrängt, und mit ihm die Milz dadurch zu tieferem Stande gezwungen. Sie wird dann wohl der Palpation, aber nicht mehr der Percussion zugänglich werden.

Scheinbar verkleinerte Milzdämpfung.

Verkleinert wird die Milzdämpfung durch Lungenemphysem; durch Herabdrängen des Zwerchfells zu tieferem Stande gezwungen, wird ihr oberer Theil noch vom hinteren Lungenrande bedeckt, während das untere Ende an den Darm grenzt, so dass nur ihr mittlerer Theil percussionsfähig wird.

Gänzliches Fehlen der Milzdämpfung.

Die Milzdämpfung ist am normalen Orte gar nicht vorhanden, wenn das Organ dislocirt ist, wenn eine Wandermilz vorhanden ist, oder wenn Meteorismus oder Ascites die Untersuchung erschweren resp. verhindern. Palpation und Auscultation schützen vor diesen Verwechslungen.

Pathologisch vergrösserte Milz.

Ist die Milz pathologisch vergrössert, so finden wir zunächst eine grössere Dämpfung nach hinten und unten; wird die Schwellung des Organs mächtiger, so wird auch nach vorn und rechts der Dämpfungsbe

zirk grösser; die Milz ragt dann unter dem Rippenrand
hervor. Noch grössere M i l z t u m o r e n, wie sie besonders bei L e u c ä m i e und infolge von langandauernden
M a l a r i a - E r k r a n k u n g e n vorkommen, werden das
Zwerchfell in die Höhe, die Organe des Abdomens zur
Seite drängen und dann einen sehr ausgedehnten Dämpfungsbezirk der Milz bedingen.

Die p a l p a t o r i s c h e P e r c u s s i o n beantwortet eine
stark vergrösserte Milz stets mit sehr verstärktem
R e s i s t e n z - G e f ü h l.

Percussion des Darmes.

Alle Därme, die mässig mit Luft gefüllt sind, Percussion
des
geben einen l a u t - t y m p a n i t i s c h e n P e r c u s s i o n s - Darmes.
s c h a l l, vorausgesetzt, dass die Bauchdecken mässig
gespannt sind und mittelst palpatorischer Percussion fühlt
man eine nicht unbedeutende E l a s t i c i t ä t dieser Organe.
Der D i c k d a r m tönt in seinem ganzen Umfange lauter
und voller als der D ü n n d a r m; das D u o d e n u m und
das I l e u m hallen eine Zeit lang nach dem Essen gedämpfter, als vor demselben. —

Je grösser die S o n o r i t ä t im ganzen Umfange des
Unterleibes ist, desto mehr enthält das Darmrohr G a s e
oder L u f t. Diese Gase können sich auch im Perito-
nealsacke angesammelt haben, wenn eine Perforation
des Darmes, oder Gasentwicklung in einem verjauchenden
peritonealen Exsudate statt hatte; öfters ist der Schall
in diesem Falle m e t a l l i s c h k l i n g e n d, während er
in andern Fällen nicht verschieden ist von dem Meteorismus des Darmes. Andere Symptome geben uns darüber sicheren Aufschluss.

Ist eine P e r f o r a t i o n des Darmes vorhanden, so
werden wir an den tiefer gelegenen Stellen des Abdomen
in der Regel auch einen F l ü s s i g k e i t s e r g u s s vorfinden,

da ja neben den Darmgasen zugleich auch flüssiger
Darminhalt durch die Perforationsstelle austreten muss,
der sehr schnell eine diffuse Peritonitis mit Exsudation herbeiführt, wenn die Perforationsstelle nicht
sehr bald durch adhaesive Entzündung zum Verkleben
kam; letzteres ist übrigens nicht allzu selten der Fall.

An diese Symptome der Darmperforation reiht sich
noch das Verschwinden der Leberdämpfung zu beiden
Seiten der Medianlinie, indem das Gas bestrebt ist, die
höchsten Stellen einzunehmen. —

Percussion
des Dick-
darmes.   Ueber dem Dickdarme erhalten wir, besonders
in der Gegend des Blinddarmes, der angehäuften
Faecalmassen wegen, einen mehr weniger gedämpften
Schall und der Widerstand, der sich hier bei der
Percussion zeigt, wird je nach Menge und Härte der
stagnirenden Masse ein variabler sein müssen.

Tumoren und Abscesse an der Bauchwand
können den Percussionsschall in verschiedenen Gegenden
dämpfen.

Percussion
bei Ascites.   Flüssigkeit im Bauchfellsacke wird sich dann
durch einen gedämpften Schall markiren, wenn der Erguss bis in den grossen Beckenraum gestiegen ist, drückt
man jedoch das Plessimeter tiefer in die Bauchdecken,
so erhält man durch Verdrängen der Flüssigkeit den gewöhnlichen Darmton.

Eine absolute Dämpfung zeigt sich erst dann,
wenn die Flüssigkeitsmenge so beträchtlich ist, dass sie
den Darm stark comprimirt, ihn auf einen engeren
Raum beschränkt und die Luft aus demselben bis auf
ein Minimum vertrieben hat.

Durch Lageveränderung des Körpers werden
wir, indem die Flüssigkeit der Schwere folgen muss,
an den tiefer gelegenen Stellen einen gedämpften, an
den höher gelegenen Stellen den tympanitischen Darmton

vernehmen und beim langsamen Uebergange aus einer
Seitenlage in die andere Seitenlage den Uebergang vom
gedämpften in den tympanitischen Schall verfolgen können.

Abgesackte Exsudate, wie sie infolge von Ent- *Percussion abge-*
zündungen des Peritoneum zu Stande kommen, können *sackter*
sich an allen Stellen des Unterleibes bilden, am öftersten *Exsudate im Abdomen.*
in der Ileocoecalgegend, bedingt durch Entzündung
des Coecum und des Peritoneum, oder durch Perforation des Processus vermiformis.

Ueber diesen Exsudaten erhalten wir einen gedämpften Percussionsschall, dessen Grenzen sich
beim Lagewechsel nicht verändern; Fluctuation ist
nicht immer zu fühlen und wenn vorhanden, meist nur
schwach wahrnehmbar. Verwechslung mit Tumoren
könnte vorkommen, jedoch Entwicklung und Verlauf
der Krankheit sollte vor dieser Fehlerquelle schützen.

Percussion der Harnblase.

In der Rückenlage beginnen wir die Percussion *Percussion der*
der Harnblase unterhalb des Nabels, in der Linea *Harnblase.*
alba, wobei wir das Plessimeter vorsichtig immer tiefer
in die Bauchdecke eindrücken, um die dazwischen liegenden Gedärme zu verdrängen.

Nach abwärts weiter percutirend, wird der Schall
in der Mehrzahl der Fälle in der Schambeingegend
tympanitisch bleiben, weil sich die Gedärme zwischen
die vordere Bauchwand und die Urinblase drängen, je
mehr sich aber dieselbe durch Flüssigkeit ausdehnt, desto
mehr treibt sie den vorliegenden Darm nach auf- und
auswärts, sie selbst rückt der Bauchwand um so näher,
und hiermit wird nun auch der Percussionsschall ein
gedämpfter, die Resistenz eine wahrnehmbar mächtigere; auch die Seitentheile der Harnblase bis in die

Lendengegend wird man dann percutorisch verfolgen
können.

Wo die mit Harn gefüllte Harnblase die Bauchwand berührt, erhalten wir einen gedämpften, leeren
Schall, der seine Stelle nicht verändert und hierdurch
ist die Unterscheidung vom Ascites leicht.

Ein Hydrops ovarii könnte auch eine übermässig
gefüllte Harnblase vorspiegeln, allein sowohl der Sitz
der dadurch herbeigeführten Dämpfung, als auch das
Bestehenbleiben derselben nach Entleerung der Blase,
und ferner die Digitaluntersuchung schützen sicher vor
Irrthum.

Percussion der weiblichen Sexualorgane.

Uterus, Ovarien und Tuben können Veranlassung zum Percutiren geben.   In diesem Falle muss
die Harnblase jedesmal erst mit dem Catheter entleert werden, und in den meisten Fällen ist es sehr
anzurathen, auch den Mastdarm von Faecalmassen zu
befreien.

Da der normale Uterus in den kleinen Beckenraum eingeschlossen ist, kann uns nur dann die Percussion über seinen Zustand Resultate und Aufschluss
geben, wenn er so an Volumen zugenommen hat, dass
er über den Beckenrand heraufsteigt.

Wir erhalten dann in seiner ganzen Ausdehnung,
wo er an der Bauchwand anliegt, einen gedämpften
Schall; darüberlagernde Darmschlingen werden leicht
durch stärkere Percussion, oder durch tieferes Eindrücken des Plessimeters beseitigt. Die percutirende Hand
fühlt dabei einen vermehrten Widerstand. Es ist somit
die Percussion sowohl für den schwangeren, als für
den pathologisch vergrösserten Uterus ein diagnostisch wichtiges Hülfsmittel.

Auch die O v a r i e n sind im vergrösserten Zu- stande der Percussion zugänglich, sobald sie in den oberen Bauchraum getreten sind. In der Regel erkrankt nur ein Ovarium, so dass die percutorischen Zeichen hierfür auch nur auf einer Seite gefunden werden

Erkrankungen der T u b e n sind der Percussion selten zugänglich, ein H y d r o p s T u b a e und T u b a r - s c h w a n g e r s c h a f t kann durch die Percussion allein n i c h t diagnosticirt werden.

A n e u r y s m e n der grösseren A r t e r i e n im Abdomen geben nur dann einen g e d ä m p f t e n P e r - c u s s i o n s s c h a l l, wenn sie der Bauchwand anliegen, oder wenn man sich ihnen durch tieferes Einsenken des Plessimeters in die Bauchdecken nähern kann.

Percussion der Nieren.

Die Percussion der N i e r e n ist ihrer tiefen Lage wegen nicht ganz sicher; man lässt den Kranken, um sie zu bestimmen, die B a u c h l a g e einnehmen.

Beträchtliche V e r g r ö s s e r u n g e n der Nieren durch C a r c i n o m, H y d r o n e p h r o s e, E c h i n o - c o c c u s etc., werden sich vielleicht durch grössere Dämpfungsbezirke auszeichnen, derartige Degenerationen lassen sich aber sicherer durch die P a l p a t i o n an der vorderen Bauchwand nachweisen, wozu noch andere Befunde diagnostisch entscheiden.

IV. Auscultation des Unterleibes.

Die A u s c u l t a t i o n am A b d o m e n liefert uns, mit Ausnahme des s c h w a n g e r e n U t e r u s, wenig bedeutungsvolle Resultate. Wir auscultiren hier den M a g e n, das B a u c h f e l l, die L e b e r, den U t e r u s und auch wohl die H a r n b l a s e.

Auscultation des Magens.

Setzen wir das Stethoscop in der M a g e n g e g e n d auf und behorchen wir diese Gegend während des Schlingactes, so vernehmen wir ein eigenes G u r g e l n , B r o d e l n , G l u c k e n, welches die mit Speisen und Getränken eingeschlürfte Luft verursacht, während sonst nach der Mahlzeit sehr häufig metallisch‚ klingende, plätschernde Geräusche, erzeugt durch den bewegten flüssigen Inhalt im lufthaltigen Magen, gehört werden. Geht der Mageninhalt in G ä h r u n g über, so vernimmt man durch das Zerplatzen der gebildeten Gasbläschen k l e i n b l a s i g e R a s s e l g e r ä u s c h e, die dann eben auch weiter keine andere Deutung zulassen, als G a s - a n s a m m l u n g im Magen.

Auscultation der Leber.

Sie kommt nur dann in Anwendung, wenn H y d a - t i d e n in der Leber vorhanden sind. Es wird in solchen Fällen über dem H y d a t i d e n s a c k e ein eigenthüm-liches E r z i t t e r n , das H y d a t i d e n s c h w i r r e n, gehört, welches durch Zusammenstossen der einzelnen eingeschlossenen Acephalocysten entstehen soll. Dieses eigenthümliche Phänomen ist jedoch nicht constant, und wenn vorhanden, nicht zu jeder Zeit wahrnehmbar.

Auscultation der Gedärme.

Im D a r m k a n a l e hören wir die Bewegungen der darin enthaltenen G a s a r t e n, als G u r g e l n, K n u r r e n , G l u c k s e n , R o l l e n , K o l l e r n u. s. w. Das K o l l e r n ist z. B. steter Begleiter der Diarrhoen und im Typhus ist fast regelmässig in der rechten Ileo-coecalgegend das sogenannte I l e o c o e c a l g e r ä u s c h vorhanden, welches durch leichten Druck auf diese Gegend leicht deutlicher wahrnehmbar gemacht werden kann.

Auscultation des Bauchfelles.

Im normalen Zustande geht die wechselseitige Berührung der beiden feuchten, glatten Blätter des Bauchfelles geräuschlos vor sich, im kranken Zustande, wenn
sie rauch werden, wenn sich plastische Exsudate absetzen,
kann an solchen Stellen ein sehr zartes R e i b u n g s -
g e r ä u s c h vernommen werden, doch diese Fälle sind
selten, da das hier abgesetzte Exsudat meist ein sehr
weiches ist, ausserdem werden die Bewegungen der
Darmschlingen an und für sich schon durch den läh-
mungsartigen Zustand derselben bei Peritonitis noch
mehr herabgesetzt.

(Randnotiz: Aus-cultation des Bauchfelles.)

Auscultation der Harnblase.

Sie kommt dann in Betracht, wenn es sich um die
Diagnose von B l a s e n s t e i n e n handelt. Setzt man
das Stethoscop in die betreffende Gegend, während der
eingeführte Katheter die harten Gegenstände zu berühren
sucht, so hört man bei ihrer Gegenwart ein deutliches
m e t a l l i s c h e s Klingen.

(Randnotiz: Aus-cultation der Harnblase.)

Auscultation des schwangern Uterus.

Am s c h w a n g e r n U t e r u s eruirt die Auscultation
den F o e t a l p u l s und das P l a c e n t a r g e r ä u s c h.
Um die f o e t a l e n H e r z t ö n e deutlich wahrzunehmen, muss das Stethoscop tiefer in die Bauchdecken
eingedrückt werden, sie werden erst zwischen der 15.
und 16. Schwangerschaftswoche hörbar, anfangs sehr
schwach, später ganz deutlich und zwar immer an der
Seite, wo der Rücken des Kindes der Bauchwand der
Mutter am nächsten liegt. Wenn an b e i d e n S e i t e n
des Uterus Foetalpulse unterschieden werden können,
die sowohl an Stärke, als an Zahl und Rhythmus von

(Randnotiz: Aus-cultation des schwangern Uterus.)

einander abweichen, so haben wir damit das Zeichen
einer Z w i l l i n g s s c h w a n g e r s c h a f t ausgesprochen.

Wie wichtig die Auscultation der foetalen Herztöne
für Mutter und Kind ist, lehrt die Geburtshilfe.

D a s P l a c e n t a r g e r ä u s c h gleicht dem Blasen
in den Iugularvenen Anämischer, es hat einen rauschenden
Charakter und ist permanent wahrnehmbar.

III. KAPITEL.

Untersuchung der Se- und Excrete.

I. ABTHEILUNG.

Untersuchung und Eintheilung der Sputa.

Als Sputum, Auswurf bezeichnen wir die durch Hustenstösse und Räuspern aus dem Respirationstractus entleerten Massen, zu denen sich noch Schleimhautepithel der Mund- und Nasenhöhle hinzugesellen; auch zufälligen Dingen, wie Speiseresten, Pilzen u. a. m. werden wir oft bei der Untersuchung des Sputum begegnen.

Das von einem gesunden Menschen frühmorgens expectorirte Sputum besteht seiner Ursprungsstätte gemäss aus bronchialem Schleim, dem mehr oder weniger viele Pflasterepithelien aus den oberen Schlundpartien, aus der Nasenhöhle und aus dem Kehlkopf beigemischt ist. Diese Sputa haben eine dickliche und geformte Consistenz, sind entweder glasig durchsichtig, oder sie sind durch die Gegenwart vieler zelliger Elemente undurchsichtig, gelblich-weiss; ausserdem enthalten sie immer Staubpartikelchen, je nachdem die respirirte Luft reiner oder unreiner war.

Krankheiten der Respirationsorgane führen nun fast stets eine abnorme Menge, abnorme Consistenz und Zusammensetzung, eigenartige Färbung des Sputums herbei, sie enthalten verschiedene pathologische

12

Produkte, von denen die wichtigsten das B l u t, der
E i t e r, e l a s t i s c h e s L u n g e n g e w e b e, und einige
K r y s t a l l b i l d u n g e n sind.

Durch den Nachweis dieser und durch die jeweiligen physikalischen Eigenheiten der Sputa sind wir oft
im Stande krankhafte Zustände des Athmungsapparates
zu diagnosticiren, die auf andere Weise theils nur wahrscheinlich, theils vielleicht auch gar nicht erkannt werden
könnten, dies ist wohl Grund genug, wesshalb der Untersuchung der Sputa bei Respirationskrankheiten die grösste
Aufmerksamkeit geschenkt werden muss, wir führen die-
selbe m a c r o s c o p i s c h, m i c r o s c o p i s c h und auf c h e -
m i s c h e m Wege aus.

1. Allgemeines und Technisches der Untersuchung.

Macroscopisch bestimmen wir zunächst die M e n g e
des Sputums, dann die C o n s i s t e n z und etwaige F o r m e n
desselben, hierauf seine F a r b e, G e r u c h, den L u f t -
g e h a l t und sonstige physikalische Eigenschaften.

Nachdem wir das Abnorme und grobsinnlich Wahrnehmbare eruirten, betrachten wir noch ferner das
Sputum macroscopisch genauer, indem wir die einzelnen
Partien desselben durchmustern; gerade diese Musterung
ist von grosser Wichtigkeit für unser weiteres Verfahren.

Zu diesem Behufe empfiehlt es sich, das Sputum
entweder auf einen weissen, oder auf einen schwarzen
Teller zu bringen und zwar bedient man sich des
weissen Tellers, wenn sich im Sputum dunkelgefärbte
Bestandtheile, schwarze rauchgraue, rothbraune, blutrothe
etc. befinden; den schwarzen benützen wir, wenn sich
weisse, gelbweisse, gelbgraue röthliche Flöckchen, Fäden,
dentritische Gebilde, krümliche Massen etc. im Sputum
bemerkbar machen.

Der Auswurf wird auf dem betreffenden Teller mit Hülfe eines Glasstabes und mittelst Pincette so gut wie möglich ausgebreitet und vor Allem auf solche Partikelchen durchmustert, welche zufällig und nicht aus den Luftwegen stammend, vorhanden sind, wie etwa Brod-, Semmelkrumen und andere Speisetheilchen, am besten entfernt man diese sogleich, dann betrachten wir das Aussehen des Sputums in seinen einzelnen Partien, und suchen auffallende Bestandtheile desselben aufzufinden, sind solche wahrnehmbar, so empfiehlt sich zunächst die Betrachtung dieser mittelst einer mässig stark vergrössernden Lupe, die in vielen Fällen schon über die muthmassliche Natur des Objectes Aufschluss geben wird.

Hierauf hebt man das verdächtige Object aus der übrigen Masse heraus und untersucht es jetzt unter dem Microscop.

Zum Isoliren solcher Theilchen bedient man sich am zweckmässigsten einer längeren Pincette, deren Branchen auf eine Seite gekrümmt sind, — ähnlich wie die einer Cooperschen Scheere — und deren Spitze auf der inneren Fläche mit Quer- und Schrägriefen versehen ist.

Auch aus dem Sputumglase kann man mit einer solchen Pincette sehr bequem einzelne bestimmte Partikel isolirt erhalten, was auf andere Weise dem eigenartigen Material wegen, häufig sehr schwierig und zeitraubend ist.

Solche Partikel werden nun auf den Objectträger gebracht und mit einer Präparirnadel so fein wie möglich zertheilt, dies gilt besonders für diejenigen Fälle, wo schon macroscopisch Fetzen von Lungenparenchym bemerkt wurden, in anderen Fällen übt man auf das Deckgläschen einen leichten Druck aus, wodurch das Präparat ausgebreitet und durchsichtig wird; ist das

12*

Object derberer Natur, so ist es manchmal möglich, durch reibende Bewegungen des Deckglases ohne Beschädigung des Präparates zum Ziele zu gelangen.

Das Präparat sei so klein und so durchsichtig wie möglich; die Vergrösserung richtet sich nach dem Objecte und gewöhnlich reicht eine solche bis 500fache vollkommen für diese Untersuchungen aus.

Unter gewissen Umständen wird das Sputum vor der Untersuchung in einem Glascylinder tüchtig mit Wasser geschüttelt und dann einige Zeit stehen gelassen; die schweren Theile senken sich zu Boden und können nach Abgiessen der Flüssigkeit leichter und in grösserer Anzahl in dem Absatze aufgefunden werden; da wo man elastische Fasern vermuthen darf, oder wenn man in Schleim eingebettete Faserstoffgerinsel deutlich machen will, ist dieses Verfahren ganz besonders zweckentsprechend.

Andererseits aber muss vor der Anwendung des Wassers bei microscopischen Prüfungen der Sputa gewarnt werden, da dies kein gleichgiltiges Material ist; Quellung, Auslaugung der zart organisirten Gebilde und Auflösung gewisser Krystallbildungen sind unausbleiblich; man wird desshalb auch von Haus aus darauf zu achten haben, dass der Auswurf für solche Fälle in ein reines trocknes Gefäss expectorirt wird.

Jede macroscopisch schon verschiedene Partie des Auswurfs muss microscopisch besonders untersucht werden, homogene gleichförmige Sputa beschränken die Prüfung meist auf eine Partie.

Will man die Form, unter welchen die einzelnen Sputa sich darstellen, studiren, so lässt man diese in ein Gefäss mit Wasser auswerfen.

Nach Umständen greift man zu Reagentien und Färbungsmitteln, deren Wirkung allerdings durch den

zähen Schleim erschwert werden kann; entweder wird
man dasselbe schon vor der microscopischen Prüfung
auf das Sputum einwirken lassen (z. B. Aether) oder
man setzt es während der Untersuchung zu und beobachtet dabei die Veränderungen, die dasselbe erzeugt.
Am schnellsten wird das Präparat mit dem Reagens
durchfeuchtet, wenn man, nachdem an den Rand des
Deckgläschens mittelst Pipette ein Tropfen desselben
gebracht worden war, auf die entgegengesetzte Seite
einen schmalen Streifen Filtrirpapier bringt, einerseits
wird dadurch die im Object vorhandene Flüssigkeit aufgesogen, andererseits dringt die Reagensflüssigkeit rasch
und meist auch gleichmässig in das Object ein. Hauptsächlich kommen hierzu Essigsäure, Schwefelsäure, Jod-
Jodkalilösung, Natron oder Kalilauge und Aether in
Anwendung, zu Tinktionen benutzt man Hämatoxylin
und Carminlösungen. Die Anwendung dieser Reagentien
werden bei den einschlägigen Fällen genauer angegeben
werden.

Die Essigsäure muss stark verdünnt sein, 8, 12
bis 16 Tropfen Acid. acetic. concentr. auf 100,0 Wasser.

Die Schwefelsäure findet gleichfalls im concentrirten Zustande nur selten Anwendung, man verdünne
sie zu 1,0 auf 1000,0.

Die Jod-Jodkalilösung setze man sich zusammen
aus 1,0 Jod, 3,0 Jodkalium gelöst in 500,0 destillirtem
Wasser (muss filtrirt werden).

Kali und Natronlauge bereite man sich aus
32,5 Kali caustic. in baculis und 67,5 destillirten Wassers.

Die Hämatoxylinlösung erhält man aus 1,0
Hämatoxylin gelöst in 30,0 Alcohol absolutus, von dieser
Solution setzt man alsdann tropfenweise einer Alaun-
lösung (1,0 auf 30,0 Wasser) so lange zu, bis die letztere eine tief violett blaue Färbung angenommen hat,

die Flüssigkeit muss dann einige Tage an der Luft stehen bleiben, der sich bildende Absatz muss abfiltrirt werden.

Carminlösung bereite man sich aus 0,6 Karmin, 2,0 Liq. ammon. caust., Glycerin 60,0, Aq. destill. 60,0 Der Karmin wird im Salmiakgeist durch Kochen gelöst, die erkaltete Lösung bringt man dann mit dem Wasser und Glycerin zusammen, lässt die Mischung längere Zeit stehen und filtrirt dieselbe. —

Die qualitative wie quantitative chemische Analyse der Sputa wird vor der Hand noch wenig geübt, am meisten geben der Albumengehalt und die Chloride, welch letztere beispielsweise in pneumonischen Sputis während der Hepatisation relativ vermehrt sind, während sie im Harn absolut vermindert gefunden werden, dazu Veranlassung. Darauf Bezügliches werden wir bei Abhandlung der einzelnen Substanzen mit einschalten.

2. Normale und abnorme Bestandtheile des Auswurfs.

Epithelien.

Jedes Sputum enthält mehr oder weniger und verschiedenartiges Epithel, welches theils dem Respirations- theils dem oberen Theile des Digestionsapparates angehört hat.

Die microscopische Untersuchung lehrt uns dieselben von einander unterscheiden, sie weist uns, wenn auch oft nur vermuthungsweise, auf den Ursprung dieser Elemente hin und lehrt uns ihre pathologischen Veränderungen erkennen.

Pflaster-epithel. Bei einem entsprechend wohl ausgebreiteten Sputum-Partikelchen fallen uns, bei einer 200fachen Vergrösserung, zunächst in dem Objecte die Pflasterepithelien in die Augen, die sich charakteristisch durch ihre

Grösse, durch ihre meist polygonale Gestalt und
durch ihre grossen mit Kernkörperchen durchsetzten
Kerne auszeichnen, und je nach ihrer Ursprungsstätte
wechselt ihre Form und Grösse; da aber bekannter-
massen auf kranken Schleimhäuten nicht selten eine Art
Vicariiren der verschiedenen Epithelialformen vorkommt,
und dies ist auch der Fall bei der Bronchialschleimhaut, so wird die Ursprungsstätte oft zweifelhaft werden.

Die grössten Pflasterepithelien gehören normalerweise der Mundhöhle an, sie sind scharf contourirt, besitzen einen grossen in der Regel central
gelegenen Kern, der mit einigen Kernkörperchen durchsetzt ist, der Zellkörper enthält, dann noch verschieden
viel Elementarkörnchen.

Je kleiner und eingeschrumpfter der grosse Kern
erscheint, um so älter ist die Zelle, die sich dann dem
epidermoidalen Charakter überhaupt mehr nähert; je
jünger die Epithelien sind, desto regelmässiger und
grösser ist auch der Kern. 1° Essigsäure hellt diese
Elemente sehr auf und bringt insbesondere den Inhalt
zur deutlichen Anschauung. S. Tab. 3, Fig. 14.

Bei Pharynxcatarrhen, bei Ptyalismus etc.
finden wir diese grossen, platten Zellen in grosser Menge
im Sputum.

Weniger grosse Pflasterepithelien, die aber Drüsen-
sonst die nämlichen Charaktere wie die vorigen besitzen, epithel.
werden von den Drüsen der Respirationswege abge-
worfen und pathologische Zustände derselben führen
eine grössere Menge derselben mit sich.

Die kleinste dieser Epithelialform gehört den Alveolar
Lungenalveolen an, Alveolarepithel; es unterscheidet epithel.
sich besonders durch seine mehr rundliche Gestalt,
grösseren Kern, der ungleich grosse Kernkörperchen
einschliesst; sehr feine Elementarkörnchen erfüllen im

Uebrigen noch die Zelle. Auch sie werden in Krankheiten reichlich, verändert oder unverändert, im microscopischen Bilde erscheinen. S. Tab. 3. Fig. 15.

Unter Umständen können nun diese Epithelien verändert werden, am meisten durch Endosmose, dann
durch fettige Degeneration und durch myeline
Entartung.

**Endos-
motisch
veränderte
Zelle.** Endosmotische Einwirkung bläht die Zelle zunächst auf, dann verliert sie ihr granulirtes Aussehen,
stellenweise hebt sich die Membran ab, reisst ein und
lässt den körnigen Inhalt austreten.

**Fettig
degenerirte
Epithelien.** Fettig degenerirte Epithelien charakterisiren
sich durch eingelagerte Fettkörnchenkugeln, die, schwarz
erscheinend, anfangs ganz fein sind, später zusammen-
fliessend bilden sie, das Licht stark brechend, grössere
Tröpfchen, ganz ähnlich den Colostrumkörperchen.
Der Kern der Zelle wird unsichtbar, die Membran un-
deutlicher, endlich geht die ganze Zelle zu Grunde und
zerfällt zu strukturlosen Detritusmassen.

Bisweilen bemerkt man auf solchen in fettiger Degeneration begriffen Epithelien noch tief schwarze Pigment-
körnchen, die sich gegen chemische Einflüsse äusserst
resistent verhalten.

**Myelin
entartete
Epithelien.** Myelin entartete Epithelien erkennt man an
ihren eigenartigen, perlmutterartig glänzenden Aussehen.

Treffen wir diesen wie jenen pathologischen Zustand an Epithelien, die der Form und Grösse nach den
Alveolären entsprechen und sind sie nebenbei sehr reichlich im Sputum vorhanden, so deuten dieselben auf
Läsionen des Lungenparenchyms hin und wir
werden solche Zellen häufig bei Tuberculose, beim
Lungenabscess, bei Gangrän der Lunge, überhaupt
da wo es zu Schmerzungsprocessen des Parenchyms kam, im Sputum erwarten dürfen.

Cylinderepithel.

Nicht sehr häufig ist auch C y l i n d e r e p i t h e l im Cylinder
epithel.
Sputum anzutreffen, es stammt dann meistentheils von
der Nasenschleimhaut und von den hinteren Partien
des Gaumensegels; von den übrigen Respirationswegen,
die ja auch Cylinder- und Flimmerepithel tragen, scheint
es wenigstens nicht leicht abgestossen werden zu können,
denn selbst nach schweren Krankheiten der Bronchien,
ist es noch anatomisch nachweisbar.

Bei heftigen Nasencatarrhen wird es am ehesten
im Sputum nachzuweisen sein und manchmal kommt die
wimpernde Bewegung der Cilien des Flimmerepithels
nebenbei noch zur Beobachtung.

Ausser diesen Epithelien kommen hin und wieder Pigmentirte
Zeilen.
grosse p i g m e n t i r t e Z e l l e n im Sputum vor, welche
einen epithelialen Charakter tragen.

Sie haben meist eine runde Gestalt, sind doppelt
so gross als weisse Blutkörperchen, verschieden gelb
tingirt, in der Regel goldgelb oder ockerbraun; die
Hüllmembran ist sehr scharf markirt und von ungewöhnlicher Resistenz und ausser dem ziemlich gleichmässig vertheilten Pigmente enthalten diese Zellen viele
ungleichgrosse schwarze oder braune Körner, in toto
machen diese Körper den Eindruck eigenartiger Derb-
heit und Trockenheit. S. Tab. 4, Fig. 21.

Regelmässig werden dieselben bei dem K r y s t a l l -
A s t h m a gefunden, öfters kommen sie im p n e u m o -
n i s c h e n Sputum vor und in seltneren Fällen sind sie
auch dem catarrhalischen Auswurfe beigemischt. Im
ersten Falle treten sie in vielen Exemplaren auf.

Blutkörperchen.

Rothe Blutkörperchen enthält das Sputum, wenn Rothe Blut-
körperchen.
auf den Wegen die es passirte, Gefässzerreissungen statt-

fanden, was makroskopisch fast stets schon erkennbar
ist, die microscopische Untersuchung soll uns die Art
und Weise der Vermischung und das sonstige Verhalten
der Blutkörperchen resp. ihrer Bestandtheile zeigen.

Bei Pneumorrhagien, bei Scorbut treten oft
enorme Mengen reinen Blutes zu Tage, weniger viel,
ein bis mehrere Esslöffel voll, sehen wir bei Haemop-
tysis ausgehustet werden, noch geringere Mengen, oft
nur als Blutspuren, punkt- oder streifenförmig das
Sputum durchsetzend, begleiten die Pneumonien,
Bronchitiden und solche Respirationskrankheiten, wo
heftige Hustenstösse die Blutung veranlassten; auch bei
Gangrän der Lunge, beim Lungenabscess, bei
haemorrhagischen Infarkten, und bei Bronchiectasien kann mehr oder weniger Blut im Auswurfe sein.

Bei intensiven Blutungen, wo also reines
Blut aus den Lungen entleert wird, (infolge Arrodirung
grösserer arterieller Gefässe), zeigen die Blutkörperchen
microscopisch keine Veränderung, sie stellen sich in
ihrer bekannten scheibenförmigen, biconcaven Gestalt
dar, besitzen die sich als centralen Schatten markirende
Delle, berühren sich mit ihren Flächen, Geldrollen und
Säulchen bildend; auch ihre Farbe blieb die gelblichrothe.

Anders gestaltet sich das mikroscopische Bild der
Blutkörperchen bei jenen Sputis, wo Secret und Blut
längere Zeit in der Lunge verharrten, sich mehr oder
weniger innig miteinander vermischten, wie dies also
vorzüglich der Fall bei Pneumonie ist. Hier fällt auf
den ersten Blick zunächst die Lagerung der einzelnen
Blutkörperchen zu einander in die Augen; sie bilden
viel seltner, oder auch gar nicht die Geldrollen oder
Säulen, sie berühren sich viel weniger mit ihren Flächen,
sondern vielmehr mit ihren Rändern, kettenartig durchziehen sie das Gesichtsfeld, oder bilden kleine Häufchen,

oder sie liegen vereinzelt, ganz getrennt von einander.
Oefters ist auch ihre Gestalt eine andere geworden, sie
erscheinen weniger rund, sind mehr oval, birnförmig in
die Länge gezogen und infolge von Diffussionseinwirk-
ungen wurden sie aufgebläht, gequollen, und dann werden
wir sie nicht selten auf verschiedenen Stufen der Entfärbung antreffen.

Auch geschrumpfte, höckrig gestaltete, mit fein-
körnigem Inhalte erfüllte, dem Untergange nahe Blutkörperchen begegnen uns hier. S. Tab. 3, Fig. 15.

Unter Umständen können die rothen Blutkörperchen
trotz blutgelber Färbung des Auswurfs in anscheinend
nur sehr geringer Menge anwesend sein, sie zerplatzen,
gingen zu Grunde und nur der Blutfarbstoff, das H ä -
m o g l o b i n , restirte, und verleiht dem Sputum allein
die gelbrothe Farbe.

Eiterkörperchen.

Die w e i s s e n B l u t z e l l e n finden sich ungemein
häufig im Sputum, jeder Catarrh der Schleimhäute
bedingt ihr Auftreten. und intensive krankhafte Processe
der Respirationsorgane werden zu massenhafter Vermischung dieser Zellen, die sogar die vorwiegenden
werden können, mit den anderen Auswurfsmaterialien
führen. Sie bilden einen Haupttheil der morphologischen
Bestandtheile des Sputums in Krankheiten der betreffenden Organe.

Auch hier ist es oft schon m a c r o s c o p i s c h möglich zu beurtheilen, ob das Sputum mehr oder weniger
von diesen Elementen besitzt; sind sie in weniger grosser
Anzahl gegenwärtig, so zeichnet sich der Auswurf durch
molkige Trübung aus, er ist weniger zäh und je un-
durchsichtiger, je weniger klebrig, liquider ein Sputum
ist, um so reicher ist es an diesen zelligen Elementen;

Eiter-
körperchen.

manchmal besteht es sogar aus reinem Eiter, der sich
von dem des Bindegewebes in nichts unterscheidet;
auch chemisch nicht. —

Microscopisch stellt sich uns die Eiterzelle
die die ausgebildete Exsudatzelle repräsentirt, in
sphärischer Gestalt, grösser als das rothe Blutkörperchen
dar, ihre Hüllmembran ist scharf contourirt und
macht den Eindruck grösserer Dichte, ihre Oberfläche
ist granulirt und ihr molecularer Inhalt mehr oder weniger undurchsichtig; auf Zusatz 1° Essigsäure tritt ein
grösserer oder mehrere kleine Kerne deutlich hervor.
Druck auf das Deckglas verändert leicht ihre Gestalt,
sie ziehen sich in die Länge, erscheinen abgeplattet oder
polygonal verzerrt. S. Tab. 3, Fig. 14.

Veränderungen dieser Zellen sind sehr häufig
und insbesondere macht sich an ihnen die Wirkung
der Diffusion bemerkbar; durch Endosmose werden
sie ausgedehnt, verlieren ihr granulirtes Aussehen, ihre
Membran platzt und der Inhalt tritt aus, bisweilen
hyaline Kugeln bildend, klass contourirt und durchsichtig,
sehen wir sie in dem flüssigen Material herumschwimmen
sie werden immer mehr undeutlich, bis sie schliesslich
ganz dem Auge entschwinden.

Noch häufiger ist ihnen die fettige Metamorphose eigen und alle Stadien derselben können wir an
ihnen bis zur Auflösung in körnige Detritusmassen verfolgen, die sich aus freien Kernen und Elementarkörnern
zusammengesetzt; ihr zahlreiches Erscheinen deutet auf
pathologische Vorgänge hin, bei denen viele Zellen zu
Grunde gingen. S. Tab. 3, Fig. 16, 17, 18.

Schleim-
körperchen.   Der Eiterzelle ungemein ähnlich ist das Schleimkörperchen, welches sich nur etwas grösser darstellt,
der Inhalt ist weniger granulirt und körnig, ein grösserer
Kern liegt in der Regel in der Mitte der Zelle, die

Hüllmembran ist dünner, aber gleichfalls scharf contourirt. Von besonderer diagnostischer Wichtigkeit ist diese
Zellart natürlich nicht. —

Die Exsudatzelle unterscheidet sich nur durch Exsudat-
zelle.
ihre geringere Grösse von der Eiterzelle.

Gewebstheile aus den Respirationsorganen.

Durch pathologische Processe können die Elemente
der Bronchien und des Lungenparenchyms abgestossen
und ausgehustet werden, elastische Fasern, Theile
der Lungenalveolen, Bindegewebe und glatte
Muskelfasern, in seltenen Fällen auch Knorpelge-
webe, kommen dann zur Beobachtung. —

Unter diesen organisirten Gebilden spielen die Elastische
Fasern.
elastischen Fasern, sowohl was ihr häufigeres Vorkommen, als auch ihre diagnostische Verwerthung anbelangt, die Hauptrolle, indem sie uns durch ihre Gegenwart einen destruirenden Process der Bronchien oder
des Lungenparenchyms mit Bestimmtheit anzeigen.

Bei einiger Uebung ist es in manchen Fällen möglich, die Stellen, in denen sich elastische Fasern
befinden können, schon macroscopisch zu erkennen,
indem sich solche durch dunklere Punkte und Streifen,
als schmutzigweise, gelbliche, graue Pfröpfchen in der
Grundsubstanz markiren, auch grössere mehr oder
weniger melirte Pfröpfe und Fetzen, die unter der Lupe
ein feinfaseriges Wesen zeigen, sind in dieser Beziehung
verdächtig. Solche Partien hebt man entweder direkt
aus dem übrigen mehr homogenen Material heraus,
bringt sie auf den Objectträger und zertheilt es möglichst
fein mittelst zweier Präpariernadeln, oder aber man vermischt das verdächtige Sputum mit der gleichen Menge
Natronlauge und kocht das Gemisch im Reagens-

glase 3 — 4 Minuten lang, nachdem die Mischung vorher
noch mit der gleichen Menge Wassers überschüttet
worden war; nach dem Aufkochen wird die ganze Masse
auf einen weissen Teller gegossen, auf dem man sich
dann die dunkleren Stellen, in denen die elastischen
Fasern sich befinden, zur weiteren microscopischen
Untersuchung heraussucht. Einer anderen noch leichteren und ziemlich sicheren Methode kann man sich
bedienen, wenn man den Auswurf in einen hohen Glascylinder bringt, denselben dreiviertel mit Wasser anfüllt
und nun das Ganze tüchtig durchschüttelt; nach einiger
Zeit fallen die schweren Theile zu Boden, die man durch
Abgiessen leicht vom flüssigen trennen kann, in dem
B o d e n s a t z sind dann bestimmt auch die e l a s -
t i s c h e n F a s e r n zu finden.

Diese Objecte untersucht man bei einer 300 bis
400fachen Vergrösserung.

Die Bilder dieser Gewebstheile sind nun nicht
immer die gleichen, vor allem erhalten wir sie ziemlich
häufig als isolirte Fasern und wir bemerken dieselben in
diesem Falle als d u n k l e, g e r a d g e s t r e c k t e
oder g e w u n d e n e, g e l o c k t e, an einem Ende wie
abgerissen, deutlich d o p p e l t c o n t o u r i r t e Fasern;
noch deutlicher erscheinen letztere nach Zusatz von
1° Essigsäure, sie treten dann überhaupt greller von den
anderen Elementen ab, indem letztere durch die Essigsäure durchsichtiger werden, während die elastische
Faser vollständig intact bleibt. Diese zarten Gebilde
können leicht mit F e t t n a d e l n, die ihnen oft sehr
gleichen, verwechselt werden, sie unterscheiden sich aber
von letzteren dadurch, dass sie weder in Aether, noch
in kochendem Alcohol löslich sind, vor Verwechslung mit
Wolle- oder Leinwand-Fasern etc. schützt ihre doppelte
Contour, die diesen fehlt. — Manchmal bemerkt man

auch dichotomische Verzweigungen an solchen isolirten Fasern. S. Tab. 3, Fig. 16.

Ferner finden wir das elastische Gewebe nicht selten netzartig verwebt, rankenartig in sich verschlungen, oder in netz- und maschenartigen Büscheln vereinigt, oder sie bilden gerad gestreckte, längsfaserige Bündel, auch breitere Formen, exquisit dichotomisch verästelt, kommen vor, und endlich sehen wir solches Gewebe so angeordnet, wie es den Lungenalveolen entspricht, im microscopischen Bilde auftreten. S. Tab. 3, Fig. 17 und 18.

Der Nachweis e l a s t i s c h e r F a s e r n im Sputum ist hauptsächlich für die Fälle von diagnostischer Wichtigkeit, wo es sich um den Beginn phthisischer Processe handelt, in einer Zeit, wo andere Symptome einer organischen Veränderung noch nicht vorhanden sind, und auch wenn solche sich darböten, sind sie doch in der Regel gerade bei dieser Krankheit so zweideutiger Art, dass erst das Auffinden elastischen Gewebes eine positive Diagnose auf Phthise zulässt.

Auch in den späteren Perioden, bei weiterer Fortschritte dieses destruirenden Processes ist ihr wiederholtes Erscheinen im Sputum nicht unwichtig, indem auch dann oft Percussion und Auscultation im Stiche lassen, während das elastische Gewebe mit ziemlicher Gewissheit auf Schmelzung des Lungenparenchyms mit Cavernenbildung hinweist. — Andererseits kann man auch mit Abnahme und gänzlichem Verschwinden der elastischen Faser aus den Sputis, unter Umständen die Hoffnung schöpfen, dass die Krankheit zum Stillstande kam, dass die Cavernen verödeten; freilich muss wiederum auch daran gedacht werden, dass dieses pathognomische Material bei alten Phthisen, wo die Cavernen in Rück-bildung begriffen sind, weniger häufig im Sputum gefunden wird, wie denn überhaupt das Fehlen resp.

Nichtauffinden des elastischen Gewebes die fragliche Krankheit durchaus nicht ausschliesst. Finden wir grössere Lungenfetzen bei dieser Krankheit im Auswurfe, namentlich solche, die unter dem Microscope alveoläre Anordnung oder breitere Faser zeigen (S. Tab. . 4, Fig. 18), so muss man sich auf baldige und heftigere B l u t s t ü r z e gefasst machen, indem es sich dann in der Regel um grössere Ausdehnung zerstörten Lungenparenchyms handelt, mächtigere Arterien werden ergriffen, sie werden arrodirt, es kommt zur unstillbaren Haemoptoe, die dann die ganze Scene zum Abschlusse bringt.

Auch die übrigen Krankheiten der Lungen, welche zu Schmelzung derselben führen, bedingen zeitweises Auftreten von elastischen Fasern im Sputum und hierher gehören dann der L u n g e n a b s c e s s, die L u n g e n - g a n g r ä n und zwar im Anfange dieses letzteren Processes — später, wenn der Fäulnissprocess weiter um sich greift, weiter fortgeschritten ist, werden diese Elemente von der Brandjauche gelöst —, und die putride B r o n c h i t i s, wenn die Wandung der Bronchien selbst putrid erkrankte.

B i n d e g e w e b e, glatte Muskelfasern und K n o r - p e l s t ü c k c h e n sind Raritäten im Auswurfe und an ihrer histologischen Struktur leicht kenntlich.

Faserstoff.

Faserstoffgerinsel finden sich bei Croup, bei croupöser Pneumonie und bei der croupösen Bronchitis im Auswurfe. Dieser geronnene eiweissartige Stoff ist schon macroscopisch erkennbar und zwar erscheint er als grauweisses, zusammengeballtes Gerinnsel, welches in Wasser gebracht, sich in einen baumartigen Stamm mit Aesten, die Gestalt der Bronchien wiedergebend, auflöst und darin herumflottirt, bei Croup werden nicht selten längere runde, gekochten Fadennudeln ähnliche Filamente expectorirt. Zuweilen sind diese cylindrischen Gebilde hohl, lufthaltig, und kolbige Anschwellungen an ihren feinen Enden, — Abdrücke der Alveolen, — sind nicht selten mit Lupenvergrösserung an ihnen zu beobachten.

Mit Wasser abgewaschen, werden sie ganz weiss. Unter dem Microscope sieht man nur ein structurloses Material; Behandlung mit Essigsäure quellt diese Membranen geléeartig auf.

Krystallbildungen im Sputum.

Margarinkrystalle.

Sie werden hin und wieder dann im Auswurfe sein, wenn Bronchialsecret längere Zeit in Höhlen zurückgehalten wird, sie zeigen immer Detritusbildung und putride Metamorphose an. Margarinkrystalle.

Unter dem Microscope sehen wir dieselben als feine zierliche Spiesse und Nadeln, welche einzeln, bald gerade, bald gebogen, gerollt oder gelockt erscheinen, mehrfach vorhanden, bilden sie garben-, pinsel-, besenförmige Gestalten, oder sie sind in Büscheln an- und übereinander-gelagert. Sie entbehren zum Unterschiede von der elastischen Faser, der doppelten Contour und chemisch unterscheiden sie sich von diesen durch ihre Löslichkeit in Aether und heissem Alcohol. Bei dem chronischen Lungenabscess treten diese Krystalle eigenartig auf, indem sie hier immer rundliche Drusen mit glänzendem, strahligem Gefüge, der Grösse einer Lungenepithelzelle entsprechend, bilden. Diese Form kommt zuweilen auch bei tuberculösen Cavernen vor. S. Tab. 4, Fig. 19.

Cholestearinkrystalle.

Unter denselben Verhältnissen kann auch diese Art von Fettkrystallen ausgehustet werden und sie kennzeichnen sich dann microscopisch als sehr zarte, durchscheinende, farblose, rhombische Tafeln, scharfkantig, meist mit ausgenagten Rändern, theils kommen sie vereinzelt, theils auch mehrfach übereinander gelagert zur Anschauung. Auch sie sind im Aether und Alcohol löslich. S. Tab. 4, Fig. 19.

Hämatoidinkrystalle.

Sie sind zunächst durch ihre rothbraune Farbe charakterisirt, und entweder treten sie als sehr kleine rhombische Tafeln auf oder sie bilden sehr zierliche, mit den Nadelbüscheln des Lerchenbaumes vergleichbare Büschel; feine Nadeln nach einer oder zwei Seiten ausstrahlend. Daneben wird man häufig amorphen Abscheidungen des Hämatoidin in kugligen und körnigen Massen, ockergelb gefärbt, begegnen. Manchmal kommen sie in erstaunlicher Menge im Sputum vor, so dass es macroscopisch schon semmelbraun bis ockergelb erscheint, anderemale sind sie auch nur in einzelnen Exemplaren unter dem Microscope zu finden.

Hauptsächlich kommen diese Krystalle beim Lungenabscess vor, wobei sie geradezu diagnostisch wichtig werden, sehr selten werden sie, und dann auch nur vereinzelt, in gangränösen Sputis gefunden. S. Tab. 4, Fig. 22.

Leyden'sche Asthmakrystalle.

Eine ganz eingenartige Krystallform findet man im Sputum mancher Asthmatiker, und ebenso eigenartig wie diese selbst, sind auch die asthmatischen Anfälle an und für sich, so dass dieses Asthma, Krystall-asthma, von dem Entdecker jener Krystalle genannt worden ist.

Diese Krystalle präsentiren sich als zierliche, weiss-glänzende, durchsichtige, langgestreckte sehr spitzige Octaëder, Lanzenspitzen- und Weberschiffchen ähnliche Figuren bildend. Sie sind sehr klein, und meist bedarf es einer bis 600 fachen Vergrösserung, um derselben ansichtig zu werden. Entweder liegen sie vereinzelt oder in Nestern zu vielen Hunderten beisammen in einer sehr feinkörnigen, rauchgrauen detritusartigen Grund-substanz; beim Versuche, dieses Object zu zerdrücken, wird die derbe Consistenz und das Gefühl, als habe man Sand unter dem Deckglase, sehr auffällig. Ihr Lichtbrech-ungsvermögen ist ein sehr hohes. In Wasser, Säuren und Alkalien sind sie leicht löslich, ihre chemische Constitution konnte noch nicht aufgeklärt werden.

Diese Krystalle werden nur während und kurze Zeit nach dem Anfalle gefunden, nicht in den freien Intervallen und wahrscheinlich bilden sie auch die Ur-sache des Exspirationskampfes bei dieser Art Asthma, indem sie recht wohl geeignet sind die peripherischen Vagusendigungen in der Bronchialschleimhaut so sehr zu reizen, dass auf reflectorischem Wege ein Krampf der kleineren Bronchien zu Stande kommt und aus der Expectoration derselben dürfte sich dann auch die Remission erklären, bis eben eine neue Bildung von Krystallen wiederum einen Anfall hervorruft.

Das Sputum ist in solchem Falle in der Regel seiner Menge nach spärlich, sehr zäh, glasig; in der grauweissen Grundsubstanz sind gelbweisse, wurmförmige Fäden und Pfröpfchen (Fibrin) schon macroscopisch erkennbar, und in diesen befinden sich derbe, bröck-liche, dunkelgelbe, bis sagokorngrosse Ballen, in welchen

nun die Krystalle sitzen, zwischen den Fingern gerieben
fühlt sich das Ganze rauh, eigenartig trocken, bröcklich
an. S. Tab. 4, Fig. 20.

Ausser diesen wesentlichen Krystallbildungen kommen hin und wieder auch noch andere von weniger
Bedeutung in den Sputis vor und es gehören dann noch
erwähnt zu werden das Tyrosin bei putrider Bronchitis, ferner die Tripelphosphate in ihrer sargdeckel
ähnlichen, prismatischen Form, bei sich zersetzenden
Sputis, und endlich scheiden sich in trocknenden microscopischen Präparaten Phosphate und Chlornatrium krystallinisch aus, letzteres bildet dann häufig ganz unregel-
mässig gezackte, federartige Figuren. S. Tab 4, Fig. 21·

Entozoen im Sputum.

Entozoen-
im Sputum.   Von diesen ist der Echinococcus hominis im
Auswurfe beobachtet worden.

Entweder fanden sich noch ganz vollständige Echinococcusblasen, Echinococcusbrut oder häutige
Fetzen der Säcke; sie erscheinen macroscopisch als glas-
helle, strukturlose Membranen, welche sich an den
Rändern wie zarte Hobelspähne einzurollen pflegen, im
Durchschnitt sieht man regelmässige parallele Streifen,
die auf ihre blättrige Textur hinweist. Manchmal ist
es gelungen auch die Hakenkränze oder die einzelnen Häkchen durch das Microscop nachzuweisen.
Entweder stammen diese Entozoen aus der Lunge
selbst oder sie gelangten von der Leber aus, 'einen
Bronchus perforirend, in den Auswurf.

Infusorien im Sputum.

Infusorien
im Sputum.   Sie können unter den verschiedensten Umständen
im Sputum entstehen, sind aber bedeutungslos; es
kommen darin vor: Vibrionen, Monaden, Vorti-

c e l l e n. Man muss sich hüten die Bewegung der mole-
kularen Zellenüberreste für thierische Bewegung von
Infusorien zu deuten.

Pilzbildungen im Sputum.

Verschiedene P i l z a r t e n finden sich ab und zu *Pilze im Sputum.*
im Sputum; am häufigsten und bekanntesten sind der
Leptothrix buccalis, der Soorpilz-Oidium albicans und einfach gegliederte T h a l l u s f ä d e n. Alle
drei Arten stammen zunächst aus der Mundhöhle, welche
im günstigen Falle in das Bronchialrohr gelangen können
und auf günstigen Boden, wie dies besonders Hohlräume
mit stagnirendem Secret sein werden, rasch sich ver-
mehrend, eine Zersetzung (Fäulniss) dieser Materie verursachen.

Leptothrix buccalis bildet einfache, durch
Scheidewände getheilte, sehr zerbrechliche Fäden, Zusatz
von Jod-Jodkalilösung färbt dieselben schön blau.

Oidium albicans besteht aus cylindrischen, ver-
zweigten, gebogenen, bisweilen baumförmig verästelten
Fäden, welche das Licht stark brechen. Jede der langen
die Fäden bildenden Zellen enthält mehrere Körnchen
Die Enden der Fäden verlieren sich in Sporenhaufen
und einzelne Sporangien, die als doppelt contourirte
Kapseln rund und oval erscheinen und mit Sporen erfüllt sind. Concentrirte S c h w e f e l s ä u r e färbt diese
kugligen Gebilde schön braun. S. T. 4, F i g. 23.

Ausser diesen genannten pflanzlichen Parasiten *Micro-coccen.*
kommen auch noch M i c r o c o c c u s-Arten im Sputum
vor und zwar besitzen die einen, einen beweglichen, die
anderen einen unbeweglichen Zustand, letztere werden
auf J o d z u s a t z nicht violett gefärbt, während dies bei
den sich bewegenden der Fall ist. H ä m a t o x y l i n färbt
diese wie jene leicht braun.

Diese M i c r o c o c c e n zeichnen sich durch auffallende, vollkommen gleichgrobkörnige, sehr kleine
rauchgraue Kugeln aus, im Gegensatz zu dem ungleich-
grossen Korn des fettigen Detritus, sie liegen entweder
in ganzen Kolonien beisammen, oder sie bilden kurze
rosenkranzartige Ketten.

Diese niederen Organismen werden häufig bei
Destructionsprocessen der Lungen im Sputum gefunden,
insbesondere beim L u n g e n a b s c e s s , bei L u n g e n -
g a n g r ä n und bei b r o n c h i e c t a t i s c h e n Höhlen.

In alten tuberculösen Cavernen findet man zuweilen
ganze P i l z r a s e n , moosartig gruppirt angelagert; diese
bestehen dann zum grossen Theile aus L e p t o t h r i x
und T h a l l u s f ä d e n .

P r o t e i n s t o f f e .

Protein-
stoffe
der Sputa. Diese a l b u m i n ö s e n S u b s t a n z e n bilden neben
dem mehr oder weniger zugemischten Speichel die
eigentliche G r u n d s u b s t a n z der Sputa.

Sie sind entweder das S e c r e t der normalen Re-
spirationsschleimhaut, oder sie sind das E x t r a v a s a t
der erkrankten. Sie repräsentiren das Ernährungsmaterial
der pathologischen Zellenbildung.

Im Anfange eines Catarrhes, der Nasen- oder Bron-
chialschleimhaut, finden wir ein serössalziges, vorwiegend
Chlornatrium enthaltendes Secret, welches microscopisch
die Anfänge der Zellenbildung oder auch wenige neu-
gebildete Zellen zeigt, mit dem steigenden Gehalte des
Exsudats an a l b u m i n ö s e n S t o f f e n nimmt auch die
Zellenbildung zu, und um so intensiver der bis zur
Entzündung gesteigerte Process sich anlässt, um so mehr
Zellen werden auch angebildet, und steigert sich endlich
die Entzündung zur croupösen, so werden dann spontan

gerinnende Proteinstoffe auftreten und als Gerinnsel im Sputum erscheinen.

Schleimstoff. Mucin.

Er ist bald dünnflüssig, bald zäh und Faden ziehend von glasig durchsichtiger, gallertartiger Beschaffenheit; seine Vermehrung im Sputum ist das erste Zeichen eines catarrhalischen Zustandes der Bronchialschleimhaut. *Mucin.*

Um M u c i n chemisch nachzuweisen, coagulire man zunächst das Sputum mit Alcohol, das Coagulum wird darauf mit heissem Wasser ausgezogen und abfiltrirt; das Filtrat versetze man mit einigen Tropfen E s s i g - s ä u r e und ist M u c i n vorhanden, so wird die ge- bildete milchige Trübung, resp. der Niederschlag, zum Unterschiede der albuminösen Stoffe, in E s s i g s ä u r e - U e b e r s c h u s s sich unlöslich verhalten.

Albumen.

Bei E n t z ü n d u n g e n der L u f t w e g e resp. des L u n g e n p a r e n c h y m s wird der Auswurf immer mehr oder weniger e i w e i s s h a l t i g, und je rapider die E x s u d a t i o n vor sich geht, um so reicher wird der A l b u m e n g e h a l t, ebenso wie das Exsudat in solchem Falle ziemlich reichlich von der Schleimhaut abge- sondert wird. *Albumen.*

Den Nachweis von E i w e i s s liefert man dadurch, dass man das Sputum vorsichtig mit E s s i g s ä u r e neutralisirt, hierauf mit Wasser verdünnt, das Fluidum filtrirt und das Filtrat bis zum Kochen erhitzt. Bei Gegenwart von A l b u m e n wird sich dann der bekannte in Essigsäure-Ueberschuss lösliche, flockig milchige Nieder- schlag bilden. Auch eine Lösung von F e r r o c y a n - k a l i u m erzeugt einen solchen weissen flockigen Nieder- schlag.

Zucker im Sputum.

Zucker
im Sputum. Er ist im Auswurfe von Diabetikern gefunden worden, und wird dann mittelst der Fehling'schen Zuckerprobe nachgewiesen.

Gallenfarbstoffe im Sputum.

Gallen-
farbstoff
im Sputum. In seltneren Fällen, bei biliöser Pneumonie, können auch diese im Sputum auftreten. es wird dasselbe alsdann durch sie gelbgrün und grasgrün gefärbt; solche, dieses Farbstoffs verdächtige Sputa versetzt man mit einigen Tropfen rauchender Salpetersäure; wonach sich das bekannte Farbenspiel bei ihrer Gegenwart zeigen wird, freilich ganz sicher ist diese Reaktion nicht, da auch die Blutfarbstoffe sehr ähnlich reagiren.

Pigment im Sputum. Melanin.

Lungen-
Pigment
im Sputum. Lungenschwarz tritt ziemlich häufig im Auswurfe auf, es kann unter Umständen auf Destructionsprocesse des Lungenparenchyms hindeuten.

Theils treffen wir diesen Farbstoff auf und in die Zellen in Form kleiner schwarzer amorpher Körnchen gelagert, — hier sind sie ohne Bedeutung — theils liegt es frei in unregelmässigen Schollen und Körnern, theils findet es sich in Verbindung mit elastischen oder Bindegewebsfasern im Sputum und in letzteren Fällen hat es einen höheren diagnostischen Werth, indem es dann auf seinen Ursprung aus den Respirationswegen hinweist und den Schluss auf Destruction erlaubt. S. Tab. 4, Fig. 18.

Microchemisch zeichnet sich dieses Melanin durch seine enorme Widerstandsfähigkeit auch gegen die stärksten Reagentien aus.

Man darf diesen Stoff nicht mit Russpartikelchen verwechseln, die sehr häufig nach Einathmung von Russtheilen, von welcher die Respirationsluft zufällig geschwängert wurde, verwechseln. In den Morgensputis finden sich solche sehr häufig und färben die Sputa schwärzlich. Auch in krystallinischer Form kommt das Melanin zur Beobachtung unter dem Microscope.

Lungenconcretionen im Sputum.

Lungensteine stammen aus alten verödeten Cavernen; durch eine frische Erweichung in deren Umgebung werden sie abgelöst und dann mit ausgehustet. Die Lungensteine bestehen aus Schleim, Eiweiss, Epithelien, Zellen- und Gewebsresten und aus Kalk-, Phosphorsauren- und Magnesiasalzen mit Spuren von Eisenoxyd und Silicium.

Lungensteine.

Mineralische Substanzen im Sputum.

Von anorganischen Elementen findet man im Aschenrückstand: Chlornatrium, phosphorsaures, kohlensaures, schwefelsaures Natron; phosphorsauren, kohlensauren, schwefelsauren Kalk; kohlensaure Magnesia; milchsaure Alkalien; Chlorkalium, Chlormagnesium; Eisenoxydsalze und Siliciumverbindungen.

Anorganische Elemente im Sputum.

Um dieselben nachzuweisen, wird das Sputum bei nicht allzulang andauernder Glühhitze eingeäschert und die Asche alsdann nach den Regeln der anorganischen Analytik geprüft. —

3. Eintheilung und Deutung der Sputa.

Man theilt die Sputa je nach der sie constituirenden und schon macroscopisch erkennbaren Grundsubstanz und nach ihrem microscopischen Inhalte ein in:

a. Schleimige Sputa.

Schleimige
Sputa.
Sie bestehen aus einer Mischung von M u c i n mit Wa s s e r, der eine sehr geringe Menge von E p i t h e - l i a l a b w ü r f e n beigemengt ist. Sie bilden eine halb-durchscheinende, fadenziehende, klebrige Masse von farblosem, oder sehr schwach weisslich grauem Aussehen. Meist enthält dieselbe eingeschlossene Luftblasen und schwimmt daher im Wasser.

M i c r o s c o p i s c h (300 fache Vergrösserung) sehen wir in dem gut durchsichtigen Material abgestossenes p o l y g o n a l e s P f l a s t e r e p i t h e l und junge, sehr zartwandige, elastische Z e l l e n mit blassem und wenig kernigem Inhalt; geringster Druck verändert die sonst runde Form derselben in ovale, langgezogene elliptische Gestalten.

In der Regel sieht man diese Elemente in längeren zusammenhängenden Reihen sich durch die schleimige Masse erstrecken.

Mit einigen Tropfen Essigsäure behandelt, geben sie die M u c i n r e a k t i o n: weisses Coagulum in ü b e r - s c h ü s s i g e r E s s i g s ä u r e u n l ö s l i c h.

Der rein schleimige Auswurf deutet auf C a t a r r h der Luftwege hin, der sich im Anfangsstadium befindet.

b. Schleimig eitrige Sputa. Homogene.

Schleimig
eitrige
Sputa.
Homogene.
Sie besitzen dieselben Eigenschaften wie die schlei-migen, mit dem Unterschiede, dass sie n i c h t d u r c h - s i c h t i g sind, sondern eine m o l k i g - w e i s s e Trübung, oder g e l b l i c h, w e i s s g r a u e Farbe angenommen haben, welche von mehr oder weniger Gehalt an E i t e r - k ö r p e r c h e n herrührt.

Sie gehören der c a t a r r h a l i s c h e n E n t z ü n - d u n g im 2. Stadium an.

Nicht homogene. (Heterogene).

Sie bilden gelbe, grünlich-gelbe oder schmutzig graue Massen, die wenig Adhaerenz und wenig oder keine Luft besitzen, sie sinken im Wasser unter und haben meist Kugelform, oder Münzenform angenommen; sie zeigen zerrissene Contouren, liegen getrennt neben einander im Spuckglase, und bestehen aus Fäden, Fetzen und Flocken, während ihnen nur wenig Schleim beigemengt ist; nicht selten findet man darin elastische Fasern.

Solche Sputa deuten auf grössere Exacerbationsflächen, auf Cavernen hin, so dass sie bei einfachen chronischen Catarrhen sehr selten angetroffen werden.

c. Eitrige Sputa.

Dieses Sputum hat die Neigung drei Schichten zu bilden, die oberste ist schleimig-eitrig, stark schaumig, gelblich grünlich oder schmutzig-grün gefärbt und ragt zackenförmig in die mittlere hinein, diese ist dünnflüssiger oder auch von Syrupsconsistenz, durchscheinend und albumenhaltig. Die unterste ist die dickste, und dem Sedimente gewöhnlichen Eiters gleichend, enthält sie zum grossen Theile gequollene Eiterkörperchen, und sonst noch zerstörte junge Zellen, neben feinkörnigen Detritus-Massen. Oft nehmen diese Sputa einen ungewöhnlichen stechenden Foetor an.

Am häufigsten begegnen wir solchen Sputis bei chronischen Bronchialcatarrhen, die zu Bronchiektasen führten, seltner ist ihr Vorkommen bei Cavernen.

d. Rein eitrige Sputa.

Diese theilen sich bei längerem Stehen gerade so wie Bindegewebseiter in eine obere seröse eiweisshaltige, gelbweisslich, gelbgrünlich gefärbte und in eine untere käsige, grauliche, dickere Schicht. Sie kommen bei Abscesshöhlen in den Lungen, sowie beim Durchbruche eines Empyems in einen Bronchus zu Stande. Auch bei acuter Bronchitis treffen wir allerdings selten, ein rein eitriges Sputum an.

Microscopisch besteht es fast ausschliesslich aus Eiterzellen, die zum Theil fettig metamorphosirt sind.

e. Foetide Sputa.

In der Regel giebt sich deren Anwesenheit schon in der ausgeathmeten Luft durch ihren penetranten Geruch, die Umgebung verpestenden Gestank, zu erkennen. Dieser Foetor ist wesentlich von dem verschieden, den wir infolge cariöser Zähne, oder bei Magenkranken, die nicht gehörig verdauen und bei Greisen wahrnehmen.

Der Auswurf ist der Menge nach mehr oder weniger copiös, besteht zum Theil aus lehmfarbigen, braunen, schwarzgrünen, zunderähnlichen, zerfetzten Massen, in denen sich faulende oder verfaulte Exsudatpfröpfe von wechselnder Grösse vorfinden. In diesen haferkorn- bis bohnengrossen Pfröpfen weist das Microscop öfters elastische Fasern, — die aber auch fehlen können —, Fettkrystalle, Fäulnissbacterien, Krystalle von phosphorsaurer Ammoniak-Magnesia in ihren gewöhnlichen prismatischen Formen nach;

ausserdem findet sich fast regelmässig freies L u n g e n -
s c h w a r z in Form kleiner rundlicher Körner darin,
und in dem reichlichen, ungleichförmigen Detritusmassen
bemerkt man verschieden grosse F e t t t r o p f e n. Sind
Gefässe arrodirt, so ist natürlich auch der Auswurf mehr
weniger b l u t h a l t i g. Diese Sputa zeigen immer eine
s a u r e R e a k t i o n und nicht unwahrscheinlich ist es,
dass die Säure lösend auf das elastische Gewebe einwirkt.

Diese f o e t i d e n S p u t a treten nur dann auf,
wenn infolge secundärer b r a n d i g e r P r o c e s s e das
L u n g e n p a r e n c h y m zerstört wurde, wozu entweder
subacut verlaufende P n e u m o n i e n oder h a e m o r r -
h a g i s c h e I n f a r k t e (G a n g r ä n. c i r c u m s c r i p t.)
oder p u t r e s c i r e n d e Sputa, die in Höhlen zurückgehalten werden, (G a n g r ä n. d i f f u s.) als ursächlich
primäre Momente ausgesprochen werden müssen.

f. S e r ö s e S p u t a.

Serose
Sputa.

Sie bestehen fast aus reinem S e r u m, sind stark
e i w e i s s h a l t i g und schäumen leicht wie geschlagenes
Hühner-Eiweiss.

Dieses Sputum tritt in der Regel in der A g o n i e
auf und verräth L u n g e n o e d e m.

g. B l u t i g s e r ö s e S p u t a.

Blutig
seröse
Sputa.

Auch dieses Fluidum enthält v i e l E i w e i s s und
mit mehr oder weniger B l u t vermischt, wird es verschiedenartig gefärbt erscheinen, es ist entweder dünn
oder dickflüssig, und sind diese Massen schwarzroth
tingirt, so haben sie Aehnlichkeit mit P f l a u m e n b r ü h e.

Kommen sie im Verlaufe schwerer Pneumonien
vor, so kündigen sie das beginnende Lungenoedem an.

h. Schleimig-blutige Sputa.

Sie bilden im Spuckglase eine sehr zähe, klebrige, halbdurchscheinende, hornartige
Masse, die beim Schütteln fast gallertähnlich er-
zittert; Luft ist ihnen höchst innig in kleinsten Bläschen beigemischt. Die einzelnen Sputa liegen meist in
wechselnder Grösse und Menge neben einander. Ihre
Farbe zeigt oft die verschiedenartigsten Nüancen des
Rothen, insbesondere die des rostfarbenen,
häufig markiren sich streifenweise verschiedene Nüancen.
Die Farbe wechselt sich vom blassgelben bis zum
intensiv rothen, anhängender Gallenfarbstoff
tingirt sie nicht allzuselten (biliöse Pneumonie) mit einem
Stich ins Grünliche, bisweilen ist die Farbe selbst
eine lebhaft saftgrüne.

In der ziemlich homogenen Grundsubstanz,
die aus catarrhalischem Schleimhaut- und Drüsensecret
besteht, bemerkt man bei genauerem Zusehen einzelne
weissliche, undurchsichtige Klümpchen, Flöckchen und
Streifen, Faserstoffgerinsel und zellige Elemente respräsentirend.

Der Schleimstoff, die Transparenz und Zähigkeit bedingend, stammt, wie schon angedeutet, von der
Schleimhaut der Bronchien und feinsten Bronchiolen;
das albuminöse Material dagegen von dem Al-
veolarexsudat, welches bluthaltig sich mit dem Mucin
innig vermischt und so die homogene Färbung im Gefolge hat.

Hebt man die Faserstoffgerinsel aus diesem Material heraus und bringt man sie in Wasser, so werden
dieselben darin herumflottiren und durch ihr
dichotomisches Verhalten auf ihre Ursprungs-
stätten hinweisen, öfters kann man bei 40—50facher

Vergrösserung kolbige Anschwellungen an den Aestchen erkennen, die als Abdrücke der Alveolen zu deuten sind. Werden diese Fibrinmassen mit heisser K a l i l a u g e behandelt, so lösen sie sich in derselben auf; ein Zusatz von Essigsäure wird die klare Lösung milchig trüben, ein Ueberschuss der Essigsäure den Niederschlag wieder lösen und so dieselben als a l b u m i n ö s e Stoffe kennzeichnen.

Bei der microscopischen Untersuchung sehen wir zunächst eine grosse Menge r o t h e B l u t k ö r p e r c h e n auffällig werden, dieselben liegen entweder in verästelten Reihen, dem schon macroscopischen Streifen entsprechend, sich mehr mit ihren Rändern, als mit der Fläche berührend nebeneinander, oder wir bemerken sie vereinzelt im Gesichtsfelde. Manche von ihnen sind wohlerhalten, andere sind entfärbt, gequollen und aufgebläht, noch andere geschrumpft und körnig, in ihren Umrissen nicht mehr rund, sondern gezackt.

Dann bemerken wir eine Menge junger und alter Z e l l e n, S c h l e i m und E i t e r k ö r p e r c h e n, P f l a - s t e r e p i t h e l in verschiedener Form und Grösse, auch goldgelb pigmentirte Z e l l e n, doppelt so gross als weisse Blutkörperchen, werden hin und wieder in diesem Objecte beobachtet, ferner sind f e t t i g metamorphosirte Z e l l e n r e s t e, F e t t k ö r n c h e n h a u f e n immer darin vorhanden. Sehr kleine, fast gleichgrosse Luftbläschen durchziehen sonst noch perlenschnurartig aneinander gereiht das Object.

Diese eigenartigen schleimig blutigen Sputa gehören an und für sich nur der P n e u m o n i e im ersten klinischen Stadium an — Anschoppungsstadium bis zur völlig angebildeten Hepatisation —; sie sind diagnostisch sehr wichtige Kriterien, da andere Symptome oft zweifelhafte Anhaltspunkte liefern, oder gar nicht vorhanden

sind, wenn es sich z. B. um eine lobuläre, centrale
Pneumonie handelt; andererseits kommt es allerdings,
wenn auch selten, vor, dass eine Pneumonie ohne diesen
charakteristischen Auswurf abläuft.

Im 2. klinischen Stadium, mit dem Fortschreiten und Abgränzen der Hepatisation, verändert
sich der pneumonische Auswurf wesentlich; macroscopisch verliert das Sputum seine Zähigkeit, seine
Durchsichtigkeit und seinen Blutgehalt, es
wird trübe, weisslich, weissgelblich oder grauweisslich,
es zeigt reichlichere Luftblasen und undurchsichtige,
weissliche, grauliche, derbere Gerinsel, die strangförmig,
oder verästelt, oder als Schollen die fast puriforme Masse
reichlich durchsetzen, es ist dies geronnenes Fibrin, das
Sputum coctum der Alten, dem noch immer Blutkörperchen aufkleben, epitheliale Abwürfe sind nicht mehr
so massenhaft, als im cruenten Sputum vorhanden.

Im weiteren Verlaufe des Processes treten die
Blutkörperchen in den Hintergrund und infolge dessen
entfärben sich die Sputa immer mehr. Der Blutfarbstoff wird theils resorbirt, theils erfährt er andere Um-
wandlungen und infolge dessen gelbliche Färbung der
Sputa. Unter dem Microscope treten jetzt zahlreiche
kleine Punkte auf, Granulationen, anfangs zerstreut, entweder dem geronnenen Fibrine aufsitzend oder im flüssigen Plasma schwimmend.

Das 3. Stadium der Pneumonie ändert den
Auswurf insofern, als der Faserstoff einen fettigen Zerfall erleidet, es kommt zum Schmelzungsprocess, dessen
Produkt zum grösseren Theile resorbirt, der andere
expectorirt wird. Macroscopisch wird jetzt das Sputum
schleimig eitrig, und auch der microscopische Befund
kennzeichnet es als solches. Rein eitrig werden pneumonische Sputa nur ausnahmsweise und sehr selten.

In der vorstehenden Weise charakterisirt sich das pneumonische Sputum in günstig verlaufenden Fällen und entweder versiecht der Auswurf mit der Genesung ganz, oder, und was vorwiegend Statt hat, er dauert noch einige Zeit nach zurückgekehrter Gesundheit fort.

Modificationen des pneumonischen Sputums kommen jedoch sehr häufig zu Stande, und hierzu geben Individualität, Alter, Constitution des Kranken, Verlauf, Ausgänge, Complicationen und ursächliche Momente des pneumonischen Processes genugsam Veranlassung. Wie schon erwähnt, kann das Sputum ganz fehlen dabei, und zwar kann es in der Heftigkeit des Processes von Haus aus liegen, welche die Exspirationskraft derart herabsetzte, dass der Kranke wegen Schwäche das Sputum nicht auszuwerfen vermag. Kinder und Schwachsinnige, Geisteskranke pflegen den Auswurf zu verschlucken; nicht selten treten typhöse, comatöse Zustände zu einer Pneumonie, die gleichfalls zur Zurückhaltung des Sputums Veranlassung geben können, indem das Bedürfniss zur Expectoration nicht mehr gefühlt wird.

Durch abnormen Verlauf einer Pneumonie kann nun aber auch das ganze Bild wesentlich verändert erscheinen und insbesondere können alle drei Stadien des Processes zu einer gewissen Zeit auf einmal nachweislich sein, indem nicht selten nach vollständiger Hepatisation einer Lungenpartie eine andere bis dahin noch normale Partie gleichfalls von der nämlichen Affection betroffen wird und dann geradeso wie die erste in den cyklischen Verlauf eintreten wird.

Auch abnorme Ausgänge einer genuinen Pneumonie werden Anomalien des Sputums im Gefolge haben, andeutungsweise sei hier die Abscessbildung erwähnt, — copiöser, rein eitriger Auswurf, mit Parenchymtheilen gemischt, nicht selten Hämatoidincrystalle

14

enthaltend und paroxysmenweise in grösserer Menge
entleert, — dann diffuse oder circumscripte Gangrän, — äusserst foetider Auswurf nebst dem hierfür
charakteristischen Material — ferner der häufige Ausgang in die chronische Form der Pneumonie —
dauernder catarrhalischer Auswurf, dem im weiteren Verlaufe elastisches Gewebe beigemischt sein wird.

i. Blutig tingirtes Sputum.

Im Wesentlichen handelt es sich hier um cavernöse Sputa, deren Grundsubstanz eitriges, wenig
Schleim haltiges Material ist, in grösseren Räumen
stagnirend, ist ihm mehr oder weniger Blut, zum Theil
in bereits veränderter Form, mehr oder weniger innig
beigemischt.

Die sehr wechselnde Menge dieser Sputa wird sehr
häufig durch ihre Form charakteristisch für ihre Ur-
sprungsstätten in Kugel- oder Münzenform ausgeworfen,
die Färbung variirt dabei ungemein, die Blutbestand-
theile fielen entweder schon einer Zersetzung anheim,
wodurch das Sputum eine mehr gleichmässige, schmutzig-
rothe, thonartige Färbung annimmt, oder es bietet ein
nicht ganz homogenes Aussehen dar. Das im Centrum
schmutzigroth tingirte Material zeigt eine noch ganz
deutlich roth gefärbte Peripherie; sowohl dieses wie
jenes blutig tingirte Sputum deutet auf ulcerative Processe in weiteren Räumen, in denen Blut und purulentes
Secret vor der Expectoration längere Zeit zurückgehalten
wurden.

Schmutzig, lehmbraune Sputa treten in den
letzten Stadien der Lungenphthise auf, wo die Zerstörung des Parenchyms schon beträchtlich um sich ge-
griffen hatte.

Microscopisch findet man die mehr oder weniger

veränderten Elemente des Eiters und Blutes, losgerissene Gewebsmassen, Detrituskörnchen und Fettmolecüle.

Chemisch enthalten sie Albumen, wenig Mucin und Fett.

Blutige Sputa kommen nicht allzuselten auch bei der Bronchitis acuta vor, und zwar markirt es sich hier durch sehr geringe Vermischung mit dem schleimig eitrigen Material; wir bemerken es als hellrothe Streifen und grössere Flecken in denselben; die heftigen Husten-Paroxysmen, die insbesondere bei der sogenannten Bronchitis capillaris sehr intensive sein können, führten zu Zerreissung von Capillaren, der Erguss theilt sich oberflächlich dem Secret mit und wird alsbald aus dem schon weiteren Bronchialrohre entfernt, so dass eine innigere Mischung aus diesen beiden Gründen nicht erst zu Stande kommen kann. —

k. Haemoptoisches Sputum.

Bei dem rein blutigen Auswurfe entsteht zunächst die Frage, stammt das Blut aus den Lungen, oder anderswo her.

Rein blutiges Sputum.

Anhaltspunkte gewinnt man theils aus der Anamnese (Ausschluss von Magenkrankheiten, vicariirende menstruale Blutungen etc.) theils durch die Beschaffenheit des Blutes selbst; dieses ist im concreten Falle hellroth, schaumig, es bildet und das ist besonders wichtig, einen eigenartigen Blutkuchen von relativ grossem Umfange, aber nur geringem Gewichte, der ein exquisit schwammiges Aussehen besitzt; freilich wird dies nur auffällig werden, wenn grössere Mengen Blutes aus den Lungen kamen.

Die Quellen einer Hämoptoë sind entweder die Capillaren oder grössere arterielle Gefässstämme, und aus der Menge des Blutes wird man auf den

14*

capillaren oder arteriellen Ursprung zu schliessen im Stande sein.

Bei reichlicher und rascher Blutung wird ein a r t e - r i e l l e s Gefäss verletzt sein, und in der Regel sind es die kleineren Lungenarterien, welche, arrodirt, zu heftigen Blutstürzen Veranlassung geben können

Die Capillar-Blutung entsteht am ehesten durch arterielle Hyperaemie in dem Respirationsorgan, und in erster Reihe liefert die Tuberculose solche Stauungen, welche zur Extravasation führen und bereits in einer Periode, wo Auscultation und Percussion nichts Ab- normes ergeben, werfen Tuberculöse zeitweise reines Blut aus.

In weniger häufigen Fällen kommt es zu diesem krankhaften Zustande des Lungenparenchyms, wenn Herz- klappenfehler eine Ueberfüllung des Lungenkreislaufes herbeiführen und besonders bei Fehlern der M i t r a l - k l a p p e kommt es zu hämorrhagischen Infarktionen in den Lungen.

II. ABTHEILUNG.

Untersuchung der normalen und abnormen
Harnabscheidung.

Die Untersuchung des Harnes hat die Menge,
die Farbe, die Reaction, das specifische Gewicht, ein Plus oder Minus normaler Bestandtheile
derselben und die eventuelle Anwesenheit abnormer
Elemente in diesem Excrete zu eruiren.

I. Physikalische Eigenschaften des Urins.

Unter normalen Verhältnissen tritt der Urin klar
sehr schwach fluorescirend, als eine leicht bewegliche
stroh- bis rothgelbe Flüssigkeit zu Tage, weniger klar ist
manchmal der nach dem Essen entleerte Urin.

Beim Schütteln bildet er einen alsbald wieder in
der Ruhe verschwindenden Schaum, und nur im eiweisshaltigen Urin bleibt dieser längere Zeit stehen. Zuckerhaltige und viel Blasenschleim führende Urine sind
weniger leicht beweglich, sie sind consistenter. Enthält
der Harn neben alkalischer Beschaffenheit viel Eiter, so
wird er durch Bildung von Alkalialbuminat nach
kurzem Stehen zu einer gallertartigen Masse ge-
rinnen, bei heftigen und alten Blasencatarrhen ist
dies nichts seltenes.

Steht normaler Harn eine Zeit lang, so bemerkt

man auf seiner Oberfläche ein bunt schillerndes
Häutchen, welches, microscopisch untersucht, aus Schleim
und Epithelien besteht; aus denselben Elementen setzen
sich auch jene unzusammenhängenden Wölkchen —
nubecula — zusammen, welche fast gewöhnlich in der
Mitte der Flüssigkeit wahrgenommen werden, später
senken diese sich zu Boden und bilden ein leicht be-
wegliches weissliches Sediment.

Unter krankhaften Zuständen, namentlich im Fieber
wird der Harn wohl auch klar und durchsichtig zu
Tage treten, aber sobald er sich abgekühlt hat, beginnt
er zunächst trübe zu werden und nach und nach scheidet
sich sehr häufig ein ziegelmehlrother oder anders
charakterisirter Bodensatz (Sediment) ab, und der
überstehende Harn wird wieder klar, durchsichtig.

Sowohl jede Trübung des Urins, als auch jede
Sedimentbildung ist für uns von Interesse und fordert eine weitere Untersuchung.

1. Die Harnmenge

Harnmenge. soll bei einem gesunden erwachsenen Manne in 24
Stunden durchschnittlich 1500,0 bis 2000,0 betragen;
bei Frauen ist das Quantum im Allgemeinen der weniger
reichlichen Wasseraufnahme wegen geringer und das
mit der Gesundheit noch erträgliche Minimum dieser
Secretion mag sich auf 400,0 bis 500,0 in 24 Stunden
belaufen.

Die Quantität des gelassenen Urins ist nun aber
sehr abhängig von den Verhältnissen, unter denen sich
gerade ein Mensch befindet.

Von Wesenheit wird zunächst die Wassermenge
sein müssen, die direkt dem Körper durch Trinken einverleibt wurde, dann wird sie ferner abhängig werden
von den als Nahrung aufgenommenen mehr oder weniger

wasserhaltigen Nahrungs- und Genussmitteln, und endlich
werden jene Wassermengen einen Einfluss in dieser
Richtung ausüben, die auf anderem Wege, durch die
Schweissabsonderung, durch die Exhalationen aus den
Lungen und mit den Faeces den Organismus verlassen.

Daher wird in der wärmeren Jahreszeit infolge
der gesteigerten Schweisssecretion relativ weniger Harn
entleert, als im Winter; denselben Effect wird trockne
Luft herbeiführen und ebenso beeinflussend werden
hierauf mehr oder weniger reichliche wässerige Stuhlentleerungen sein müssen, wie z. B. in der Cholera, wo
die Urinsecretion nahezu ganz sistirt sein kann.

Sehr viele Krankheiten des Menschen verlaufen
mit abnormen Quantitäten des Urins, einige charakterisiren sich in dieser Beziehung direkt durch eine enorme
Urinmenge, einige andere hingegen durch auffällig minimale Quantitäten dieses Excretes.

Um eine Vermehrung oder Verminderung
oder ein Gleichbleiben des Urin-Quantums genauer zu bestimmen, bedient man sich der genaueren
Messung des Harns in einem graduirten Glascylinder,
der mindestens 2000 cc. fasst und dessen Theilstriche
10,0. 20,0. bis 50,0 anzeigen. Der Stand der Flüssigkeitssäule wird an der unteren Grenze des Meniscus
abgelesen; die aus ebenso grossen Zeiträumen erhaltenen
Harnmengen werden dann mit einander verglichen.

Die Messungen pflegt man alle 24 Stunden vorzunehmen, in gewissen Fällen in kleineren Zeitabschnitten.

Am Krankenbette schätzt man in der Regel die
Urinmenge durch das Augenmaass ab, und bestimmt
vorläufig auf Viel oder Wenig.

Abnorm reichliche Harnmengen führen pathognomisch vorzüglich der Diabetes mellitus und der
Diabetes insipidus mit sich.

. Durch Einverleiben diuretischer Mittel können wir
die Harnsecretion künstlich steigern, wie z. B. durch die
Kalisalze, durch das Digitalis- und Wachholderinfusum.

Abnorme Abnahme der Harnmenge sehen wir
bei vielen acuten Krankheiten eintreten und zwar
in der Regel hierbei so lange, als die Krankheit im
Zunehmen begriffen ist, oder so lange die Intensität
derselben nicht gebrochen ist.

· Tritt bei acuten Krankheiten eine reichlichere
Abscheidung von Urin ein, so ist meistentheils die
Krisis oder Lysis im Gange, z. B. bei der Pneumonie.

Auch bei chronischen Erkrankungen sehen
wir nicht selten den Harn in verminderter Quantität
abgeschieden werden, besonders gilt dies von denjenigen
Affectionen, wo der Stoffwechsel im Allgemeinen
langsam von Statten geht, wie z. B. bei der Gicht,
bei hydropischen Zuständen etc.

2. Die Farbe des Harns.

Farbe
des Urins. Ebenso variabel wie die Quantität des Urins ist
auch die Farbe im normalen und abnormen Zustande
eines Menschen; sie wird bedingt durch Concen-
tration des Harns, durch Nahrungsmittel, durch
gewisse Arzneistoffe, wie Senna, Rheum, Santonin,
Carbolsäure u. a. m. oder durch Einflüsse pathologischer Art.

Die Nüancen des normalen Urins variiren vom
blass bernsteingelben, bis zum bierbraunen.

Der frühmorgens entleerte (Urina sanguinis) ist
concentrirter und daher intensiver gefärbt, als der am
Tage oder nach Aufnahme von Flüssigkeit (Urina potus)
gelassene Harn; zwischen diesen beiden steht dann noch
betreffs der Färbung jener einige Zeit nach dem Essen
(Urina chyli) abgesonderte Urin.

Kinderharn ist im Allgemeinen blässer als der
in der späteren Lebenszeit; der in den ersten Lebens-
stunden austretende Urin ist ganz farblos.

Die Farbe wird am zweckmässigsten in Gläsern
bei durchfallendem Lichte bestimmt; ist der Urin stark
getrübt, so ist es nöthig ihn zu filtriren.

Die Färbung des Harnes wird bedingt durch die
Gegenwart eigenartiger Farbstoffe, dem Indican,
Urobilin, Uroerythrin, Urochrom und Uro-
glaucin.

Abnorm und intensiv gefärbte Urine, dunkelgelbe
bis braunrothe, treten bei allen acuten fieberhaften
Krankheiten auf, theils ist hier der Farbstoff an sich
in grösserer Menge vorhanden, theils ist auch der Con-
centrations-Grad ein höherer; solche Urine bezeichnet
man als „hochgestellte"

Auch bei chronischen Leiden sehen wir stark
tingirte Harne entleert werden, so z. B. im Stadium
der Compensationsstörung bei Herzfehlern.

Abnorm blassen Urin findet man bei der Poly-
urie, bei anämischen Zuständen, in der Recon-
valescens nach schweren Krankheiten, bei einigen
Nierenkrankheiten, wo der Harn charakteristisch blass
aussieht; ganz farbloser Harn wird öfter bei Neurosen entleert, (Urina spastica).

Eine ganz besondere Färbung nimmt der Urin
an, sobald krankhafte Zustände in den Gallenwegen
vorhanden sind, die Gallenfarbstoffe und Gallensäuren gehen in den Urin über, färben ihn intensiv
gelb, gelbgrün bis schwarzgrün; wir bezeichnen
ihn dann als icterischen Harn.

Verschiedenartig roth gefärbte Harne können
grössere oder geringere Mengen Blut enthalten. Viel
Blut tingirt den Harn dunkelbraun bis nahezu schwarz;

bei Nierenblutungen, nach lange audauerndem
Intermittens, hin und wieder beim melano-
tischen Carcinom kommen so dunkel gefärbte
Urine vor.

Schmutzig graugrün erscheint der Urin nach
Carbolsäure-Intoxication. Blutrothe und braunrothe Färbung heobachtet man nach dem Einnehmen
von Rheum und Senna; die Farbstoffe dieser Substanzen gehen unverändert in den Harn über, die Carbolsäure hingegen wird chemisch verändert.

3. Der Geruch des Harnes.

Geruch
des Urins.

Frisch entleerter normaler Harn besitzt einen nicht
unangenehmen, ganz eigenartigen aromatischen Geruch,
nach einiger Zeit verschwindet derselbe, und macht
einem anderen, aber wieder ganz eigenartigem Geruche
Platz, nach längerem Stehen wird er alkalisch, er
zersetzt sich und riecht dann ammoniakalisch,
urinös.

Die normalen Riechstoffe gehören der Reihe
der aromatischen Säuren an.

Einige Stoffe, welche zufällig dem Körper zugeführt
werden, beeinflussen den Geruch des Urins eigenartig;
von den nutritiven gehört hierher der Spargel —
höchst widerwärtiger Geruch — von medicamentösen
sei erwähnt das Terpentinöl — veilchenartigen
Riechstoff erzeugend — der Cubebenpfeffer
Copaivbalsam und Tolubalsam, durch die der
Urin gewürzhaft riechend wird.

Treten bereits in der Harnblase Zersetzungen
des Urins ein, wie dies nicht selten bei Blasencatarrhen der Fall ist, so entwickelt auch der frisch
gelassene Harn schon flüchtiges kohlensaures
Ammoniak und riecht dann urinös stechend.

4. Die Reaktion des Harnes.

Unter normalen Verhältnissen soll der Urin s c h w a c h s a u e r reagiren, er röthet alsdann b l a u e s Lackmuspapier und verändert das r o t h e nicht.

Der S ä u r e g r a d ist aber auch im normalen Zustande nicht ganz gleich; Nachtharn ist am stärksten sauer, der nach der Mahlzeit und gegen Abend entleerte weniger sauer.

In Krankheiten wird die R e a k t i o n des Urins häufig eine andere, und zwar erhalten wir bei der Prüfung entweder eine auffallend s t a r k s a u r e R e a k t i o n, oder sie zeigt sich n e u t r a l oder a l k a l i s c h.

Das erstere beobachten wir z. B. regelmässig im T y p h u s, der S ä u r e g r a d hält gleichen Schritt mit dem F i e b e r g r a d e; etwas analoges findet sich beim R h e u m a t i s m u s, wo der Schmerz in gleichem Verhältnisse zum S ä u r e g r a d zu stehen scheint, auch die P n e u m o n i e, die P l e u r i t i s, das E m p h y s e m verlaufen unter Abscheidung von ungewöhnlich stark sauer reagirenden Urinen.

Entstehen in solchen Harnen S e d i m e n t e, so bestehen dieselben ihrer chemischen Constitution nach immer aus U r a t e n, da die P h o s p h a t e sehr leicht in saurem Harn löslich sind. Künstlich wird der S ä u r e g r a d des Urins gesteigert durch Einfuhr a n - oder unorganischer Säuren, die zum Theile unzersetzt wieder aus dem Körper eliminirt werden.

Nicht so häufig begegnen wir der n e u t r a l e n oder a l k a l i s c h e n Reaktion des Urins und entweder sind dann die Alkalien im Ueberschuss vorhanden, was häufig durch medicamentöse Einverleibung von Alkalien in den Organismus bedingt wird, oder die Alkalescenz hat ihren Grund in einer reichlicheren Zufuhr von

pflanzensauren Salzen, die im Körper in Kohlensaure gespalten werden und wird nun die Alkalescenz
eines Urins durch Alkalien bedingt, so sehen wir einen
in diesen getauchten rothen Lackmuspapierstreifen blau
werden, der auch nach dem Trocknen noch ferner
dauernd gebläut bleibt.

Diese alkalische Reaktion ist nur so lange vorhanden,
als eben Alkalien in grösserer Menge dem Körper zugeführt werden und in diesem Falle hat auch dieser mehr
oder weniger zufällige Befund keine besondere Bedeutung.

Anders aber verhält es sich mit jener Alkalescenz des Urins, wo derselbe infolge einer Zersetzung
des Harnstoffs im Organismus alkalisch entleert
wird und in den meisten Fällen handelt es sich hierbei
um eine Spaltung des Harnstoffs, die in der Harnblase statt fand, indem der Blasenschleim als Träger
eines Fermentes (Gährungspilze) eine Gährung ein-
leitet; dieser kann der Harnstoff nicht widerstehen, er
wird zersetzt und zwar bildet er dann unter Aufnahme
von Wasser, Kohlensäure und Ammoniak.

Solcher auf diese Weise alkalisch gewordene Urin
wird nun wohl auch rothes Lackmuspapier stark blau
verändern, aber nicht dauernd, sobald diese Alkalien
sich verflüchtigt haben, nimmt es seine frühere rothe
Farbe an, ausserdem bräunt dieser Harn Curcumapapier;
halten wir ferner einen mit Salzsäure befeuchteten
Glasstab über denselben, so bilden sich sofort weisse
Nebel von Chlorammonium, was bei den fixen Alkalien nicht der Fall ist.

Dieser Unterschied ist diagnostisch sehr werthvoll
und am häufigsten geben zu der zuletzt angeführten
alkalischen Reaktion eines Urins Blasencatarrhe Veranlassung.

Auch der normal entleerte Urin geht durch Einwirkung von Fermenten allmählich unter Zersetzung
seiner Bestandtheile in Gährung resp. Fäulniss über;
dieser Process zerfällt in zwei Phasen, in die s a u r e
und in die a l k a l i s c h e Gährungsperiode.

Zunächst wird Milch- und Essigsäure producirt,
harnsaures Natron, Harnsäure und oxalsaurer Kalk
scheiden sich als Sedimente im Urin ab, er reagirt jetzt
stärker sauer, später geht die saure Gährung in die
alkalische über und unter gleichzeitiger Entwicklung
von organisirten Elementen wird jetzt der H a r n s t o f f
in k o h l e n s a u r e s Am m o n i a k umgesetzt, welches nun
dem Harn eine alkalische Reaktion verleiht; in alkalischem Urine sind aber die P h o s p h a t e der alkalischen
Erden nicht löslich, sie scheiden sich theils gefärbt
amorph oder crystallinisch theils ungefärbt am Boden
des Gefässes aus, zum Theil gehen sie auch Verbindungen mit dem Ammoniak ein, Tripelphosphate
(phosphorsaure Ammoniak-Magnesia) bildend.

Versetzt man alkalisch gewordenen Urin mit einer
Säure, so entweicht unter Aufbrausen und Schäumen
der Flüssigkeit die an Ammoniak gebundene K o h l e n -
s ä u r e.

Im normalen Urin, der in einem ganz reinen Gefässe aufbewahrt wurde, tritt die alkalische Gährung
nicht vor 24 Stunden auf.

5. Das specifische Gewicht des Harnes.

Es ist entsprechend der H a r n m e n g e und der
darin enthaltenen gelösten oder u n g e l ö s t e n S u b -
stanzen, Salzen und m o r p h o t i s c h e n Bestandtheilen.

Das s p e c i f i s c h e G e w i c h t des sonst normalen
Urins ist schwankend; jedoch als Mittelzahlen kann man
es zu 1,015 bis 1,020 annehmen; die physiologische

Breite schwankt zwischen 1,005 bis 1,030; bei über-
mässiger Wasseraufnahme kann dasselbe bis 1,002 sinken,
bei Wasserentziehung bis 1,040 steigen.

Acute wie chronische Krankheiten haben wesentliche Veränderungen des specifischen Gewichtes im Gefolge und für manche Krankheiten ist es geradezu
von diagnostischer Wichtigkeit.

Alle acuten Krankheiten, namentlich in ihren
ersten Stadien, führen zu einem sehr concentrirten
schweren sogenannten Fieberharn, dessen specifisches Gewicht nicht selten bis 1,035 ansteigt; es ist
dies das Resultat einer vermehrten Ausscheidung des
Harnstoffs, der Sulfate und Alkaliphosphate,
das nämliche gilt auch für jene chronischen Affectionen, bei welchen der Stoffwechsel träge von
Statten geht, wo die Oxydationsprocesse nicht vollständig zu Stande kommen, wie. z. B. bei der Gicht,
beim Diabetes insipidus und mellitus; bei der
Oxalurie etc.

Das höchste specifische Gewicht treffen wir bei
dem Diabetes mellitus bis 1,050 an.

Sehr leichte Urine kommen besonders bei Albuminerie, im Verlaufe des Morbus Brightii zur Beobachtung und nicht selten fällt das specifische Gewicht
hierbei bis auf 1,005 und 1,004 herab, ebenso verhält
es sich bei der amyloiden Nierendegeneration,
sowohl hier wie dort wird die Ausscheidung des Harnstoffs durch die Nieren beeinträchtigt; auch bei nervösen Zuständen, wie z. B. nach hysterischen Anfällen wird unter der Norm leichter Urin entleert.

Zur Bestimmung des specifischen Gewichtes bedient
man sich für gewöhnlich des Vogler'schen Uro-
meters.

Dieses, eine Senkwage, wird in einem mit Urin

gefüllten Glascylinder so eingesenkt, dass das Instrument
f r e i darin schwimmt. Es ist mit einer Scala versehen,
die bis zu 1,040 Theilstrichen eingetheilt ist, der Theil-
strich 1,000 bezeichnet das specifische Gewicht des
Wassers bei 16° Temperatur und der Urin soll auch
bei dieser Temperatur, also etwas abgekühlt, gewogen
werden. — Man warte, bis das Instrument zur Ruhe
gekommen ist. Jener Scalentheil der Spindel, der mit
der Flüssigkeit in gleichem Niveau steht, giebt das specifische Gewicht an.

Ist die aufgefangene Harnmenge so gering, dass
sie den Cylinder nicht erfüllen würde, so verdünne
man den Urin auf sein mehrfaches Volumen und multi-
plicire die Zahl des specifischen Gewichtes, welche in
den Decimalstellen erscheint, mit der Zahl der durch die
Verdünnung erhaltenen Volumina.

II. Die normalen Harnbestandtheile.

Mit dem Harne werden jene Stoffe aus dem Organismus eliminirt, die für ihn nicht weiter tauglich sind,
die für ihn werthlos wurden; dies sind die Produkte
der r e g r e s s i v e n M e t a m o r p h o s e stickstoffhaltiger
Körper neben a n o r g a n i s c h e n S a l z e n; ihr Verbleiben
im Organismus führt zu Krankheit, zu abnormen Ab-
lagerungen etc.; er entledigt sich derselben desshalb
auch so rasch wie möglich.

Die normalen Harnbestandtheile gehören ihrem
grösseren Theile nach den o r g a n i s c h e n Stoffen an,
der geringere besteht aus a n o r g a n i s c h e n Elementen.

Von o r g a n i s c h e n Stoffen treffen wir im Harn:

Harnstoff, Harnsäure, Hippursäure, Kreatin, Xanthin, Sarkin, Oxalsäure, Oxalursäure,
a r o m a t i s c h e Aetherschwefelsäuren, Sulphocyan-
säure, Bernsteinsäure, Farb- und Extractivstoffe.

Von anorganischen:

Natron, Kali, Kalk, Magnesia, Ammonium, Eisen und Spuren von Kieselsäure, die ersteren sind gebunden an: Schwefelsäure, Chlorwasserstoffsäure und Phosphorsäure und somit als Salze im Harn vorhanden.

Bezüglich der Quantität sind diese Stoffe, sowohl die organischen wie die anorganischen einem fast stetem Wechsel unterworfen, wobei natürlich die Stoffzufuhr, die Nahrungsaufnahme, die Hauptrolle spielen muss.

So bewirkt z. B. reichlichere Fleischnahrung eine grössere Harnstoffausscheidung, als magere vegetabilische Kost, bei der andere ihr eigenthümliche Stoffe in den Vordergrund treten.

Ferner hat das Alter und das Geschlecht einen Einfluss auf die quantitative Abscheidung dieser Stoffe; im jugendlichen Alter z. B. wird in Folge des regeren Stoffwechsels mehr von diesen Substanzen abgeschieden, als im späteren Alter, wo jener langsamer von Statten geht. Angestrengte Muskelthätigkeit, mit der auch der Stoffwechsel ein beschleunigterer werden muss, lässt eine grössere Menge dieser Körper im Urin auftreten, ohne dass dabei die gesammte Harnmenge an und für sich vermehrt gefunden wird; aus diesem Grunde producirt auch das weibliche Geschlecht im Allgemeinen einen specifisch leichteren Harn als das männliche, wobei übrigens auch noch die geringere Nahrungsaufnahme mit ansgesprochen werden muss.

Trotz dieser mannigfältigen Zufälligkeiten ist man doch zu bestimmten mittleren Werthen gelangt, wodurch das Normale vom Abnormen unterschieden werden kann.

Eine ungefähre Abschätzung des Gehaltes an festen Substanzen eines Urines kann durch das specifische Gewicht berechnet werden; man hat nur nöthig, die letzten beiden Zahlen desselben zu verdoppeln, das Produkt giebt dann an, wie viel in 1000,0 des fraglichen Urines ungefähr feste Stoffe enthalten sind. Hatte er z. B. ein specifisches Gewicht von 1,015, so enthält er demnach 30,0 feste Bestandtheile.

A. Organische Stoffe des normalen Urins.

Der Harnstoff. CON₂H₄.

Der Harnstoff. $CON_2H_4.$

Der **Harnstoff** bildet den Hauptbestandtheil der festen Körper im Urin und macht nahezu die Hälfte derselben aus; er ist das hervorragenste und letzte Oxydationsprodukt der in den Körper eingeführten Eiweisskörper und das Hauptprodukt der regressiven Metamorphose stickstoffhaltiger Gewebsbestandtheile des Organismus selbst.

Unter normalen Verhältnissen werden von einem gesunden erwachsenen Menschen, der sich mit gemischter Kost ernährt, in 24 Stunden 22,0 bis 35,0 Harnstoff mit dem Urin ausgeschieden, im Mittel 30,0.

Reicht die Nahrung gerade hin, um den täglichen Verlust an Körperstoffen zu decken, so wird in 24 Stunden im Harnstoff ziemlich genau so viel Stickstoff ausgeschieden, als in der Nahrung zugeführt und verdaut wurde.

Auch im kranken Organismus ist die Bildung resp. die quantitative Abscheidung des Harnstoffs der Ausdruck der Oxydation von Albuminaten und von der Steigerung oder Abnahme umgesetzter Eiweisskörper wird die Quantität des im Urin abgesonderten Harnstoffes abhängig gemacht; man muss sich aber hierbei immer die Frage vorlegen, ob der im Körper gebildete Harnstoff auch wirklich vollständig eliminirt wurde oder ob er vielleicht nicht z. B. durch anatomische Veränder-

Harnstoff.

15

ungen der Harnkanälchen bei Nierenkrankheiten im
Blute und in den Gewebsflüssigkeiten mechanisch zurückgehalten wurde.

Abnorm gesteigerte Harnstoffabscheidung
finden wir trotz einer knappen Diät des Kranken und
geringer Harnmenge bei den meisten fieberhaften
acuten Krankheiten; die Quantität des Harnstoffes läuft dann fast parallel mit dem Fiebergrade
parallel mit der Fiebertemperatur steigt und fällt die
Menge des Harnstoffs im Urin; so erfährt diese Ausscheidung vom Beginne der Krankheit bis zur Acme
des Fiebers eine beträchtliche Steigerung, während der
Remission des Fiebers sinkt sie unter das Normale,
welches während der Reconvalescenz succesive wieder
erreicht wird. Führt die Krankheit einen lethalen Ausgang herbei, so sinkt die Harnstoffausscheidung vor dem
Tode häufig bis auf ein Minimum herab.

Bei Meningitis, Typhus abdomin., Variolois, Erysipel. facici Intermittens, bei Pneumonie und Pleuritis,
bei dem acuten Rheumatismus mit Endocarditis im Stadium der Exsudation findet man regelmässig abnorm
grosse Harnstoffquantitäten im Urin, 50,0 60,0 ja bis
80,0 werden in 24 Stunden im Harn gefunden.

Abnorm verminderte Harnstoffausscheidung
kann zunächst die Folge einer zu kärglichen Zufuhr von
Albuminaten sein, oder die Ernährung des Kranken
iegt im Allgemeinen darnieder und bedingt eine Abnahme dieses Produktes.

Ferner sind es jene krankhaften Zustände des Körpers, die eine mangelhafte Oxydation im Blute herbeiführen, so z. B. das Lungenemphysem, Herzfehler mit be-
trächtlicheren Circulationsstörungen etc. In anderen Fällen
kann aber auch der gebildete Harnstoff im Körper zurückgehalten werden, z. B. finden wir in hydropischen

Flüssigkeiten grosse Mengen von Harnstoff, wird auf irgend eine Art die ursächliche Krankheit gehoben, so tritt plötzlich eine grosse Menge davon im Urin auf, die der täglichen Produktion des Kranken absolut nicht entspricht. Bei der Cholera schwindet der Harnstoff im Urin bis auf ein Minimum, tritt aber wieder reichlichere Harnsecretion ein, so treffen wir in der ersten Zeit oft 60,0 bis 80,0 Harnstoff in 24 Stunden im Urin, ebenso enthalten dann auch die kritischen und enormen Schweisse ungemein grosse Mengen davon, so viel, dass man später den Harnstoff nicht allzuselten als weissen krystallinischen Ueberzug auf der Haut wahrnimmt.

Bei Anaemie, Leucämie, bei Phthisis (mit Ausnahme der Zeit des hectichen Fiebers), bei acuter Leberatrophie und bei Scorbut kann regelmässig eine mehr oder minder auffallende Abnahme des ausgeschiedenen Harnstoffs im Urin constatirt werden. —

Der H a r n s t o f f ist sehr leicht löslich in Wasser und Alcohol, unlöslich in Aether. Seiner ungemein leichten Löslichkeit wegen bildet er auch nie ein Sediment im Urin. Um ihn von den anderen im Harn enthaltenen Stoffen zu trennen, verdampft man eine beliebige Quantität Urin bis zur Syrupsconsistenz, hierauf laugt man diesen Rückstand mit Alcohol aus und filtrirt durch Thierkohle; sodann verdunstet man den Alcohol und löst den Rückstand in wenig Wasser. Bei einem gewissen Concentrationsgrade dieser Harnstofflösung scheiden sich alsdann Krystalle in vierseitigen rhombischen gestreiften Prismen ab.

Mit Salpetersäure bildet der Harnstoff eine unlösliche Verbindung, die sich in rhombischen und hexagonalen Tafeln krystallinisch ausscheidet.

Die Harnstoffkrystalle sind wasserfrei und können ohne Zesetzung auf 120° erhizt werden, bei noch

15*

höherer Temperatur werden sie unter Ammoniakgas-
Entwicklung zersetzt. Starke Mineralsäuren und Hydrate
der Alkalien zerlegen den Harnstoff unter Aufnahme
von Wasser in Kohlensäure und Ammoniak, geradeso
wie die Gährungserreger.

Der chemische Nachweiss des Harnstoffs in einer
Flüssigkeit ist leicht zu liefern.

Reaction auf Harnstoff.   Man verdampfe Harn bis zur Syrupsconsistenz,
extrahire den Rückstand mit Alcohol, filtrire und ver-
dunste den letzteren auf dem Wasserbade; den Rückstand löse man in ein wenig Wasser; nach einiger Zeit
werden sich Harnstoffkrystalle abgeschieden haben; diese
erhitzt man dann so lange, bis kein Geruch von Ammoniak mehr vorhanden ist — es hat sich Biuret gebildet
— dieses besitzt nun die Eigenschaft, bei Gegenwart
von Alkali, Kupferoxyd mit rothvioletter Farbe in Lösung
zu erhalten.

Man bringt also zu der Probe im Reagensglase
einige Tropfen Kalilauge und einige Tropfen einer
Kupfersulfatlösung; die hierauf erfolgende rothviolette
Färbung beweisst dann die Gegenwart von Biuret und
hiermit den Harnstoff.

Microscopischer Nachweis.   Auch unter dem M i c r o s c o p e ist der Harnstoff
sehr leicht zu erkennen; ein Tropfen Harn auf den
Objectträger gebracht wird vorsichtig gelinde erwärmt,
bei einer schwachen Vergrösserung sieht man alsdann
bald unter dem Microscope rhombische Prismen an-
schiessen s. Tab. I, Fig. I.

Die quantitative Bestimmung des Harnstoffs ist für
uns bedeutend wichtiger, und nach der im Anhange
dieser Abtheilung angegebenen Fitrirmethode leicht
ausführbar.

Die Harnsäure. $C_5 H_4 N_4 O_3$.

Die Harnsäure ist im normalen Harn in sehr beträchtlich geringerer Menge vorhanden als der Harnstoff, mit dem sie einen gewissen Parallelismus einhält;
wird von diesem viel ausgeschieden, so ist der Urin
auch reicher an Harnsäure und umgekehrt.

Die Harnsäure eliminirt nächst dem Harnstoff den
grössten Theil des Stickstoffs aus dem Körper und
unter normalen Verhältnissen beträgt die Menge derselben in 24 Stunden 0,5 bis 1,0.

Animalische Kost vermehrt den Harnsäuregehalt
des Urins, vegetabilische vermindert denselben.

Als krankhaft vermehrtes Produkt findet man sie
bei vielen acuten Krankheiten im Urin und namentlich
bei Respirations- und Circulations-Anomalien, so z. B.
bei Pneumonie, bei Bronchitis capillaris, bei pleuritischem
Exsudate, bei Pericarditis etc.; hier mag die vermehrte
Harnsäureproduktion auf einer Herabsetzung der Oxydationsprocesse im Organismus beruhen. (Sauerstoff-
mangel.) Auch bei vielen anderen fieberhaften Krankheiten ist die Harnsäuremenge wesentlich vermehrt,
wenn auch nicht so absolut, als bei erheblichen Störungen des Athmungsprocesses.

Im Wechselfieber zeigen sich während des Anfalls
reichliche Harnsäuremengen, hingegen in der Zeit der
Apyrexie werden normale Quantitäten gefunden. Im
Verlaufe des Typhus abdominal., bei Rheumatismus
acutus, bei Variola vera, bei septischen Fiebern ist gleichfalls immer eine relativ grosse Quantität Harnsäure im
Urin zu constatiren.

Eine Verminderung des Harnsäuregehalt im
Urin tritt häufig bei chronischen Affectionen auf, exacer-
biren aber diese Krankheiten, so wird immer auch
wiederum der Harn mehr davon enthalten.

Nach starken Blutverlusten, bei Anaemie und Chlorose, bei Rückenmarksleiden, bei Nierenkrankheiten, bei
chronischem Rheumatismus und bei der chronischen
Gicht ist die abgeschiedene Harnsäure immer im Urin
vermindert.

Die Harnsäure und ihre Salze sind im Harnwasser
und bei Körpertemperatur lösliche Substanzen, wird
ihnen aber diese Temperatur entzogen, so scheiden sie
sich als krystallinische, oder als amorphe Körper aus
und bilden verschieden gelb oder roth gefärbte Sedimente; erhitzen wir diese, so gehen sie, und das ist
wichtig, wieder in eine klare Lösung über; diese harnsauren Sedimente bemerken wir ungemein häufig in
normalen wie abnormen Urinen, ohne Weiteres aber
bedeuten auffällige reichliche harnsaure Sedimente nicht
zugleich auch eine absolute Vermehrung der Harnsäure,
denn ist der Urin sparsam, so reicht das Harnwasser
eben nicht mehr hin, um die Harnsäure resp. die Harn-
salze bei verminderter Temperatur in Lösung zu erhalten.

Die Harnsäure ist an sich schwer im Wasser löslich, gar nicht im Alkohol und Aether, leicht lösbar in
Lösungen neutraler phosphorsaurer und kohlensaurer
Alkalien, indem sie denselben einen Theil des Alkali
entzieht und saures harnsaures Alkali neben sauren
phosphorsauren und kohlensauren Alkalien bildet, und
hierdurch wird auch dem Urin die saure Reaktion ver-
liehen.

Die Harnsäure ist sehr leicht aus dem Urine ab-
zuscheiden; man versetze 500,0 Urin mit 10,0 gewöhnlicher Salzsäure, nach 24 stündigem Stehen dieser Mischung
krystallisirt der grösste Theil derselben in Form von
roth-braun gefärbten, auf den Boden und an den Wän-
den des Gefässes sitzenden, Kryställchen aus. Unter
dem Microscop bieten dieselben ungemein verschiedene

Gestalten dar, deren Grundform aber immer auf die rhombische Tafel hinweist. Am häufigsten begegnen wir Wetzsteinen ähnlichen Krystallen, die dann oft stufenweise übereinander angeordnet sind; runden sich die stumpfen Winkel mehr ab, so entstehen fassförmige und spindelförmige Krystalle; andere sind kammförmig, gezähnt oder bilden Kreuze; noch andere lagern sich rosettenförmig an- und übereinander und zeigen mehr die Formen rechtwinkliger vierseitiger Prismen mit gerader Endfläche u. s. w. S. Tab. I, Fig. 2 u. 3.

Als Reagens auf Harnsäure bedient man sich der Murexidprobe.

Man bringt zu der in ein Abdampfschälchen gebrachten Substanz einige Tropfen Salpetersäure und dampft heiss bei mässiger Wärme bis zur völligen Trockne ab. Lässt man von der Seite her einen Tropfen Ammoniak zufliessen, so bilden sich bei Gegenwart von Harnsäure purpurrothe Flecke von Murexid, diese prächtige Farbe des Murexids geht auf Zusatz von Aetzkali in Purpurblau über und auf diese Weise ist es leicht möglich, auch die geringsten Spuren von Harnsäure in Sedimenten oder Concrementen nachzuweisen.

Die Harnsauren Salze bestehen im Wesentlichen aus harnsaurem Natron und harnsaurem Ammoniak; zum geringen Theil verbindet sich die Harnsäure mit Kali und Kalk, und wie schon erwähnt, scheiden sich diese Verbindungen sehr leicht beim Erkalten des Urins als lehmige, ziegel- oder rosaroth, braun bis purpurroth gefärbte, den Boden der Gefässe zustrebende Niederschläge aus; sie täuschen leicht organische Elemente wie Blut und Eiter vor, unterscheiden sich aber sofort von diesen durch ihre Löslichkeit beim Erwärmen und Wiederausscheidung beim Erkalten. Auch microscopisch sind sie sofort zu erkennen.

Harnsaures
Natron.
    Das saure harnsaure Natron bildet in der Regel
ein voluminöses rosa oder ziegelmehlfarbiges Sediment,
unter dem Microscop erscheint es als eine amorphe
gelblich gefärbte, moosartig gruppirte Staubmasse, die
meist in unregelmässigen Gruppen und Häufchen zu-
sammenliegt. S. Tab. I, Fig. 4.

Harnsaures
Ammoniak.
    Das harnsaure Ammoniak ist immer in alka-
lischem Harn vorhanden und mit Erdphosphaten zu
gleicher Zeit im Sedimente, microscopisch erkennt man
es leicht an seiner kuglichen, Rüben oder Stechapfel
ähnlichen Gestalt, auch Doppelkugeln, mit oder ohne
Fortsätze, bildend, häufig sind diese Gebilde gleichfalls
gelb gefärbt; lässt man zwischen Objectträger und Deckgläschen einen Tropfen Salzsäure hinzutreten und erwärmt ein wenig, so schwinden die Urate und statt
ihrer erscheinen Krystalle von Harnsäure.

    Das harnsaure Ammoniak ist ein gewöhnlicher Be-
standtheil der Blasenconcremente. S. Tab. 1, Fig. 5.

    Bei acuten fieberhaften Krankheiten und bei fieber-
haften Exacerbationen chronischer Affectionen treffen
wir sehr oft diese harnsauren Sedimente im Urin an,
sie bedeuten vermehrte Bildung von Harnsäure und
Farbestoff neben beschränkter Wasserausscheidung durch
den Urin. Auch bei sonst gesunden Leuten kommen
solche Sedimente im Urin vor, wozu körperliche Anstrengungen, reichliche Mahlzeiten, starkes Schwitzen
und dadurch verminderte Urinsecretion Veranlassung
geben können.

    Bildete sich ein Sediment bereits vorher in den
Harnwegen und wird der Urin schon trübe entleert, so
liegt die Möglichkeit von Nieren- und Blasensteinbildung
nicht ferne.

Die Hippursäure. $C_9 H_9 ON_3$.

Als normaler Bestandtheil des Urins beträgt ihre Hippur-säure. Ausscheidung in 24 Stunden 0,5 bis 2,0, die bei vegetabilischer Kost erhöht, bei animalischer vermindert wird. Nach dem Genuss von Benzoesäure, Zimmetsäure, Chinasäure wird sie in grösseren Quantitäten im Urin auftreten, indem sich diese Körper im Organismus direkt in Hippursäure verwandeln. Ohne Zweifel kann aber auch ein gestörter Stoffwechsel ein Plus dieser Säure hervorrufen; so ist dieselbe z. B. beim Diabetes mellitus nicht selten in abnorm reichlicher Menge vorhanden, ebenso bei Leberkrankheiten und im icterischen Harn.

Die Hippursäure ist in Alcohol leicht löslich, Chemisches Verhalten. weniger leicht in Aether und in Wasser erst in 600 Theilen. Durch Auskochen des Sediments mit Alkohol erhält man die Hippursäure in Lösung, während die Harnsäure zurückbleibt.

Sie krystallisirt in farblosen, langen, vierseitigen Primen und Säulen deren Enden in zwei oder vier Flächen auslaufen, in der Regel sind diese Krystalle untereinander und unter spitzem Winkel aufgesetzt. S. Tab. 1, Fig. 6.

Kreatinin. $C_4 H_7 N_3 O$.

Bei guter gemischter Kost scheidet ein Gesunder Kreatinin. in 24 Stunden ca. 1,0 Kreatinin durch den Urin aus; bei Fleischkost steigt die Kreatininabsonderung, bei vegetabilischer wird sie vermindert.

In alkalischem Urin findet sich Kreatin, aus dem sich unter Verlust von $H_2 O$ Kreatinin in sauren Lösungen bildet. In acuten Krankheiten, namentlich bei Typhus, Pneumonie etc. lässt sich eine Zunahme dieses Körpers nachweisen, bei Anämischen, bei Chlorose, Marasmus, Tuberculose, progressiver Muskelatrophie hingegen wird eine Abnahme des Kreatinins beobachtet.

Das Kreatinin ist eine starke organische Base, welche Ammoniak aus seinen Verbindungen austreibt, sie erscheint in reinem Zustande in prismatischen farblosen Krystallen, ist in 11 Theilen kalten Wassers löslich, sehr leicht in heissem Alkohol.

Aus einer wässrigen Lösung wird das Kreatinin durch salpetersaures Silberoxyd krystallinisch gefällt, dieser Niederschlag ist in heissem Wasser löslich.

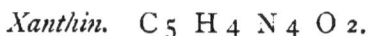

Xanthin. $C_5 H_4 N_4 O_2$.

Xanthin.

Die Menge, in welcher dieser Körper im Urin vorkommt, ist äusserst gering, hat aber insofern Interesse für uns, indem er zur Bildung von Steinen in der Harnblase, von Concretionen in der Niere und selbst in den Gallengängen beiträgt.

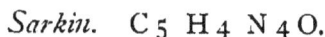

Sarkin. $C_5 H_4 N_4 O$.

Sarkin.

Diese Substanz konnte nicht constant im Urin nachgewiesen werden, bei lienaler Leucaemie ist es im Harn constatirt worden.

Harnfarbstoffe.

Harn-
farbstoffe.

Die normalen Farbstoffe, denen der Urin seine eigenthümliche Färbung verdankt, sind noch nicht alle festgestellt, eben so wenig auch ihr Ursprung, nur von einigen steht fest, dass sie Derivate der Gallenfarbstoffe und im weiteren Sinne des Blutfarbstoffes sind.

Bei allen acuten Krankheiten, in denen der Zerfall der Organbestandtheile sich auf die rothen Blutkörperchen erstreckt, finden wir den Harn mit mehr Farbstoffen geschwängert, in allen jenen Affectionen hingegen, welche mit ungenügender Blutkörper-

chenbildung einhergehen, wie bei der Chlorose bei
nervösen Zuständen, bei Ernährungs Anomalien, ist die
Farbestoffmenge vermindert, die Urine sind blass tingirt.

Bei acuter diffuser Peritonitis ist eine Vermehrung des Harnfarbstoffs (Indikan) constatirt worden,
bei circumscripter Peritonitis und bei Perityph-
litis hingegen wird eine solche nicht beobachtet.

Das Indikan ist chemisch leicht nachzuweisen; 20
Tropfen Harn werden mit 4 Tropfen concentrirter Salzsäure vermischt, nach einiger Zeit färbt sich das Gemisch bei normalem Indikangehalte gelbroth, ist aber das
Indikan abnorm vermehrt, so tritt alsbald eine violette
bis blaue Färbung der Probeflüssigkeit auf.

Unter dem Microscope sieht man hin und wieder
kleine, rhombische, indigoblau gefärbte Kryställchen
namentlich in den Sedimenten, die sich bei Cystitiden
absondern.

Oxalursäure, aromatische Aetherschwefelsäuren, Sul-
phocyansäure, Bernsteinsäure und Extractivstoffe finden
sich sonst noch als untergeordnete organische Substanzen
im normalen Urin.

Von Gasen enthält derselbe geringe Mengen Kohlensäure, Stickstoff und Sauerstoff.

B. Anorganische Stoffe im Urin.

Die wichtigsten anorganischen Verbindungen, welche
ebenso wie die stickstoffhaltigen vorzugsweise mit dem
Urin aus dem Körper entfernt werden, bilden die Chloride, Sulfate und Phosphate. Zum grössten Theile
werden diese Salze mit den Nahrungsmitteln dem Körper
einverleibt, zu geringerem Theile sind sie jedoch auch
Oxydationsprodukte der Eiweisskörper und anderer chemischer Verbindungen, in deren Molecül der Schwefel
und der Phosphor vorhanden ist.

Ein gesunder Erwachsener scheidet von diesen Substanzen in 24 Stunden mit dem Urin 9,0 bis 25,0 aus, die Menge ist also sehr schwankend.

Von diesen anorganischen Verbindungen steht das Kochsalz, Chlornatrium, oben an, ihm reihen sich schwefelsaure Kali- und Natronverbindungen an, dann folgen die Salze dieser Metalle an Harn- und Hippursäure gebunden, dann die Phosphate von Kalk und Magnesia, das saure phosphorsaure Natron und endlich Spuren von Eisen und Kieselsäure. -

Die Chloride.

Zum grössten Theil ist das Chlor an Natrium gebunden, nur sehr geringe Menge an Kalium.

Ein Erwachsener scheidet durchschnittlich in 24 Stunden 16,5 Kochsalz im Harne aus, doch diese Menge ist sehr variabel und zunächst von denjenigen Kochsalzmengen abhängig, die mit den Speisen aufgenommen werden; dann vermehren alle jene Agentien die Chlornatriumausscheidung, welche die Harnausscheidung an sich steigern, drittens wird dem Körper durch vermehrte Aufnahme von Kalisalzen das Kochsalz in grösserer Menge entzogen.

Ein nicht unbedeutendes Quantum dieses Salzes wird stets vom Organismus für das Blut, Gewebsflüssigkeiten, Secrete etc. zurückbehalten und spielt eine sehr grosse Rolle im Haushalte unseres Organismus; reichliche Ausscheidung desselben lässt im Allgemeinen auf eine gute Verdauung schliessen; während eine Verminderung des Kochsalzgehaltes im Urin auf eine Schwäche der Verdauung hinweist. Wird dem Körper gar kein Kochsalz zugeführt, so entstehen schwere Störungen, es tritt ziemlich bald Eiweiss im Urine auf. Verschwinden die Chloride im Harn, so wird die Prognose für den Betreffenden sehr übel, ihre Wiederkehr ohne Zunahme hingegen verbessert dieselbe, während eine Abnahme der Chloride in der Reconvalescenz die Prognose wieder trübt.

Bei allen acuten fieberhaften Krankheiten nimmt die Ausscheidung der Chloride ganz wesentlich und rasch ab, sie sinkt bis auf ein Minimum und erreicht kaum den hundertsten Theil der normalen Menge, bisweilen fehlen sie gänzlich dann im Urin. Mit eintretender Besserung hebt sich der Chlorgehalt im Urine wieder und übersteigt sogar in der Reconvalescenz nicht selten die Norm. Die Verarmung des Harns an Chloriden liegt wohl zum grossen Theile in dem verminderten oder fehlenden Appetite der Kranken und in der mageren salzarmen Diät, zum Theil kann die Ursache aber auch in Entstehung von Exsudaten und Transsudaten liegen welche die Chloride zurückhalten und umsomehr, als durch diese Processe auch das Blut ärmer an Kochsalz wird; endlich muss auch jene Menge derselben veranschlagt werden, welche durch den Schweiss und mit den Faeces durch häufige wässrige Darmentleerungen eliminirt wird.

Pneumonie, Typhus, acuter Rheumatismus, Meningitis, Pericarditis, Pleuritis, Peritonitis und Enteritis verlaufen regelmässig unter mehr oder weniger starker Abnahme der Chloride im Urin.

Eine Ausnahme macht das Wechselfieber unter den fieberhaften Krankheiten in dieser Beziehung, in dem dabei während der Paroxysmen mehr Kochsalz ausgeschieden wird, als während der Apyrexie.

Bei chronischen Krankheiten findet man in der Regel die Ausscheidung der Chloride parallel dem allgemeinen Ernährungszustande und der Harnmenge, so wurden z. B. bei Diabetes insipidus in 24 Stunden

29,0 Chlornatrium nachgewiesen; meist aber ist der
Kochsalzgehalt in diesen Krankheiten ein verminderter.

Constant lässt sich eine Abnahme des Chlornatriums
bei den mit Albuminerie einhergehenden Nierenkrankheiten constatiren, ferner bei serösen Ergüssen in das
Unterhautbindegewebe (bei hydropischen Zuständen) und
bei Ansammlung grosser Transsudate in den Körperhöhlen; in diesen Fällen handelt es sich um eine Retention des Chlornatriums.

Qualitativer
Nachweis
der
Chloride. Zum qualitativen Nachweise der Chloride im
Harn bedient man sich des salpetersauren Silber-
oxyds.

4 C. C. Harn werden in einem Reagensglase mit
3 Tropfen Salpetersäure versetzt (um die Fällung der
Phosphorsäure zu vermeiden), hierauf giebt man 2 Tropfen
von einer Argent. nitric. Lösung (1 : 10 Aq. destill.)
hinzu, durch letztere werden die Chloride unter Bildung
von salpetersaurem Alkali und Chlorsilber zerlegt, ersteres
bleibt in Lösung, während das Ag. ce als flockiger käse-
ähnlicher compacter Niederschlag ausgefällt wird, der
sich rasch auf den Boden des Glases senkt. Ist das
Chlorsalz in annähernder Quantität vorhanden, so vertheilt sich der compacte Niederschlag bei Aufschütteln
in zusammenhängende Flocken. Ist abnorm wenig davon
im Urin, so ist der Niederschlag schon von Haus aus
weniger compact und beim Schütteln zerfällt er dann
nur in bläuliche Wölkchen, enthält der Urin sehr wenig
Chloride, so entsteht nur eine leichte milchige Trübung.
Diese Niederschläge sind weder in Salz- noch Salpetersäure löslich, in Ammoniak hingegen gehen sie leicht
in Lösung über.

Enthält ein Harn viel Urate, die ihn trübten, so
erwärme man vorher gelinde; ist Albumen im Urin enthalten, so muss dasselbe durch vorheriges Coaguliren

und Abfiltriren entfernt werden, worauf sodann die chemische Untersuchung ausgeführt wird.

Unter dem Microscope zeigt sich das Kochsalz in treppenförmigen, regelmässigen Würfeln.

Krystallisirt es aus einer Lösung, die zugleich Harnstoff enthält, so bilden sich octaëdrische und tetraëdrische Krystalle.

Die quantitative Bestimmung ist im Anhange dieses Kapitels angegeben.

Die Sulfate.

Zum grössten Theile ist die als Sulfat im Harn vorhandene Schwefelsäure an Alkalimetalle gebunden; ein minimaler Theil hingegen ist in Form von aromatischen Aetherschwefelsäuren in demselben vorhanden. Theils nehmen wir die Schwefelsäure in der Nahrung auf, theils ist der Organismus im Stande, den mit diesen eingeführten Schwefel in Schwefelsäure zu verwandeln. (Umsetzung der Albuminate).

Ihre Abscheidung beträgt in 24 Stunden durchschnittlich 2,0.

Ausschliessliche Fleischdiät vermehrt dieselbe ganz wesentlich, sowie auch jene Zustände, die einen rascheren Stoffwechsel des Organismus herbeiführen (Körperliche Anstrengung).

Krankhafte Zustände bewirken häufig eine vermehrte oder verminderte Schwefelsäuresecretion.

Wird dabei die Nahrungsaufnahme verringert, so wird auch der der Nahrung entstammende Theil der Schwefelsäure dem entsprechend im Urin vermindert werden, und die ausgeschiedene Menge wird zum grossen Theil als Umsetzungsprodukt von Gewebsbetandtheilen angesprochen werden müssen; so sind in acuten fieberhaften Krankheiten z. B. bei Typhus, Variola, Rheu-

matismus trotz der kargen Diät bis zu 5,0 Schwefelsäure
in 24 Stunden mit dem Urin ausgeschieden worden,
eine solche abnorme Menge kann in diesen Fällen nur
durch eine Vermehrung des Gewebeumsatzes herbeigeführt werden. Bei chronischen Nierenkrankheiten findet
man nicht selten die Schwefelsäure quantitativ vermindert.

Direkte Zufuhr von Schwefel, von Schwefelsäure,
von schwefelsauren Salzen und anderen Schwefelver-
bindungen steigert den Schwefelsäuregehalt im Urin der
zugeführten Menge entsprechend.

Qualitativer
Nachweiss
der
Sulfate.

Als Reagens sowohl, als auch zur quantitativen
Bestimmung bedient man sich löslicher Barytsalze (Barytwasser), diese verbinden sich mit der Schwefelsäure zu
einem weissen, sehr feinpulverigen Niederschlage von
schwefelsaurem Baryt, der weder in Wasser noch in
irgend einer starken Säure löslich ist. Der auf Schwefelsäure zu prüfende Urin wird ·mit einigen Tropfen Salpetersäure stark sauer gemacht, und dann mit einer
Lösung von Chlorbaryum versetzt, ein entstehender
Niederschlag beweisst mit Gewissheit die Gegenwart von
Schwefelsäure.

Die Phosphate.

Die Phosphate eines normalen Urins bestehen
zum Theil aus saurem phosphorsaurem Natron, zum
Theil ist die Phosphorsäure an Kalk und Magnesia gebunden und bildet mit diesen saure, lösliche Salze.

Auch die Phosphorsäure gelangt mit den Nahrungsmitteln in den Organismus und ihre Ausscheidung
durch den Harn hängt theils von Veränderungen des
Stoffwechsels, theils von der Qualität und Quantität der
Nahrungszufuhr ab.

Fasten verringert, eiweissreiche Kost steigert ihre

Menge im Urin erheblich; ein nicht unbeträchtlicher Theil derselben wird mit den Faeces entleert.

Die Gesammtmenge der im Urin in 24 Stunden von einem Gesunden abgeschiedenen Phosphorsäure schwankt zwischen 2,0 und 5,0.

Sind die stickstoffhaltigen Bestandtheile und Chloride in abnormer Menge im Harn zugegen, so ist auch die Phosphorsäure in der Regel in abnormer Quantität vorhanden, im Allgemeinen ist diese aber in Krankheiten ungemein schwankend.

Im Anfange acuter fieberhafter Krankheiten stellt sich meist eine Verminderung der Phosphorsäureausscheidung heraus, bei lethalem Ausgange nimmt sie immer mehr ab. Während der Entfieberungsperiode werden wieder grössere (die grössten) Mengen von Phosphaten eliminirt, während in der späteren Reconvalescenz die Menge derselben kleiner wird. Die geringe Menge im Anfange acuter Krankheiten hängt weniger von der knappen Diät, als vielmehr von einer Retention der Phosphorsäure im Organismus ab, gerade der fiebernde Organismus scheint eine besondere Retentionsfähigkeit für die Phosphorsäure zu besitzen. Anderemale ist die Phosphorsäure bei sehr heftigen Fiebern kaum in verminderter, eher in vermehrter Menge, im Harn vorhanden, was dann auf einer vermehrten Eiweisszersetzung beruht, so wurden während der Acme nicht selten bis 8,5 Phosphorsäure in der 24 stündigen Harnmenge vorgefunden.

In chronischen Krankheiten schwankt die Phosphorsäure-Ausscheidung je nach dem Ernährungszustande, so dass eigentlich positive Werthe, wenigstens vor der Hand noch nicht, aufgestellt werden können. Im Allgemeinen findet man die Erdphosphate bei chronischen Hirnleiden, bei Rheumatismus, bei Osteo-

16

malacie, Rachitis und Blasencatarrh vermehrt, dagegen bei chronischen Rückenmarksleiden, bei Nierenkrankheiten und bei ausgedehntem Hydrops vermindert.

Neutralisirt- man einen sauren Urin mit Kalilauge oder mit Ammoniak, so fällt sogleich der in neutralen oder alkalischen Flüssigkeiten unlösliche phosphorsaure Kalk aus, ebenso die Magnesia, die sich bei vorhandenem Ammoniak mit diesem zu phosphorsaurer Ammoniak-Magnesia (sog. Tripelphosphate) verbindet und in Combinationen des rhombischen verticalen Prismas, sargdeckelähnlichen Krystallen zu Boden fällt. S. Tab. I, Fig. 5. Diese Tripelphosphate sind in Essigsäure löslich und entwickeln beim Erwärmen mit Natronlauge Ammoniak.

Der phosphorsaure Kalk ist häufig nur durch Kohlensäure in schwach sauren Urinen gelöst, und scheidet sich beim Kochen desselben, weissliche Flocken bildend, aus; Zusatz von Säuren löst ihn sofort wieder auf, unter dem Microscop sehen wir ihn entweder als amorphe Masse oder seltner krystallinisch als nadelförmige, sich oft im rechten Winkel kreuzende, Krystalle.

Diese beiden Erdphosphate finden sich ungemein häufig als Sedimente bei chronischen Krankheiten, fehlen nie im alkalischen Urin, und verhalten sich auch in der Siedehitze unlöslich, während die anderen phosphorsauren Salze (Kali und Natronverbindungen) im Harnwasser leicht löslich sind, und hierdurch ist auch eine Trennung der an Erden gebundenen Phosphorsäure von der an Alkalien sehr leicht gegeben.

Filtrirt man den Niederschlag der Erd-Phosphate ab und versetzt das Filtrat mit einer Lösung von schwefelsaurer Magnesia oder mit Chlorcalcium, so fällt jener an Alkali-Metalle gebundene und lösliche Theil der

Phosphate vollständig aus und bildet einen weisslichen, flockigen, in Wasser unlöslichen Niederschlag.

Qualitativ weist man die Phosphorsäure mittelst essig- oder salpetersaurem Uranoxyd nach. Ein mit Essigsäure angesäuerter Urin scheidet auf Zusatz dieses Reagens seine gelösten Phosphor-Verbindungen als einen in Wasser unlöslichen, gelblich weissen Niederschlag ab. Auch zur quantitativen Bestimmung wählt man dieses Uransalz. —

Eisen ist nur in geringen Spuren, aber stets im normalen Urin vorhanden.   *Eisen.*

Nachweisen kann man es nur aus der Asche der feuerbeständigen Harnbestandtheile, diese werden in Salzsäure gelöst, mit Wasser verdünnt und filtrirt. Im Filtrate wird das Eisen mit einer Lösung von Schwefelcyankalium nachgewiesen, geringste Quantitäten von Eisen führen eine, je nach der Menge verschieden rothe Färbung der Flüssigkeit herbei.

III. Abnorme Harnbestandtheile.

Albumin, Blut, Epithelien, Harncylinder, Eiter, Gallenfarbstoffe, Gallensäuren, Zucker, Cystin, Leucin, Tyrosin, Oxalsäure, Benzoe- und Bernsteinsäure und kohlensaures Ammoniak können anomaler Weise im Urin vorkommen, diese Körper gehören alle der organischen Materie an und deuten entweder auf bedeutendere Alterationen des Stoffwechsels hin, oder sie sind der Ausdruck andersartiger krankhafter Vorgänge im uropoëtischem Systeme. Der für uns wichtigste und zugleich am häufigsten vorkommende Fremdkörper im Urin ist das Albumen, und zwar   *Albumen.* fast immer das Serumalbumin, seltner treffen wir einen anderen Eiweisskörper, das Paraglobulin, im Urine an.

Die causalen Momente; welche einen eiweisshaltigen
Urin bedingen, sind 1. Ueberladung des Blutes mit
Eiweiss, 2. allzu grosse Verdünnung des Blutes, wo
dann auch in anderen Bezirken Blutflüssigkeit austritt
und Oedeme erzeugt; 3. bedeutende Steigerung des
Blutdruckes in den Nieren, wobei entweder die Zufuhr
beträchtlich gesteigert oder der Rückfluss bedeutend
behindert ist; 4. völlige Kochsalzentziehung; und endlich 5. wird der Harn durch Beimischung von Blut
und Eiter eiweisshältig.

Die Albuminerie kann vorübergehend, kurze Zeit,
auftreten oder das Eiweiss ist dauernd vorhanden; quantitativ findet man es von Spuren bis zu enormen Mengen
je nach der Ursache (1 bis 25,0 in 24 Stunden) im Harnwasser gelöst.

Als vorübergehendes Symptom tritt Albuminerie
sehr häufig während schwerer acuter fieberhafter Krankheiten auf, so besonders bei Typhus, Diphtheritis, Pneumonie, während der Efflorescenz acuter Exantheme, bei
schwerer Angina, Pyämie etc.

In der Regel sind hierbei die Eiweissmengen nur
minimale und mit dem Nachlasse der Fiebertemperatur
verschwindet auch das Albumen aus dem Urin wieder
gänzlich. Ebenso finden wir vorübergehend und meist
geringe Quantitäten von Albumen im Urin, sobald derselbe mit Blut oder Eiter vermengt ist.

Anhaltendere Albuminerie geht mit verschiedenen
Krankheiten der Nieren, mit dem Morbus Brightii, der
Speckniere und granulirten Niere einher oder sie ist
die Folge von Störungen der Circulations- und Respirationsorgane, s. z. B. bei Klappenfehlern des Herzens,
bei Pleuraexsudaten, bei Lungenemphysem etc.

Ein eiweisshaltiger Urin unterscheidet sich in seinen
physikalischen Eigenschaften nur wenig vom normalen

die Menge kann vermehrt oder vermindert sein, häufig besitzt er die gewöhnliche Färbung, zuweilen ist er sehr blass, strohgelb. Das specifische Gewicht ist meist etwas niedriger als normal. Schüttelt man albuminhaltigen Urin, so schäumt er stärker und der Schaum bleibt längere Zeit stehen; Männern fällt dies beim Uriniren in der Regel auf. Fast immer enthällt dieser Harn weniger Harnstoff.

Der Nachweis von Albumen im Urin ist meist leicht, einige Eigenschaften desselben aber können Zweifel erregen und geben Veranlassung zu doppelt aufmerksamer chemischer Prüfung. Chemischer Nachweis.

Der zu prüfende Urin muss klar sein, wenn nicht, filtrire man ihn zuvor; reagirt er neutral oder alkalisch, so setze man bis zur schwach sauren Reaction Essigsäure zu. Ein Reagenzglas wird zur Hälfte mit dem fraglichen Urin angefüllt und über der Spirituslampe bis zum Kochen erhitzt, ist Eiweiss vorhanden, so bemerkt man zunächst an der heissesten Stelle des Glases eine weisse molkige Trübung. bei weiterem Kochen erfolgt eine vollständige Coagulation des Albumen in Form weisslicher Flocken, welche sich nach und nach als voluminöser Niederschlag zu Boden senken; war nur wenig Albumen da, so erscheint blos eine leichte, etwas opalisirende Trübung. Auf Zusatz von Salpetersäure löst sich weder der Niederschlag auf, noch wird die Trübung dadurch beseitigt; dies ist ein wichtiger Unterschied von der ganz ähnlichen Ausscheidung der Phosphate aus erhitztem Urin, welche auf Zusatz von Salpetersäure in Lösung übergeht.

Beim Ansäuren alkalischer Harne kann es vorkommen, dass zu viel Essigsäure zugesetzt wurde, es bildet sich dann Acidalbumin, welches durch Erhitzen nicht gefällt wird; einen solchen zu stark angesäuerten

Urin versetze man mit einigen Tropfen einer Lösung von gelbem Blutlaugensalz (1 : 20) Selbst kleinste Mengen Eiweiss werden hierdurch flockig abgeschieden.

Auch einige Tropfen einer Glaubersalzlösung fällen aus einem übersäuerten Eiweiss-Harn beim Kochen das Albumen in weissen Flocken aus.

Ueberschichtet man concentrirte Salpetersäure in einem Reagenzglase mit Urin so, dass sich die Flüssigkeiten nicht gleich vermischen, so bemerkt man bei Gegenwart von Albumen alsbald an der Berührungsstelle eine Scheibe von coagulirtem Eiweiss, die sich als ein ganz scharf begrenzter Ring markirt, Urate können einen ähnlichen Ring erzeugen, der aber nie so scharf begrenzt ist und namentlich nach oben zu immer mehr verschwimmt. —

Enthält ein Urin Eiter oder Blut, so wird nach dem Filtriren desselben im Filtrate mehr oder weniger Eiweiss nachweisbar sein.

Hin und wieder wird es auffällig erscheinen, dass das Coagulum stark gefärbt ist (röthlich, braun, gelb), dies rührt dann entweder von der zersetzenden Wirkung der Salpetersäure auf die Harnfarbstoffe her, oder es ist Blutfarbstoff oder Gallenfarbstoff, der die Färbung erzeugte.

Concentrirte Salzsäure löst das Serumalbumin beim Kochen zu einer rothvioletten Flüssigkeit auf.

Quanti-
tative
Eiweiss-
bestimmung
im Urin.
Den quantitativen Gehalt eines Harnes an Eiweiss bestimmt man gewöhnlich nur nach dem Volumen, welches ungefähr das Sediment zur übrigen Flüssigkeitsmenge darbietet; das Schwanken desselben bestimmt man in der Weise, dass gleichweite und gleichlange Reagenzröhren mit gleichen Harnmengen in gleichen Zeitintervallen untersucht, stehen gelassen werden, mit dem Augenmaase schätzt man dann die einzelnen Differenzen ab.

Die exacte quantitative Bestimmung von Albumen ist schwieriger und praktisch von kaum werthvollem Interesse.

Blut im Urin.

Pathologische Zustände der Nieren und des übrigen uropoëtischen Systems haben oft bluthaltigen Urin im Gefolge; die Mengen des Blutes variiren dabei ungemein und in manchen Fällen finden wir nur die Blutfarbstoffe im Harnwasser gelöst.

Werden grosse Mengen von Blut im Urine gefunden, so wird die Quelle der Blutung wahrscheinlicherweise nicht in dem Nierenparenchym selbst liegen, sondern es stammt aus den Harnwegen, wozu Entzündungen des Nierenbeckens und der Ureteren, Hyperaemie oder Ulcerationen der Blasenschleimhaut, Carcinome der Blase, Nieren- oder Blasensteine die Veranlassung geben können.

Finden sich nur geringe Mengen Blut im Urin und fehlen dabei Symptome einer Affection der Harnwege, so darf man vermuthen, dass das Blut aus dem Nierenparenchyme kam, sicher wird dieser Schluss, wenn man im Sedimente noch Harncylinder nachweisen kann, es handelt sich alsdann um eine beginnende oder fortschreitende parenchymatöse Nephritis.

Sind grössere Mengen von Blut dem Harn beigemischt, so ist derselbe dunkelroth oder braunroth gefärbt und beim Stehen bildet sich am Boden des Gefässes ein Blutkuchen.

Manchmal gerinnt das Blut theilweise schon in der Harnblase, und die gebildeten Coagula werden unter sehr heftigen Schmerzen entleert; auch bereits in den Ureteren kann es zu Gerinselbildung kommen und das Blut tritt dann in länglichen wurmförmigen Ausgüssen der Ureteren (Blutcylindern) zu Tage.

Blut aus der Harnblase ist nicht innig mit dem Harn gemengt, wogegen jenes den übrigen Harnwegen abstammende ganz innig mit dem Harnwasser vermischt ist; im ersteren Falle tritt der Urin meist anfangs klar zu Tage, erst der letzte Rest besteht aus fast reinem Blute.

Enthält ein Urin nur minimale Menge Blut, so bekommt derselbe ein eigenartiges röthliches Ansehen, und bei längerem Stehen senkt sich ein leichtes, schwammig krümliches, rothbräunliches Sediment (Blut-körperchen) zu Boden.

Jeder bluthaltige Urin muss nothwendigerweise auch Faserstoff und Serum-Eiweiss enthalten.

Blut im Urin weisen wir auf chemischem Wege und mit dem Microscope nach, oder mittelst der Spectral-analyse, die auch die geringsten Spuren davon an zwei von einander getrennten schwarzen Absorptionstreifen zwischen den Frauenhoferschen Linien D und E im Gelb und Grün der Spectralfarben anzeigt.

Chemischer Nachweis. Auf Blut zu prüfenden Urin versetzen wir zunächst mit einigen Tropfen Kalilauge und erwärmen im Reagenz-glase gelinde. Die Phosphate werden sich ausscheiden und, den Blutfarbstoff einschliessend, als granatrothe Flocken erscheinen, die sich nach einiger Zeit am Boden absetzen. Dieses Sediment hat bei auffallendem Lichte eine schmutzig gelbröthliche Färbung, bei durch-fallendem hingegen eine prächtig blutrothe Farbe.

Das gelöste Hämaglobulin verwandelt sich dabei in unlösliches Hämatin.

War der Harn schon alkalisch, so werden sich die Phosphate bereits abgeschieden haben und in diesem Falle brigt man an Stelle der Kalilauge einige Tropfen einer schwefelsauren Magnesia- und Salmiaklösung zur Probe, wodurch gleichfalls ein Niederschlag entsteht, der den Blutfarbstoff in der nämlichen Art mit niederreisst.

Auch mit Tannin kann man Blut nachweisen.

Der Harn wird in einem Reagenzglase durch Natron-carbonat alkalisch gemacht, darauf mit einer geringen Quantität Tanninlösung vermischt und nun mit Essig-säure schwach angesäuert; bei Gegenwart von Blut bildet sich ein gefärbter Niederschlag, gerbsaures Hämatin.

Dieses Sediment getrocknet und microscopisch untersucht, zeigt die charakteristischen Häminkrystalle.

Ist der Blutfarbstoff in gelöstem Zustande im Harn-wasser vorhanden und gingen die Blutkörperchen zu Grunde (Hämoglobinurie), so erzeugen die angeführten Reagentien dieselben Reaktionen.

Soll Blut auf microscopischem Wege nachgewiesen Microscopi-scher Be-fund. werden, so sammelt man zuvörderst nach längerem ruhigen Stehenlassen des Urins den Bodensatz auf einem Filter, bringt davon eine Wenigkeit auf den Objectträger und zertheilt diese mit einem Tropfen Urin.

Die Blutkörperchen erscheinen nun entweder in ihrer bekannten Form oder sie sind bereits mehr oder weniger der Zerstörung anheimgefallen, es schwinden in diesem Falle zunächst ihre scharfen Contouren, die Ränder sind nicht mehr kreisrund, sondern oblong, eckig oder gezackt und durch Aufnahme von Flüssig-keit können dieselben gequollen sein. Auch ihre Farbe ist dann nicht mehr die gewöhnliche, sie werden ihres Farbestoffes beraubt, ausgelaugt und von blassem An-sehen; letzteres findet sich vorzüglich dann, wenn das Blut aus den Nieren stammt, wo es längere Zeit in den Bellinischen Röhren zurückgehalten wurde.

Meistentheils treffen wir die Blutkörperchen im Prä-parate vereinzelt an und nur bei grosser Menge der-selben sieht man sie geldrollenartig aneinander geschichtet.

Neben den rothen finden sich dann auch die weissen Blutzellen, ausgezeichnet durch ihre Grösse, deutliches

körniges Protoplasma, Mangel der Delle und Färbung.
Die Kerne liegen meist zu 2 bis 4 beisammen und
bilden kleine Häufchen. Durch Zusatz von Essigsäure
werden die rothen Blutkörperchen alsbald aufgebläht
und später lösen sie sich ganz darin auf.

Bringt man von dem getrockneten Sedimente eine
kleine Menge auf den Objectträger, fügt ein Körnchen
Kochsalz hinzu, bedeckt beides mit einem Deckgläschen
lässt darauf das Object von einem Tropfen Eisessig
durchdringen und erwärmt endlich den Objektträger, bis
die Essigsäure Blasen zu werfen beginnt, so beobachtet
man nach dem Erkalten des Präparates unter dem
Microscope bräunlich gefärbte, platte, rhombische Tafeln
— Häminkrystallen — (Teichmann'sche Krystalle).
Sind sie undeutlich ausgefallen, so lässt man nochmals
Eisessig zufliessen, erhitzt wie vorher und wird dann
bessere Krystallisation vorfinden. S. Tab. 4, Fig. 22.

Eiterkörperchen im Urin.

Eiter
im Urin.　　　Eiter ist dem Urin nicht allzuselten beigemischt
und deutet auf die Gegenwart einer acuten oder chronischen Entzündung in einem Theile des uropoëtischen Systems hin, oder es existirt ein Eiterherd
in der Umgebung, der mit den Harnwegen communicirt;
bald enthält der Urin in solchen Fällen nur wenige
Eiterkörperchen, bald auch sehr reichliche Mengen
davon und bildet dann ein weissgelbliches Sediment;
sind enorme Mengen vorhanden und reagirt der Harn
dabei alkalisch, so erstarrt das ganze Fluidum nach
kurzem Stehen und Erkalten zu einer geleeartigen, gallertigen, zäh am Gefässe haftenden Masse; letzteres finden
wir häufig bei schwereren chronischen Blasencatarrhen.

Nierenbeckenentzündungen und Blasen-

catarrhe sind die häufigsten Ursachen für eiter-
haltigen Urin.

Chemisch unterscheidet sich der Eiter von dem
Schleim, der jedem Urin mehr oder weniger beige-
mischt ist, durch sein Verhalten gegen Aetzkali. *Chemischer Nachweis.*
Versetzt man das fragliche und vom Harnwasser
getrennte Sediment mit einem Stückchen Aetzkali in
einem Reagenzglase und rührt mit einem Glasstabe
einigemale um, so wird Eiter nach einiger Zeit zu
einer glasigen, fadenziehenden, bei noch längerer Einwirkung des Aetzkalis zu einer compacten Masse er-
starren, Schleimstoff hingegen löst sich bei der
nämlichen Manipulation zu einer dünnen Flüssigkeit mit
weisslichen Flocken.

Unter dem Microscope erscheinen die Eiter- *Micros-copischer*
körperchen als runde, matt granulirte, wenig oder nicht *Befund.*
durchsichtige Gebilde, die Hüllmembran derselben ist
entweder glatt oder sehr fein warzig, sie sind etwas
grösser als die weissen Blutzellen, farblos und nur bei
durchfallendem Lichte besitzen dieselben einen Stich
ins Graue.

Auf Zusatz von Essigsäure verschwindet die feinkörnige Trübung, die Kerne werden deutlich sichtbar
und das ganze Körperchen quillt auf. Oefters sieht man
auch durch Wasser stark aufgeblähte Eiterkörperchen
mit sehr glatter Membran, die schliesslich zerplatzt und
ihren Inhalt austreten lässt. S. Tab. 2, Fig. 10.

Epithelien im Urin.

Jeder Harn enthält normalerweise geringe Mengen *Epithelien im Urin.*
von abgestossenen Epithelien der Harnwege; pathologische Zustände dieser Organe hingegen bedingen
immer eine zahlreichere Abstossung dieser Elemente,
die dann mit dem Urin hinausgeschwemmt, bei

ruhigem Absetzenlassen als weissliche Sedimente auffällig werden.

Durch ihre einzelne Form verrathen dieselben unter dem Microscope ihre Ursprungsstätte.

Die Epithelien der Harnkanälchen zeichnen sich durch ihre cubische Form aus; sie erscheinen bei entzündlicher Reizung der Nieren theils vereinzelt, theils mit einander verklebt in Form von Epithelschläuchen, die einzelne Zelle besitzt neben einer relativen Grösse einen sehr scharf contourirten Kern.

Das Epithel der Henle'schen Schleife ist Pflasterepithel, während die Tubuli recti in den Sammelröhren mit Cylinderepithel ausgekleidet sind.

Das Nierenbecken wird von einem gemischten Epithel — Pflasterepithel, conischen und geschwänzten Zellen — bedeckt. Die conischen Zellen sind in der Regel doppelt länger als breit und nach dem einem Ende zu breiter als länger, die geschwänzten Zellen haben theils kuglige, theils eine annährend ovale oder keulenförmige Gestalt und laufen häufig in eine sehr feine Spitze aus; der Kernkörper ist meistentheils central gelegen und scharf contourirt.

Die Ureteren besitzen ein regelmässigeres Pflasterepithel, welches sich aus ziemlich gleichmässigen polygonalen Zellen, mit nahezu central gelegenem, etwas hervorragenden, scharf contourirten Kern, zusammensetzt.

In der Blase treffen wir ein viel grösseres, mehrfach geschichtetes Epithel an, die oberste Schicht besteht aus abgeplatteten polygonalen Zellen, die tieferliegenden haben mehr cubische Gestalt oder sie sind kreisrund.

Die weibliche Harnröhre hat dieselben Zellformen, die männliche hingegen ist mit einem dem Nierenepithel ähnlichen ausgekleidet und kann mit diesem verwechselt werden; Eiweiss im Urin corrigirt diese event. fehlerhafte Deutung. S. Tab. 2, Fig. 7, 8 und 10.

Unter pathologischen Zuständen der Nieren wird auch das Epithel derselben pathologisch verändert, fettige und amyloide Entartung derselben sind dabei häufig zu constatiren. Liegt amyloide Degeneration des Organs vor, so werden wir an den Epithelien auf Jodzusatz unter dem Microscope die Jodamylumreaktion erscheinen sehen. Anilinjodviolettlösung (1 : 100) färbt dieselben lebhaft roth.

Harncylinder im Urin.

Bei acuten wie chronischen Krankheiten der Nieren finden sich in dem Harnsedimente eigenthümliche Gebilde, die sogenannten Harncylinder oder Nierenschläuche. Sie sind nur microscopisch erkennbar und werden in dem auf einem Filter gesammelten Sedimente bei einer 2 bis 300 fachen Vergrösserung aufgesucht. In der Regel versetzt man das Präparat, um dieselben deutlicher hervortreten zu lassen, mit einem Tropfen Jod-Jodkalilösung oder auch mit einer Fuchsinlösung.

Am sichersten lassen sich die Harncylinder finden, wenn der Urin 12—24 Stunden in einem Spitzglase gestanden hat, das Sediment wird nun, nach vorsichtigem Abgiessen der Flüssigkeit, auf einem Filter gesammelt und mit etwas destillirtem Wasser ausgewaschen, gefärbt oder ungefärbt der microscopischen Analyse unterzogen.

Im Wesentlichen unterscheiden wir drei Categorien derselben und zwar: Epitheliale, hyaline und granulirte Cylinder.

Der Gestalt nach erscheinen die Harncylinder als cylindrische, gerade oder ein- und mehrfach gewundene, ungleich lange und nicht ganz gleich dicke Körper.

Harncylinder im Urin

An ihren Enden sind sie entweder scharf abgebrochen oder an dem einen fingerartig abgerundet; mitunter zeigen sie Einkerbungen und varicöse Erweiterungen. Aehnlichen Configurationen begegnet man nicht selten im Urin, die aber nur aus aneinandergelagertem Schleim oder Eiweiss-Molecülen bestehen, diese sind schmäler und weniger bestimmt typisch ausgebildet als die wahren Harncylinder.

Epitheliale Cylinder. Die Epithelialschläuche bestehen aus dem Epithelialbeleg der Bellinischen Harnkanälchen, welches in zusammenhängenden, schlauchartigen Stücken durch pathologische Processe abgestossen und mit dem Urin ausgeleert wird. Diese Schläuche sind meist blass und fast durchsichtig, um sie herum bemerkt man kleine, rundliche Zellen und Kerne gelagert, häufig schliessen sie Harnsäurekrystalle, Blutkörperchen oder Blutcoagula ein.

Hyaline Cylinder. Die hyalinen Harncylinder zeigen sich als äusserst blasse, oft glasshelle, durchsichtige, zart contourirte Schläuche von verschiedener Länge und Dicke gewunden oder gerade, varicös erweitert oder eingeschnürt.

Manchmal sind sie feinkörnig getrübt und mit Fettmolecülen und Eiterkörperchen besetzt.

Eine häufige Modification der hyalinen Cylinder bilden die sogenannten Wachscylinder, diese unterscheiden sich durch ihr starkes Lichtbrechungsvermögen, leichte gelbliche Färbung und durch ihren meist wachsartigen Glanz.

Granulirte Cylinder. Die granulirten Harncylinder (fibrinöse) sind der Form nach den hyalinen sehr ähnlich, unterscheiden sich aber wesentlich von diesen durch mehr oder minder starke Imprägnirung mit einer sehr feinkörnigen Masse, wodurch sie unter dem Microscop dunkel erscheinen; Zusatz von Essigsäure löst manchmal die Granulationen auf. Entweder finden wir die Granulationen so ziemlich gleichmässig über den ganzen Cylinder vertheilt oder nur stellenweise angehäuft; auch hier findet man bisweilen ein- und aufgelagerte Crystalle von Harnsäure oder oxalsaurem Kalk, ferner Blut-Eiterkörperchen, Fetttröpfchen und Epithelien aus den Harnkanälchen.

Häufig finden sich noch Uebergangsformen vom hyalinen zum granulirten Cylinder; diese wie jene stellen die Abdrücke der geraden wie gewundenen Harnkanälchen dar und bestehen aus geronnenem exsudirtem Faserstoff. S. Tab. 2, Fig. 7. 8 und 9. Normaler Urin darf nie diese Körper enthalten, sind sie vorhanden, so deuten sie stets auf einen mehr oder minder heftigen entzündeten Zustand der Nieren hin; sei es, dass diese Organe primär erkrankten, sei es, dass sie durch andere krankhafte Processe erst secundär in Mitleidenschaft gezogen wurden, wie dies so ungemein häufig bei Scarlatina während des Abschuppungs-Stadiums der Fall ist, ebenso finden sich auch bei Cholera, bei Pocken, bei Typhus und bei anderen Infectionskrankheiten mehr oder minder grosse Mengen von Harncylindern in allen ihren Formen vor. Hin und wieder treten dieselben im Verlaufe einer croupösen Pneumonie und während eines catarrhalischen Icterus vorübergehend im Urine auf.

Acute Nephritis, chronischer Morbus Brightii und die amyloide Nierendegeneration führen stets und pathognomisch für diese Krankheiten zur Absonderung von Harncylindern und zwar können dabei alle Arten derselben im Sedimente vertreten sein, so dass die einzelne ihrer Beschaffenheit nach eine differentielle Diagnose dieser drei Krankheitsformen nicht gestattet.

Finden wir in einem Harnsedimente nur epitheliale

Cylinder und blos einige Tage nacheinander, so wird
es sich wahrscheinlicherweise um eine, ohne weitere
Folgen hinterlassende, desquamative Nephritis mit
günstiger Prognose handeln, sind nebenbei aber auch
noch relativ zahlreiche Eiterkörperchen vorhanden, so
wird die Prognose nicht so günstig gestellt werden
können, indem wir auf einen intensiveren entzündlichen
Process im Nierenparenchyme oder in den Nierenkelchen
und den Nierenbecken schliessen müssen.

Hyaline und granulirte Cylinder hingegen
weisen stets auf einen noch heftigeren entzündeten Zustand des Nierenparenchyms hin, der fast stets chronisch
zu werden pflegt, und je mehr und je länger diese
Cylinder im Harnsedimente gefunden werden, desto intensiver ist die Nierendegeneration; die Prognose wird noch
ungünstiger für den Kranken.

Finden sich reichliche Ein- und Auflagerungen von
Fettkörnchen und Fetttröpfchen ausserdem noch,
so wird die Diagnose auf die fettige Degeneration
der Niere nicht unwahrscheinlich, in der Regel bemerkt
man dann auch fettig infiltrirte und fettig degenerirte
Nierenepithelien in die Cylinder eingeschlossen, sowie
eine grössere Anzahl von freien, fettig entarteten Epithelien, wodurch die Diagnose auf das zweite Stadium
der Brightischen Krankheit fast ganz sicher wird.

In den späteren Stadien dieser Affection werden
die Cylinder schmäler, die Epithelien, sowohl die eingeschlossenen, wie die freien, schrumpfen zusammen und
deuten alsdann auf eine fibröse oder granulöse Entartung der Niere hin, die rasch zu einem lethalen Ausgange führt.

Bei der amyloiden Nierendegeneration finden
wir dieselben Harncylinder, wie beim acuten und chronischen Morbus Brightii, aber ausser fettig degenerirten

Epithelien finden sich hierbei noch amyloid entartete, die sich auf Zusatz von Methylanilin (Anilinjodviolett-lösung) schön roth färben, während nicht amyloide blau gefärbt werden.

Selten sind bei dieser Krankheit Blutkörperchen und noch seltener Eiterkörperchen im Harnsedimente nachweisbar, erstere treten hierbei nur dann auf, wenn die amyloide Entartung die Resistenzfähigkeit der Gefässe herabsetzte, letztere, wenn gleichzeitig eine interstitielle Nierenentzündung vorhanden ist.

Nicht allzuselten treffen wir die angeführten Modificationen zu gleicher Zeit an, denen dann sehr complicirte pathologische Veränderuugen in den Nieren zu Grunde liegen.

Zucker im Urin.

Normalerweise enthält der Urin eines Gesunden nur sehr geringe Spuren von Traubenzucker, ca. 0,10 in der 24 stündigen Harnmenge, grössere Quantitäten sind pathologisch und gehören pathognomisch nur der Zuckerharnruhr, dem Diabetes mellitus, an. Sporadisch tritt manchmal auch bei Geisteskranken, nach schweren Nervenalterationen, bei Ischias, bei Mastitis, nach sehr schmerzhaften Operationen auf kurze Zeit Zucker im Urine auf.

Dauernde und grössere Mengen dieses Körpers im Urin führen, wenn auch meist langsam, zu sehr schweren und unheilbaren Störungen im Organismus.

Durch stärke- und zuckerhaltige Kost wird die Production des Harnzuckers gesteigert, durch ausschliessliche Fleischdiät (eiweissreiche Kost) dieselbe herabgesetzt.

Der Diabetes mellitus beruht auf einem anormalen Stoffwechsel, bei welchem die Oxydations-

17

processe der Eiweisskörper und Kohlehydrate im Organismus nicht zu ihrem gewöhnlichen Ende geführt
werden und nicht blos der Urin, sondern auch das
Blut, der Speichel, der Schweiss und die Gewebsflüssigkeiten sind mit diesem glycogenen Körper abnorm
geschwängert.

Schon die physicalischen Eigenschaften des Zucker-
harns sind sehr prägnante, vor Allem wird eine enorme
Menge Urin entleert, die in 24 Stunden bis zu
10,000 C. C. ansteigen kann, er erscheint sehr blass,
höchstens strohgelb gefärbt, mit einem Stich ins Grünliche, ist vollkomen klar und sedimentirt für gewöhnlich nicht. Trotz der enormen Wassermenge besitzt
doch der diabetische Urin ein sehr hohes, sogar bis das
höchste specifische Gewicht, was überhaupt vorkommt,
im Minimum 1028 gewöhnlich 1030—1040, in manchen
Fällen ist es bis 1060 gefunden worden. Die stickstoffhaltigen Bestandtheile überschreiten quantitativ stets
die Norm. Harnsäure und oxalsaurer Kalk bilden
hin und wieder Sedimente und nach längerem Stehen
eines zuckerhaltigen Urins entwickeln sich in ihm zahlreiche Hefezellen. S. T a b. 3, F i g. 13.

Der Nachweis von Zucker im Urin kann nach verschiedenen Methoden geliefert werden, und um vor
Täuschungen geschützt zu sein, sollten stets mehrere
derselben angewendet werden.

Enthält der Harn E i w e i s s, so entferne man
dasselbe zuvor durch Coaguliren und abfiltriren; aus
einem dunklen Urin fälle man vor der Analyse die
F a r b s t o f f e mit Bleizucker aus, oder entfärbe den
Harn mit Thierkohle, das Filtrat wird dann zur Analyse verwandt.

Chemischer Nachweis von Harn- zucker.

1. T r o m m e r's P r o b e.

Trommer- sche Probe.

Man verdünne zunächst den Urin mit der fünffachen Menge Wasser, bringe etwas davon in ein Reagensglas und versetze das Quantum mit dem halben Volumen Aetzkali; zu diesem Gemisch füge man 3 bis 4 Tropfen einer Kupfervitriollösung (1 : 10) oder event. soviel davon, bis eine klare deutlich blaue Flüssigkeit erhalten ist, und erhitze bis nahe zum Sieden. Ist Zucker vorhanden, so bildet sich zuerst eine gelbe wolkige Ausscheidung von Kupferoxydhydrat und zwar von der Oberfläche der Flüssigkeit ausgehend, die sich allmählich dunkler färbt und schliesslich als pulveriger kupferbraunrother Niederschlag von Kopferoxydul ab- geschieden wird. Blosse Entfärbung der Flüssigkeit, blau zu gelb, darf nicht als Zuckerreaction gedeutet werden. Der Zucker reducirte in der alkalischen Lösung das Kupferoxyd zu Kupferoxydul. Lässt man die so dargestellte Mischung ohne jedes Erwärmen 6 bis 24 Stunden ruhig stehen, so scheidet sich auch hier bei Gegenwart von Harnzucker das Kupferoxydul ab. Da auch andere organische Substanzen, wie z. B. die Harn- säure und das Kreatinin in der Siedehitze reducirend auf das Kupferoxyd einwirken, bei gewöhnlicher Tem- peratur dies aber nicht vermögen, so empfiehlt sich diese Gegenprobe ganz besonders.

2. Fehling'sche Probe.

Käufliche Fehling'sche Lösung wird mit der vier- Fehling-
sche Probe. fachen Menge destillirten Wassers verdünnt, ein be- liebiges Quantum davon in ein Reagensglas gebracht und bis zum Kochen erhitzt und hierauf mit einigen Tropfen des zu untersuchenden Harnes versetzt; bei Gegenwart von Harnzucker scheidet sich alsbald, oft sofort, rothes Kupferoxydul aus.

Das vorherige Verdünnen und Aufkochen der Lösung ist unbedingt nothwendig, das letztere nament-

17*

lich deshalb, weil die betreffende Lösung unter Umständen bei Siedehitze auf sich selbst reducirend einwirkt. (Zersetztes Präparat.)

3. Böttger's Probe.

Böttger's
Probe.

Man mischt gleiche Volumina Harn und kohlensaure Natronlösung (1:3) in einem Reagensglase, giebt
eine Messerspitze Bismuth. subnitric. hinzu und kocht
diese Mischung eine Zeit lang; ist Harnzucker vorhanden, so wird das Wismuthoxyd von demselben reducirt und in ein graues oder schwarzgefärbtes Pulver
umgewandelt (metallisches Wismuth).

4. Moore'sche Probe.

Moore'sche
Probe.

Harn wird mit dem halben Volumen Aetzkalilauge
in einem langen Reagensglase gemischt und der obere
Theil der Flüssigkeitssäule bis zum Kochen erhitzt. Bei
Gegenwart von Zucker wird sich dieser Theil gelb bis
braunroth färben, während der untere Theil noch ungefärbt bleibt, erhitzt man auch diesen bis zum Kochen,
so wird er gerade so verändert, Zusatz von Salpetersäure erzeugt einen deutlichen Geruch nach verbranntem
Zucker (Caramel), wobei die Flüssigkeit farblos wird.

5. Die Gährungsprobe.

Gährungs-
Probe.

Den untrüglichsten Beweis von Zucker im Urin
liefert die Gährungsprobe, denn, wenn hierbei als
Zersetzungsprodukte des fraglichen Körpers Alcohol
und Kohlensäure nachgewiesen werden können,
muss der Urin zuckerhaltig gewesen sein.

Zu diesem Versuche bedarf man zweier kleiner
Glaskolben, die durch eine zweimal rechtwinklig ge-
bogene Glasröhre, mittelst gut schliessender Korke luft-
dicht mit einander verbunden sind. Der eine Schenkel

der Gasleitungsröhre soll bis auf den Boden des einen Kolbens reichen, der andere nur ein kleines Stück im Halse des anderen einmünden.

Diesen letzteren füllt man nun bis ohngefähr zur Hälfte mit dem fraglichen Urin und bringt hierzu ein Stückchen H e f e. In dem anderen Kolben befindet sich etwas B a r y t - oder K a l k w a s s e r. Beide Kolben werden nun geschlossen und der mit Harn versehene auf ca. 20° bis 25° C. erwärmt. Ist Zucker im Harne enthalten, so bemerkt man alsbald G ä h r u n g s e r - s c h e i n u n g e n; die Flüssigkeit trübt sich und es entwickeln sich Gasbläschen von K o h l e n s ä u r e, diese tritt durch das Gasleitungsrohr in den andern Kolben über und erzeugt dort eine Ausscheidung von k o h l e n s a u r e m B a r y t oder K a l k. Nach einiger Zeit hört die Gasentwicklung auf, die Flüssigkeit wird wieder ziemlich klar und enthält jetzt A l c o h o l. Ebenso wichtig wie die qualitative Analyse auf Harnzucker ist auch die quantitative, die im Anhange angegeben ist.

Auch durch den P o l a r i s a t i o n s a p p a r a t kann man leicht und ganz positiv Zucker im Harn nach- weisen, sowie gleichzeitig den quantitativen Gehalt an Zucker bestimmen.

Gallenstoffe im Urin.

Sowohl die G a l l e n f a r b s t o f f e als auch die G a l l e n s ä u r e n treten als normwidrige Körper im Urine auf und tingiren denselben auffällig gelb, gelb- grün, braungrün oder selbst bierbraun; beim Schütteln schäumt derselbe stark und zeigt in dem ziemlich lange stehen bleibenden Schaume noch deutlicher die gelbe, grüne oder braune Farbe.

Diese Stoffe gehen in den Harn über sobald ent-

weder ein h e p a t o g e n e r oder ein h a e m a t o g e n e r
I c t e r u s vorhanden ist. Beim hepatogenen, S t a u -
u n g s i c t e r u s liegen stets m e c h a n i s c h e H i n d e r -
n i s s e für den Abfluss der G a l l e aus dem D u c t u s
c h o l e d o c h u s in das D u o d e n u m vor, beim haema-
togenen, B l u t i c t e r u s , hingegen handelt es sich stets
um einen t h e i l w e i s e n Z e r f a l l der B l u t -
k ö r p e r c h e n , deren freigewordener B l u t f a r b s t o f f
in G a l l e n f a r b s t o f f (Bilirubin) umgesetzt wird. In
diesem Falle fehlen die G a l l e n s ä u r e n im Urine als
sehr wichtiger diagnostischer Unterschied vom Stauungsicterus.

Chemischer Nachweis der Gallen-farbstoffe. Die G a l l e n f a r b s t o f f e sind chemisch nach
mehreren Methoden leicht nachweisbar und besonders
deshalb ist die Analyse darauf hin diagnostisch wichtig,
weil wir aus dem positiven Befunde schon früher einen
I c t e r u s constatiren können, ehe andere deutliche
Symptome, i c t e r i s c h e F ä r b u n g der Schleimhäute etc. auftreten.

Gmelin'sche Probe. 1. In ein S p i t z g l a s giesse man ca. 3 C. C. rohe
concentrirte S a l p e t e r s ä u r e , diese überschichte man
vorsichtig mit einer P i p e t t e mit dem zu prüfenden
U r i n , so dass die beiden Flüssigkeiten nicht mit einander vermischt werden, bei Gegenwart von G a l l e n -
p i g m e n t entwickelt sich an der Berührungsstelle
beider Flüssigkeiten ein schönes F a r b e n s p i e l .

Es entsteht daselbst zunächst ein smaragdgrüner
Ring, der allmälig höher steigt und an dessen unterer
Grenze nach und nach ein blauer, violettrother und
endlich ein gelber Ring nachfolgt, aber nur der grüne
Ring ist charakteristisch für die G a l l e n f a r b s t o f f e ,
da die übrigen farbigen Ringe auch durch andere Farbstoffe des Harns erzeugt werden. Enthält die Salpetersäure zu viel salpetrige Säure, so verläuft die Reaction

so stürmisch, dass nur auf einige Augenblicke der grüne
Ring erscheint, um dies zu umgehen fügt man zum
Urin, nach der B r ü c k e'schen Methode, einige ^{Brücke'sche}
Tropfen von verdünnter und ausgekochter S a l p e t e r-
s ä u r e , dann lasse man vorsichtig bei geneigtem
Reagensglase einige C. C. concentrirte S c h w e f e l-
s ä u r e hinzulaufen, diese bildet dann die unterste
Schicht, die darüberstehende leichtere Salpetersäure
wird allmälig zersetzt und der über dieser stehende
Urin entwickelt nun langsam in der oben angedeuteten
Weise mit dem grünen Ringe beginnend, das Farbenspiel.

3. Eine concentrirte Lösung von s a l p e t e r- ^{Fleischel-}
s a u r e m N a t r o n wird mit gleichen Theilen H a r n
in einem Reagensglase vermischt, hierauf lässt man im
schräg gehaltenen Glase vorsichtig ca. eine 3 C. C. hohe
Schicht concentrirter S c h w e f e l s ä u r e zulaufen. Das
Salz zersetzt sich sehr langsam und die gleiche Reaktion
entwickelt sich sehr allmälig und bleibt oft $^1/_2$ Stunde
und länger deutlich sichtbar, nebenbei zeigt dieselbe
auch die geringsten Spuren von G a l l e n p i g m e n t e n an.

4. Man versetzt Urin mit c o n c e n t r i r t e r Kali- ^{Ulzmann-}
lauge (1 : 3), schüttelt um und übersäuert durch all-
mähligen Zusatz von reiner S a l z s ä u r e das alkalische
Gemisch, sobald nun U e b e r s ä u e r u n g eintritt, zeigt
die Flüssigkeit eine s m a r a g d g r ü n e Farbe, die längere
Zeit bestehen bleibt.

5. Man filtrire eine grössere Menge i c t e r i s c h e n ^{Rosenbachs}
Harn durch ein P a p i e r f i l t e r , gleich nach dem
Abfiltriren lasse man einen Tropfen S a l p e t e r s ä u r e
über die Innenfläche des Filters herablaufen; es zeigt
sich alsdann eine ovale Figur, die alle jene F a r b e n v e r-
ä n d e r u n g e n aufweist. Die betreffende Stelle wird
gelb, dann gelbroth, am Rande violett, an der Peripherie
bildet sich ein intensiv blauer Ring und an diesen

schliesst sich alsbald ein immer deutlich werdender, zuletzt smaragdgrüner Kreis an. Diese Farben bleiben
bisweilen stundenlang nebeneinander bestehen.

6. Zum Nachweise sehr geringer Mengen von Gal-
lenpigmenten benutzt man Chloroform, welches den
Farbstoff aufnimmt, man schüttelt einfach gleiche Theile
Harn mit Chloroform, die Farbstofte bleiben im Chloroform und färben dieses gelblich. Der überstehende
Urin wird mittelst einer Pipette aufgesogen und entfernt,
die Chloroformlösung hierauf mit roher Salpetersäure
überschichtet, wonach sich bei Gegenwart jener Stoffe
das betreftende Farbenspiel auf das schönste entwickeln wird.

Lässt man das Chloroform an der Luft verdunsten
so bilden sich rothgelbe bis rubinrothe Krystalle von
Bilirubin, die auch unter dem Microscop nach Zusatz
von Salpetersäure die Farbenreaction brillant zeigen
werden.

Die Gallensäuren.

Gallen-
säuren im
Urin.
     Ihr Nachweis ist deshalb von grosser Wichtigkeit,
weil diese, wie schon angedeutet, niemals beim haema-
togenen Icterus auftreten und nur bei dem Resorp-
tions-Icterus vorkommen.

Pettenkofers
Probe.
     Um die Gegenwart der Gallensäuren zu con-
statiren, mische man 100 C. C. Urin mit einer Messerspitze voll Zucker, tauche in die Lösung einen Streifen
weisses Fliesspapier und lasse diesen trocknen. Bringt
man auf denselben dann einen Tropfen reiner Schwefelsäure, so wird sich bei Gegenwart von Gallensäuren
die getroffene Stelle je nach deren Menge mehr oder
minder intensiv purpurviolett färben.

Oder man verdampfe von dem zu prüfenden Urin
einige Tropfen auf dem Wasserbade in einem Porzellan-

schälchen zur Trockne, setze einen Tropfen Zucker-
lösung hinzu (0,5 : 1000) und einen Tropfen concentrirte Schwefelsäure.

Erwärmt man nun die Schale auf einige Augenblicke
auf dem Wasserbade, so tritt bald am Rande derselben
eine violettrothe Färbung ein, vom Wasserbade
entfernt nimmt die Reaktion an Intensität noch bedeutend zu.

Cystin, Leucin und Tyrosin im Urin.

Diese drei Körper sind seltnere und auch nur in
kleinerer Menge abnormerweise im Urin vorkommende
Substanzen.

Cystin wird hin und wieder bei Harngries und
in Blasensteinen gefunden.

In Sedimenten und Steinen weisen wir es chemisch
durch Lösung dieser in Kalilauge nach, versetzt man
diese Solution alsdann mit einer Nitroprussidkalium-
lösung, so wird bei Gegenwart von Cystin das Gemisch
schön violett gefärbt.

Unter dem Microscope erscheint das Cystin in
farblosen, glänzenden sechsseitigen Tafeln oder Prismen.
S. Tab. 2 Fig. 11.

In Wasser, Alcohol und Aether ist es unlöslich,
leicht wird es durch ätzende Alkalien, Mineralsäuren
und Oxalsäure gelöst.

Leucin und Tyrosin bilden oft bei der
acuten Leberatrophie grüngelbliche, lockere
Sedimente im Urin; diese Stoffe weisen auf eine unvoll-
kommene Oxydation der Eiweisskörper hin, wobei es
nur bis zur Bildung der Vorstufe des Harnstoffes kommt.
Auch bei Phosphorvergiftungen finden wir diese
beiden Körper im Urin.

Um Leucin chemisch nachzuweisen, fällt man

Cystin.

Leucin.

den Harn zunächst mit Bleiessig, filtrirt und entfernt das Blei durch Einleiten von Schwefelwasserstoff. Die entbleite und abfiltrirte Flüssigkeit wird dann im Wasserbade bis zur Syrupsconsistenz eingedampft und an einem kühlen Ort längere Zeit stehen gelassen; Leucin und Tyrosin scheiden sich alsdann in schwach gelbgefärbten warzigen Massen und Krusten ab. Diese Krystalle werden hirauf zwischen Filtrirpapier von der Mutterlauge abgepresst und mit Alcohol gekocht und die Lösung kochendheiss filtrirt; beim Erkalten scheidet sich nun das Leucin krystallinisch allein aus. Das Tyrosin ist im kochenden Alcohol unlöslich und blieb also im Rückstande.

Durch Schmelzen mit Kalihydrat zersetzt sich das Leucin unter Bildung von Kohlensäure, Ammoniak und Wasserstoff in Baldriansäure.

Unter dem Microscope erscheint das Leucin in rundlichen, meist gelb gefärbten, zum Theil concentrisch gestreiften Scheiben, an denen hier und da feine Spitzen hervorragen, häufig haben sie das Ansehen grosser Fettkugeln. S. Tab. 2 Fig. 12.

Tyrosin.   Das Tyrosin tritt unter den nämlichen pathologischen Zuständen wie das Leucin auf.

Unter dem Microscope stellt es sich in seidenglänzenden, schneeweisen, langen Krystallnadeln dar, welche in garbenartigen Bündeln gekreuzt auf- und aneinander liegen. S. Tab. 2 Fig. 12.

Oxalsäure im Urin.

Oxalsaurer
Kalk.   An Kalk gebunden findet sich die Oxalsäure in kleinen Mengen häufig im Urin, tritt sie jedoch in grösseren Mengen auf, so wird sie diagnostisch wichtig, es besteht dann die oxalsaure Diathese, die Oxalurie,

die als Folge eines retardirten Stoffwechsels angesprochen wird.

Auch in der Reconvalescenz nach schweren acuten Krankheiten (Typhus) und bei Respirationsstörungen beobachtet man eine vermehrte Absonderung von oxalsaurem Kalk im Urin.

In den meisten Fällen ist dieser Körper krystallinisch im Harnsedimente vorhanden und dann leicht mit dem Microscope nachzuweisen. (Starke Vergrösserung.) Der oxalsaure Kalk krystallisirt in Form meist sehr kleiner, durchsichtiger, glänzender, stark lichtbrechender, scharfkantiger Quadratoctaëter, welche Aehnlichkeit mit Briefcouverts haben. Reagirt der Harn sehr sauer, so neutralisire man ihn mit etwas Alkali; nach 24stündigem Stehen haben sich die Oxalate dann gewiss abgeschieden und sind im Sedimente zu finden. S. Tab. 1 Fig. 3.

Niedere Organismen im Urin.

Steht der Harn eine Zeit lang in offenen Gefässen, so wird er ungemein bald von **Infusorien** und **Bacterien** durchsetzt, nur in sehr seltenen Fällen entwickeln sich solche bereits in der Harnblase.

Unter dem Microscope sieht man diese Organismen theils als ruhende, theils als sich bewegende Punkte (**Monaden**), theils als kurze Stäbchen mit etwas aufgetriebenem Ende in tanzender Bewegung. Manchmal bilden diese kürzere (**Vibrionen**), theils längere Ketten (**Leptothrixfäden**). **Hefepilze (Saccharomyceten)** bilden sich häufig im diabetischen Harn und bilden verschieden grosse, ovale und zusammenhängende kuglige Gebilde. S. Tab. 3 Fig. 13.

Bei **Infectionskrankheiten**, Scharlach, Typhus, Malaria etc. finden sich sehr häufig **Micrococcen** und oft in sehr grosser Menge im Urin. Microscopisch erscheinen diese entweder als sehr feinkörnige, ganz gleichgross runde, rauchgraue Körnchen, meist in verschieden grossen Häufchen zusammengelagert, oder sie bestehen aus gleichförmigen kurzen Stäbchen kettenartig aneinandergereiht oder Colonien bildend. Nur bei sehr starken Vergrösserungen werden sie sichtbar. Die meisten nehmen auf Zusatz von Hämatoxylinlösung eine bräunliche Färbung an.

Auch die zu den Chizomyceten gehörige Sarcine kommt bisweilen im Harne vor, sie ist etwas kleiner als diejenige im Magen und besteht wie diese aus würfelförmig nebeneinanderlagernden Zellen.

ANHANG.

1. Quantitative Bestimmung der wichtigeren Harnbestandtheile mittelst der Titrirmethode.

1. *Bestimmung des Harnstoffes nach Liebig.*

Hierzu sind erforderlich:

1. eine Normal-Quecksilberlösung von der 1 C. C. der Lösung 10 Milligramm Harnstoff anzeigt.

2. eine Barytmischung, bestehend aus einem Volumen einer kalt gesättigten Lösung von salpetersaurem Baryt und zwei Volumen kalt gesättigtem Barytwasser.

3. eine concentrirte kohlensaure Natronlösung.

4. eine Mohr'sche Burette, eine Pipette, einige Uhrgläser, Glasstäbe und Bechergläser.

Zunächst muss die Schwefelsäure und Phosphorsäure mittelst der Barytmischung ausgefällt werden. Hierzu misst man 40 C. C. Harn mit einer Pipette ab und vermischt diesen in einem Becherglase mit 20 C. C. Barytmischung, rührt mit einem Glasstabe um und filtrirt durch ein trocknes Filter. Von den Filtrate misst man sich für jede Probe 15 C. C., 10 C. C. Harn enthaltend, in ein Becherglas ab.

Ist der Harn an Phosphorsäure reich, so mischt man gleiche Volumina Harn und Barytlösung, enthält der Harn kohlensaure Alkalien, oder ist er sehr stark

sauer, so braucht man wohl auch 3 Volumina davon
auf 4 Volumina Harn, stets nehme man vom Filtrate
eine Probe, welche 10 C. C. Harn entspricht.

Hierauf lässt man nun aus der mit titrirter Quecksilberlösung gefüllten Burette unter stetem Umrühren
langsam so viel zulaufen, bis man keine Fällung mehr
wahrnimmt, jetzt bringt man einen Tropfen davon auf
das Uhrglas und lässt zu diesem einen Tropfen von
der Natronlösung zulaufen und sieht nun zu, ob der
entstehende Niederschlag am Rande in einigen Secunden
gelb wird. Ist dies nicht der Fall, so lässt man noch
einige Tropfen Quecksilberlösung zulaufen, rührt um
und probirt wiederum auf dem Uhrglase; tritt dann
gelbe Färbung des Probetropfens ein, so hört man auf
Quecksilberlösung zuzusetzen, liest ab wieviel davon
verbraucht wurde und macht die Berechnung.

Wurden z. B. 30 C. C. Quecksilberlösung verbraucht,
so enthalten jene 10 C. C. Harn $30 \times 0,01$ Gramm =
0,30 Gramm Harnstoff, in 1000 Theilen also 30,0 Gramm
Harnstoff. Da nun aber der Harn auch Chlornatrium
enthält, welches gleichfalls bei dieser Procedur zersetzt
wird, so muss man 1,5 bis 2,5 C. C. vom verbrauchten
Volum der Quecksilberlösung in Abrechnung bringen.

Enthält der Urin Albumen, so muss dieses erst
entfernt werden. Man versetzt den Urin mit einigen
Tropfen Essigsäure und erhitzt in einem Glaskolben
$1^1/_2$ Stunde im Wasserbade, bis alles Albumen coagulirt
ist, dann lässt man erkalten und filtrirt ab; das Filtrat
wird dann wie angegeben zur Harnstoffbestimmung
benutzt.

2. *Bestimmung des Chlors im Urin nach Mohr.*

Chlorbe-
stimmung.   Sie wird ausgeführt mit einer Normallösung von
salpetersaurem Silberoxyd, von der 1 C. C. Lösung 10

Milligramm Chlornatrium = 6,065 Milligramm Chlor anzeigt.

Zweitens braucht man noch neben der Burette etc. eine kalt gesättigte Lösung von neutralem chromsauren Kali. 10 C. C. Harn werden in einer Platinschale mit 2,0 chlorfreiem Salpeter versetzt und auf dem Wasserbade zur Trockne eingeengt; den Rückstand erhitzt man hierauf zuerst gelinde, später stärker bis sich die Kohle oxydirt hat. Die erkaltete Schmelze wird in destillirtem Wasser gelöst in ein Becherglas gebracht und bis zur schwach sauren Reaction mit sehr verdünnter Salpetersäure angesäuert und mit einer Messerspitze voll chlorfreiem kohlensauren Kalk wieder beseitigt; überschüssiger Kalk stört die Reaction nicht.

Zu dieser Mischung fügt man nun 2 Tropfen von der chromsauren Kalilösung hinzu und lässt aus der mit titriter Silberlösung gefüllten Burette solange unter fortwährendem Umrühren davon tropfenweise zulaufen, bis die beim Zuträufeln entstehende röthliche Färbung nicht mehr verschwindet.

Haben wir dann z. B. auf 5 C. C. Urin 6 C. C. Silberlösung verbraucht, so enthielten diese $6 \times 0{,}010$ Gramm Chlornatrium; eine Harnmenge von 1200 C. C. enthält dann also 5 : 0,60 = 1200 C. C. : x

$$x = 14{,}4 \text{ Gramm Chlornatrium.}$$

3. Bestimmung der Schwefelsäure im Urin nach Neubauer.

Die Schwefelsäure wird mit einer Normal-Chlorbaryumlösung bestimmt, ein C. C. davon soll genau 10 Milligramm Schwefelsäure anzeigen.

2. braucht man noch eine Lösung von schwefelsaurem Kali, und ein Kochfläschchen.

100 C. C. Urin werden im Kochfläschen mit

20—30 Tropfen Salzsäure angesäuert und bis zum Sieden
erhitzt. Dann lässt man aus cer mit der Chlorbaryum
gefüllten Burette etwa 5 bis 8 C. C. zulaufen, es entsteht ein weisser schwerer Niederschlag von schwefelsaurem Baryt, der sich in der heissen Flüssigkeit leicht
zu Boden setzt, ist das Fluidum wieder klar, so fügt
man vorsichtig tropfenweise Normallösung bis zum sogen,
Neutralenpunkte zu, dieser ist erreicht, wenn eine sehr
kleine abfiltrirte Probe auf Zusatz von Chlorbaryum
eine gleichartige geringe Trübung giebt, wie eine andere
Probe auf Zusatz mit der schwefelsauren Kalilösung.
Zeigte die erste Probe mit Chlorbaryum eine stärkere,
so giesst man diese in das Kölbchen zurück, spült
Filter und Reagensglas mit etwas Wasser nach, und
fügt dies gleichfalls zur Hauptflüssigkeit und lässt nun
in diese je nach dem Ausfalle der Reaction weitere
C. C. von der Normallösung tropfenweise zulaufen, erhitzt bis zur Klärung und filtrirt wieder zwei Proben
zur Prüfung wie vorher ab und fährt so fort bis endlich
in dem Filtrat durch Chlorbaryum fast keine Trübung
mehr entsteht. Ist dieses dann z. B. nach Verbrauch
von 13 C. C. der Fall und giebt eine neue abfiltrirte
Probe auf Zusatz von schwefelsaurer Kalilösung einen
deutlichen Ueberschuss von Baryt zu erkennen, so weiss
man, dass der neutrale Punkt zwischen 12 und 13 C. C.
liegt und die 100 C. C. Urin folglich zwischen 120 und
130 Milligramm Schwefelsäure enthalten. Um dies nun
ganz genau zu bestimmen misst man sich nochmals
eine neue Portion von 100 C. C. Urin ab, säuert gerade
so wie vorher an, erhitzt und lässt nun gleich direkt
12 C. C. Normallösung zulaufen, kocht auf, und untersucht einige abfiltrirte Tropfen mit $^1/_{10}$ C. C. der Normallösung, zeigt sich noch eine deutliche Trübung, so
bringt man unter den vorigen Cautelen das Filtrat zum

zu prüfenden Harn zurück und fügt hierzu weitere $^2/_{10}$ Normallösung, prüft abermals das Filtrat und fährt so fort bis endlich die Normallösung erst nach mehreren Secunden eine sehr schwache Trübung zeigt. Eine zweite Probe des Filtrates versetzt man mit einigen Tropfen der Kalilösung, die gleiche Trübung nach wenigen Secunden hervorrufen wird, der neutrale Punkt ist erreicht und die Titrirung beendet. Haben wir bis dahin 12,8 C. C. Normallösung gebraucht, so befanden sich in den 100 C.C. Urin 0,128 Gramm Schwefelsäure, wonach sich die übrige Menge im Urin leicht ergeben wird.

4. Bestimmung der Phosphorsäure im Urin nach Neubauer.

Die Gesammtphosphorsäure eines Urins bestimmt man mit einer Normallösung von essigsaurem Uranoxyd von der 1 C.C. 0,005 Phosphorsäure anzeigt. Ausserdem braucht man hierzu eine Lösung von essigsaurem Natron bestehend aus 100,0 krystallisirtem, essigsaurem Natron in etwas Wasser gelöst, fügt 100,0 Acetum concent. hinzu und diluirt mit Wasser bis zum Volumen eines Liters, ferner eine sehr verdünnte Ferrocyankaliumlösung. 50 C. C. filtrirter Urin werden mit 5 C.C. der obigen essigsauren Natronlösung im Becherglase gemengt und im Wasserbade erhitzt.

Hierauf lässt man von der betreffenden Normallösung aus der damit gefüllten Burette so lange zulaufen, bis der sich bildende gelbe Niederschlag nicht mehr vermehrt wird, dies ist leicht und ziemlich deutlich wahrnehmbar, wenn man am Glasrande ohne Umrühren die Uranlösung tropfenweise zutreten lässt. Nun wird die Probe vorgenommen; hierzu bringt man einen Tropfen der Mischung auf eine Porzellanplatte und lässt zu diesem einen Tropfen von der Ferrocyan-

lösung mit einem andern dünnen Glasstabe zulaufen,
entsteht hierbei keine Farbenveränderung, so ist noch
nicht alle Phosphorsäure ausgefällt, in sehr kleinen
Portionen setzt man weiterhin von Uranlösung zu, rührt
nach jedem Zusatze gut um und probirt auf der Porcellan-
platte wie vorher; sobald sich nun beim Zusammen-
fliessen der Tropfen, da wo sie sich mischen, eine
leichte röthliche Braunfärbung zeigt, ist die Endreaction
erreicht und die Titrirung beendet.   Hierauf liest man
ab, wieviel Uranlösung verbraucht wurde.

Hatte man auf 50 C. C. Urin z. B. 20 C. C. Uranlösung verbraucht, so enthalten diese 0,100 Gramm
Phosphorsäure, was leicht dann auf die ganze Harnmenge
zu berechnen ist.

5. Bestimmung des Zuckers im Urin nach Fehling.

Zuckerbe-
stimmung.

Zur Bestimmung des Harnzuckers bedient man sich
für gewöhnlich der Fehling'schen Kupfer-Normallösung
von der 10 C. C. genau durch 0,05 Harnzucker reducirt werden, ausser dieser bedarf man noch neben der
Burette einen Messcylinder, zwei Pipetten und ein Kochfläschchen. 10 C. C. Fehling'sche Lösung werden im
Kochfläschchen mit 40 C. C. destill. Wasser verdünnt.

Vom zu untersuchenden Urin bringe man 10 C. C.
in den Messcylinder und verdünne denselben mit destill.
Wasser bis auf 100 C. C., mit der gut gemischten
Flüssigkeit wird die Burette gefüllt, und der Stand derselben vermerkt.

Die verdünnte Fehling'sche Lösung wird hierauf
über der Spirituslampe bis zum beginnenden Sieden
erhitzt und nun zur heissen Flüssigkeit verdünnter Harn
aus der Burette so lange hinzugefügt, bis die blaue
Flüssigkeit farblos geworden ist; das Zulaufen des Harnes

muss in sehr kleinen Portionen geschehen; nach jeder einzelnen Portion koche man einige Secunden auf und lasse das sich abscheidende rothe Kupferoxydul absetzen, welches um so schneller erfolgt, je näher man dem Punkte der vollständigen Reduction des Kupferoxyds gekommen ist. Die Entfärbung kann man am besten erkennen, wenn das Kölbchen zwischen Auge und ein Fenster gebracht wird. Gegen das Ende der Reaction setzt man den Harn nur tropfenweise zu und ist endlich der letzte blaue Schimmer verschwunden, so ist die Reduction beendet. Jetzt liest man an der Burette den Stand der verbrauchten Harnmischung ab und berechnet.

Hatte man z. B. 12 C. C. von letzterer gebraucht um 10 C. C. Normallösung zu zersetzen, dann enthalten, da der Harn auf das zehnfache Volumen gebracht wurde 1,2 C. C. Harn 0,05 Gramm Harnzucker.

Man hat nun die Proportion

$$1,2 : 0,05 = 100 : x$$
$$x = 4,16 \; \text{Gramm}.$$

100 C. C. Harn enthalten also 4,16 Gramm Harnzucker eine 24 stündige Menge von 3000 C. C. mithin 124,08 Gramm Zucker.

Die Fehling'sche Lösung zersetzt sich leicht und reducirt sich dann selbst in der Siedehitze, man muss deshalb jedesmal vor dem Titriren die Lösung diesbezüglich durch Aufkochen, wobei sie sich absolut nicht verändern darf, untersuchen.

Eine andere, sehr leichte in wenig Minuten ausführbare, ziemlich genaue Harnzuckerbestimmung führte vor Kurzem ein französischer Arzt, *Dr. Duhomme*, ein. Man gebraucht hierzu zwei mit einem Gummiballon versehene Tropfenzähler von denen der eine auf einen C. C. der andere auf zwei C. C. ganz genau graduirt ist und die Fehling'sche Normallösung.

Vermittelst Druck auf den kleinen Ballon saugt man durch Nachlassen des Druckes in den auf einen C. C. graduirten Tropfenzähler so viel von dem zu untersuchenden nicht verdünnten Urin, dass der untere Rand des Meniscus der Flüssigkeit die Marke von oben berührt, also ganz genau 1 C. C.

Durch Zusammendrücken des Ballons tropft man dann den Harn aus und zählt die Tropfen, die zwischen 18 und 24 schwanken.

Der auf 2 C. C. Inhalt graduirte Tropfenzähler dient zum Abmessen von 2 C. C. der F e h l i n g'schen Lösung, die 0,01 Gramm Harnzucker entsprechen.

Diese 2 C. C. Kupferlösung werden hierauf in einem Reagensglase mit 2 C. C. destill. Wasser verdünnt und bis zum Kochen erhitzt. Hierauf tröpfelt man aus dem wieder mit einem C. C. Harn gefüllten Tropfenzähler 1 bis 2 Tropfen in die heisse Flüssigkeit hinzu, schüttelt um und kocht einmal auf, setzt dann wieder 1 bis 2 Tropfen zu und fährt in derselben Weise abwechselnd so lange fort, bis die blaue Farbe der Kupferlösung total verschwunden ist. Die zur Reducirung verbrauchte Tropfenzahl muss ganz genau gemerkt werden.

Will man nun wissen wieviel Gramm Harnzucker 1 Liter Urin enthält, so multiplicirt man die Tropfenzahl welche anfangs 1 C. C. Harn ergeben hat mit 10 und dividirt diese Summe durch die zur Reducirung von 2 C. C. verwandte Tropfenzahl.

Z. B. 1 C C. Harn hätte 20 Tropfen ergeben und es wären 7 Tropfen Harn erforderlich gewesen, dann würde der Ansatz folgender sein

$$\frac{20 \times 10}{7} = \frac{200}{7} = 28,57 \text{ Grm.} = 2,857\,^0/_0 \text{ Zuckergehal.}$$

Jene Tropfenzähler, im Handel unter dem Namen Limousinsche eingeführt, sind hier in Berlin für wenig

Geld bei Herrn Apotheker Dr. Friedländer, Friedrichstrasse Nr. 160, zu haben.

Bei genanntem Herrn erhält man auch die anderen
im Texte angeführten Apparate, Normallösungen, Che-
mikalien etc. zur chemischen Analyse und mikroskopi-
schen Untersuchung ganz vorzüglich und billig.

Untersuchung erbrochener Massen.

Der Brechact kommt 1. durch direkte Reizung
der sensiblen Fasern des Vagus, die sowohl in der
Magenschleimhaut, als auch im Schlunde verlaufen, auf
reflectorischem Wege zu Stande; infolge der Reizung
werden starke Contractionen des Zwerchfells und der
Bauchmuskeln ausgelöst, durch welche der Magen all-
seitig so comprimirt wird, dass sein Inhalt, nach Er-
öffnen der Cardia, in den gleichzeitig verkürzten und
erweiterten Oesophagus eintritt und durch weiterhin
noch mehr gesteigerte Contraction jener Muskeln, nach
aussen zu stürzen gezwungen wird. Die Verkürzung
und Erweiterung des Oesophagus entsteht durch Contractionen der glatten Längsmuskelschicht einerseits,
während andererseits die Ringmusculatur erschlafft, hierdurch wird der ganze Act ungemein unterstützt und
erleichtert.

Zunächst sind es die Erkrankungen des Magens
selbst, welche einen direkten Reiz auf den Vagus auszuüben vermögen, und alle Krankheiten desselben ·vom
einfachen Catarrh bis zur malignen Neubildung können
mit mehr oder weniger heftigem, andauerndem und
häufigem Erbrechen einhergehen. Als weitere directe
Reize müssen dann noch die Brechmittel, reizende

Gifte, starke Erschütterungen des Magens, sowie mit Widerwillen genossene Substanzen, angesprochen werden.

2. Kommt es zum Erbrechen durch indirekte
Reizung der Magennerven und zwar liegt dann die
Reizstelle entweder in der nächsten Nähe der Ursprungs-
stätten des Vagus, oder aber sie liegt nicht direkt in
diesen Nerven, sondern sie wird bedingt durch Affectionen anderer Nervenbahnen, die mit dem Vagus
anastomosiren, dies gilt besonders vom Sympathicus.

Und so sehen wir einerseits bei Erkrankungen des
Gehirns, z. B. bei Meningitis, bei Apoplexie nach
Schädelcontusionen etc. Erbrechen, pathognomisch für
diese Affectionen, sich einstellen, andererseits tritt es auf,
wo der Reiz weit ab gelegen ist, wie z. B. bei dem
oft unstillbaren Erbrechen der Schwangeren, bei Krankheiten der Leber und anderer Unterleibsorgane. —

Entweder enthalten nun diese erbrochenen Massen
nur die Stoffe, welche als Nahrungsmittel und
Genussmittel eingeführt wurden, oder dieselben sind
mit pathologischen Produkten vermengt. Von
diesen ist hier das wichtigste das Blut, und ausser
diesem kommt dann noch Galle, Eiter, Jauche,
Faecalmassen, stark saures schleimiges
Material, Würmer und einige Pilzbildungen
in Betracht.

1. Erbrochenes Blut.

Bei dem Blutbrechen, Hämatemesis, fragt es Blut.
sich zunächst, ob das Blut aus dem Digestions-
oder Respirationsapparate kam, denn auch bei
Hämoptoë wird nicht selten das But unter Würg-
bewegungen entleert, und es ist unter solchen Umständen
oft nicht gleich möglich zu positiven Schlüssen zu ge-

langen. Am ehesten führen Blutungen aus dem Oesophagus zu Schwierigkeiten, indem das hier ergossene
Blut sich nicht anders verhält, als das aus den Lungen
stammende. Anders ist es aber mit jenem, was wirklich
aus dem Magen kam, es unterscheidet sich in erster
Linie durch seine dunklere, chokoladen- und auch
kaffeesatzbraune Färbung, es ist wenig oder gar
nicht schaumig, es reagirt, infolge beigemischten
Magensaftes, sauer und endlich werden sich fast ausnahmslos noch Speiseüberreste in ihm nachweisen
lassen.

Hauptsächlich ist es das Ulcus rotundum ventricul. und das Carcinom des Magens, welche zu
Blutungen aus diesem Organe führen.

Beim Magengeschwür werden wiederholt und
in der Regel grössere Mengen dunkelrothen, zum
Theil locker geronnenen Blutes entleert, während
bei Carcinom häufiger kaffeesatzähnliche, braune
Massen nach Aussen gelangen.

Weniger häufiger kommt es zu Hämatemesis
infolge congestiver oder entzündlicher Zustände, und
hierher gehört dann auch die seltene pro menstrua-
tione vicariirende Magenblutung.

Auch infolge venöser Stasen, bei Kreislauf-
störungen in der Pfortader, Leber, Milz, Lungen,
Herz, sowie bei Erkrankungen der Gefässwände,
bei Scorbut, acuten Exanthemen und Bluterkrankungen,
ferner bei hämorrhagischen Erosionen und nach
Traumen kommt es zu Blutungen aus dem Magen.

Nach einer Magenblutung treten fast ausnahmslos
blutige theerartige Stuhlgänge ein.

Erbrochene Galle.

Galle   Die Galle wird im Magen durch Einwirkung des

Magensaftes verändert, sie wird grüngelb oder grasgrün gefärbt und so auch erbrochen.

Galliges Erbrechen ist ein nicht seltener Begleiter der Magen- und Leberleiden, charakteristisch ist es bei Gehirnkrankheiten, bei der Peritonitis und beim Ileus.

Eiter und Jauche können im Erbrochenen sein, *Eiter und Jauche.* wenn maligne Tumoren infolge Anätzung durch Magensaft und auf andere Weise zerfallen und in missfarbige Jauche zerfliessen, oder wenn Abscesse anliegender Organe die Magenwand perforiren und ihren Inhalt in den Magen ergiessen; letzteres ist etwas nicht gar zu seltenes bei hierzu günstig gelegenen Leberabscessen.

Faecalmassen werden erbrochen, wenn im *Faeces.* Darmrohre eine Stenose oder vollständige Unwegsamkeit desselben vorhanden ist, die das Colon oder den Mastdarm betraf; äussere Einklemmung von Darmschlingen (Brüche), innere Einklemmung und Axendrehungen des Darmes, Intussusception desselben führen am häufigsten zu Einschnürungen und zu Impermeabilitäten des Darmrohres.

Stark saures Material wird sehr häufig bei *Saures Material.* acuten und chronischen Magencatarrhen (Vomitus matutinus) erbrochen. Kinder vomiren häufig nach dem Einverleiben schlechter Milch stark sauer riechende Massen.

Von den Entozoen werden manchmal Spul- *Entozoen.* würmer, die vom Darme aus in den Magen gelangten, im Erbrochenen angetroffen; auch Echinococcus-Massen sind in denselben beobachtet worden.

Unter den vorkommenden Pilzen spielt haupt- *Pilze: Sarcine. Cryptococcus cerevisiae u. Entophyten.* sächlich die Sarcine ventriculi eine Rolle.

Sie besteht aus flachen, cubischen Zellen, deren jede gewöhnlich vierfach tief eingeschnitten ist, in denen

2—4 röthliche Kerne liegen, gelblich von Farbe liegen
diese Zellen in cubischen symmetrischen Häufchen beisammen, ähnlich wie zusammengeschnürte Kaufmanns-
ballen; ausser der Sarcine finden sich häufig noch aus
ovalen Zellen bestehende Pilzformen (Hefepilze) und
Entophyten. 5. Tab. 4. Fig. 24.

Sarcine wird häufig bei chronischen Magencatarrhen
und beim Magenkrebs, manchmal in ausserordentlicher
Menge, im Erbrochenen gefunden. Charakteristisch ist
sie jedoch nicht. — Ausser diesen beiden microscopischen
Gebilden liefert uns die microscopische Untersuchung
erbrochener Massen verhältnissmässig nur geringe Resultate. Es erscheinen in dem mannichfaltigen Bilde
die Bestandtheile der genossenen Nahrungsmittel, theils
in veränderter, oder theils auch in unveränderter Form,
dann abgetrennte Epithelien des Digestionskanals, Lab-
zellen, Cylinderepithelien der Magenschleimhaut, platten-
förmige Zellen aus der Speiseröhre, ebenso Schleimkörperchen und verschieden grosse Epithelien aus der
Mund- und Rachenhöhle.

In den kaffeesatzähnlichen braunen erbrochenen Massen begegnen wir theils noch intacten
Blutkörperchen, theils sind sie verändert, Epithelien und
andre Zellen sind dann oft von Hämatin durchtränkt
und braun gefärbt.

Bei Pyrosis finden sich auffallend viel Epi-
thelialzellen und Schleimkörperchen; galliges Erbrechen zeigt microscopisch nichts Besonderes.

Die Körner des Stärkemehls sind leicht
unter dem Microscop durch ihre schöne blaue Färbung
nach Zusatz von verdünnter Jodtinktur von den zelligen
Elementen der Schleimhaut etc. zu unterscheiden.

Positivere Resultate liefert die chemische Ana-

lyse erbrochener Massen, namentlich wenn es sich
darum handelt, muthmassliche Vergiftungen nachzuweisen; für den Arzt ist eigentlich in dieser Richtung
nur die saure, neutrale oder alkalische Reaktion dieses
Materials von praktischem Interesse, die einfach mit
rothem oder blauem Lakmuspapier untersucht wird.

IV. ABTHEILUNG.

Untersuchung der Excremente.

Faeces. Die Excremente, Faeces, bestehen normalerweise aus Wasser, Galle, Eiweiss, Salzen, Extractivstoff und aus unlöslichen Speiserückständen, sie besitzen eine braune Farbe und einen fäculenten Geruch. Der abgehende Koth ist im gesunden Zustande entweder nach dem Mastdarme geformt, je nach der Contraction desselben dickere oder dünnere Kothsäulen bildend, oder er wird umgeformt, dickbreiig entleert.

Gewöhnlich findet täglich eine einmalige Ausleerung statt, doch giebt es eine Anzahl Menschen, die ohne nachtheilige Folge erst nach je 2 bis 3 Tagen einmal Stuhlgang haben, andere haben das Bedürfniss, in 24 Stunden zwei bis dreimal ihren Darm zu entleeren, dies ist dann Gewohnheitssache.

Die Menge der entleerten Faeces richtet sich nach dem Quantum der eingeführten Nahrungsmittel und nach dem Grade der Verdaulichkeit — Resorptionsfähigkeit — dieser.

Werden die Contenta zurückgehalten, so bezeichnen wir dies als Obstructio, Obstipatio alvi, werden sie oft und dann auch dünn entleert, so haben wir es mit Diarrhoe zu thun.

Dies wie jenes kommt in krankhaften Zuständen

ungemein häufig vor, ist von d i a g n o s t i s c h e m wie
t h e r a p e u t i s c h e m Interesse gleich wichtig und bildet
eine Hauptfrage bei Krankheiten des Darmrohres, indem
ausser diesen beiden Zuständen auch pathologische Produkte, wie B l u t , E i t e r , K r e b s m a s s e n u. s. w. mit
den Dejectionen zum Vorschein kommen können, für
einige Krankheiten giebt es noch besonders c h a r a k t e r i -
s t i s c h e S t u h l e n t l e e r u n g e n.

O b s t i p a t i o n entsteht häufig durch V e r l a n g - Obstipatio.
s a m u n g d e r p e r i s t a l t i s c h e n B e w e g u n g d e s D a r m e s ,
resp. verzögerte Fortbewegung des Darminhaltes, oder
es liegen m e c h a n i s c h e H i n d e r n i s s e vor, die die
Entleerung der Faeces erschweren oder auch ganz unmöglich machen.

Die Ursachen der Verstopfung sind sehr mannig-
faltig und hauptsächlich geben hierzu Veranlassung:

1. Jene N a h r u n g s m i t t e l , welche viel unverdau-
liche und nicht resorbirbare Stoffe (besonders Cellulose)
enthalten, wie z. B. H ü l s e n f r ü c h t e , g r o b e M e h l -
k o s t , K a r t o f f e l n etc.

2. Die Beschaffenheit der V e r d a u u n g s s ä f t e
und der D a r m w a n d , wenn jene die normale Ver-
dauungskraft nicht besitzen und diese, wenn die peri-
staltischen Bewegungen z. B. vermindert sind.

3. Vermehrte W a s s e r a u s s c h e i d u n g aus dem
Körper bei starker D i u r e s e und D i a p h o r e s e , wodurch den Faeces zu viel Wasser entzogen wird.

4. A d s t r i n g i r e n d e Beschaffenheit von Ingestis,
durch welche die Darmdrüsen an ihrer Secretion ver-
hindert werden, so z. B. durch R o t h w e i n , A l a u n ,
T a n n i n , A r g e n t. n i t r i c. , P l u m b. a c e t i c. etc.

5. G r o s s e S c h w ä c h e der Darmmuskularis, bei
A n a e m i e , Chlorose, n a c h l a n g e n Diarrhoen,
nach A b u s u s von P u r g i r m i t t e l n etc.

6. Peripherische und centrale sensible und
motorische Darmlähmungen durch Opium, durch
Gehirn - und Rückenmarkskrankheiten (Blei-
lähmung) durch krampfhafte Zustände, wie bei
Magen - und Darmkrampf bei Hysterie. —
Mechanische Störungen entstehen im Wesent-
lichen durch Knickungen, Invaginationen,
Achsendrehungen und Verschlingungen des
Darmes, dann durch Compression desselben durch
Tumoren, (Ovarialgeschwülste, Krebse) durch vergrösser-
ten oder in seiner Lage abgewichenen Uterus, ferner
durch typhöse und dysenterische Narben, welche das
Darmlumen oft stark stenosiren können. —

Stuhlverstopfung besteht endlich im Fieber fast in
der Regel, ausser bei gesteigerter Schleimhautsecretion
durch acuten Darmcatarrh.

Diarrhoe.   Diarrhoe, Durchfall entsteht, wenn die sensiblen Nerven des Darmes abnorm gereizt werden,
wodurch es zu lebhafteren, rascher sich folgenden pe-
ristaltischen Bewegungen und zur kräftigeren
Ausführung derselben kommt, sie werden alsdann so
beschleunigt, dass dem flüssigen Darminhalte keine Zeit
zur Resorption gelassen wird, den gleichen Effect
erzeugt auch abnorme Empfindlichkeit der erkrankten Darmschleimhaut, die bei acuten Darmkrank-
heiten so intensiv gesteigert werden kann, dass das dabei stark vermehrte Secret der Schleimhaut schon an
sich einen Reiz ausübend, die Peristaltic zu beschleunigen
im Stande ist; jedoch auch ohne directe pathologische
Veränderungen des Darmes kommt es nicht selten zu
dünnen Stuhlentleerungen, wie wir dies oft genug nach
Aufnahme unzweckmäsiger Nahrungsmittel, nach
ungewohntem Trinkwasser, nach Erkältungen,
bei allgemeinen Schwächezuständen, bei

Innervationsstörungen nach Schreck und Furcht zu beobachten Gelegenheit haben.

Künstlich, und mit Absicht wirken wir reizend auf den Darm durch die Abführmittel, durch Drastica, Clystiere u. s. w.

Die Häufigkeit ist ebenso variabel wie die Menge der Dejectionen und ebenso verschieden sind auch die Sensationen dabei; Kollern, Kneifen im Abdomen, Kolik und Tenesmus gehen häufig diesen Entleerungen voraus oder begleiten störend die Defaecation. Besonders charakterische Stuhlentleerungen sind vorzüglich vorhanden:

1. bei Icterus, mangelnde Galle im Darme entfärbte sie thonartig weiss grau, ist gleichzeitig Obstipation vorhanden, was das gewöhnliche ist, so werden die Faeces hundekothartig entleert.

2. Bei Typhus werden sehr oft erbsbreiartige, gelbgrünliche Ausleerungen beobachtet, welche sich in 3 Schichten absetzen. In diesen auf der Höhe dieser Krankheit eigenartigen Abgängen findet man microscopisch neben Epithelien, Drüsenzellen, Eiterkörperchen noch eine feinkörnige Masse mit Kernen, die man für abgestossene Verschwärungsprodukte der Peyer'schen und solitären Drüsen ansieht.

3. Bei Folikularverschwärungen im Dickdarm, sehen wir sagoähnliche ungefärbte schleimige Entleerungen, und glasartiger Schleim gehört charakteristisch den frühesten Stadien der Dysenterie an; mehr oder weniger Blut und Eiter kann ihnen beigemischt sein, schreitet der diphtheritische Process weiter fort, so werden diese gallertigen Stuhlgänge blutiger tingirt, sie enthalten noch mehr Blut und bestehen in schlimmeren Fällen fast nur aus reinem Blut, neben zahlreichen Schleimhautfetzen und reichlichen

Epithelabschürfungen; c h e m i s c h untersucht finden wir
sie mehr oder weniger e i w e i s s h ä l t i g; tritt V e r -
j a u c h u n g der Darmschleimhaut ein, so werden wie
mit Schwefelsäure v e r k o h l t e b r a u n s c h w a r z e
Fetzen, in chocoladenfarbigen, a a s h a f t riechenden
Stühlen entleert.

Im microscopischen Objecte der Dysenterie-Stühle
begegnen wir abgestossenen Cylinderzellen, Schleim-
und Eiterkörperchen, Zellkernen, Drüsenzellen, Fibringer-
innseln und Blutkörperchen.

4. Bei C h o l e r a im Anfange sehr dünne, noch
gallig gefärbte Ausleerungen, im weiteren Verlaufe entfärben dieselben sich immer mehr bis sie ganz farblos
wie R e i s w a s s e r aussehen und des f a e c a l e n Ge-
ruches entbehrend, finden sich microscopisch untersucht in dem Objekte viel .Schleimkörperchen jedoch
wenig E p i t h e l z e l l e n; M i c r o c o c c u s und andere Pilzarten sind in grosser Anzahl vorhanden.

Die chemische Analyse weist E i w e i s und auffallend beträchtlichen Gehalt an C h l o r n a t r i u m nach. —

Blut.

Unter denjenigen Stoffen, die abnormerweise mit
den Faeces entleert werden, kommt das B l u t zunächst
in Betracht; es gehörte entweder den Gefässen des
Magens oder denen des Darmes an. Im ersten Falle
wird es immer in veränderter Art austreten und zwar
hat es eine chocoladenbraune, theerartige Färbung angenommen, in verschieden grossen klumpigen Massen
ist es den Faeces beigemischt, die Vermischung mit
diesen ist eine sehr innige. Ulcus oder Carcinoma
ventricul., hatten sich etablirt und veranlassten Arrodirungen der Gefässe. — Kommt das Blut aus den
anderen Theilen des Traktus, so ist eine missfarbige
chocoladenbraune, braunschwarzrothe Färbung wohl
auch nichts ungewöhnliches, die Vermischung aber ist

selten eine so innige wie in dem vorigen Falle; viel
häufiger tritt das Blut in seiner gewöhnlichen Eigenschaft zu Tage und dies sehen wir besonders bei den
oft copiösen Blutergüssen im Typhus und Dysenterie,
wo häufig genug, geradezu reines Blut entleert wird.
(Sedes cruentae.) Aehnlich ist auch das Verhalten jener
Blutungen die maligne Neubildungen herbeiführten; sehr
häufig kommen Blutungen aus den Mastdarmvenen
(Hämorrhoidalblutungen) vor, die bei manchen Leuten
periodisch auftreten.

Die Zerreisung der varicös und sehr dünnwandig
gewordenen Venen ist die Folge von Blutstauung in
den Mastdarmvenen, die entweder durch direkten
Druck und Reiz von Faecalanhäufung im Mastdarm,
von Tumoren im Becken etc. bewirkt wird, oder es ist
die Folge einer Blutstauung in der Pfortader, und der
Vena cava inferior bei Leber-, Herz- und Lungenkrank-
heiten. Am häufigsten ist die Blutmenge dabei sparsam
anderemale kommt es auch zu enormen Blutverlusten
bei der Hämorrhois.

2. Eiter in den Faeces. Reichliche Beimischung   Eiter.
von Eiterzellen in ihrer bekannten Form treten vorzüglich dann in dem Faeces auf, wenn ein benachbarter
Abscess den Darm perforirte, oder wenn ein Carcinom
des Darmes vorhanden ist. — In geringer Anzahl finden
sich Eiterkörperchen auch bei den typhösen und dysen-
terischen, diphtheritischen Darmerkrankungen.

3. Krebsfragmente in den Faeces. Unter dem Krebszellen.
Microscop charakteristische Krebszellen kommen bisweilen in den Dejectis vor und werden dann diagnostisch
wichtig.

4. Schleimhautfetzen und Darmepithel wurde Epithelien
bereits wiederholt erwähnt.

5. Eiweiss gleichfalls schon berührt, wird nachge-   Albumen.

wiesen, indem man die Faeces mit Wasser verdünnt, dann durch Filtriren das Feste vom Flüssigen trennt, und das Filtrat in der gewöhnlichen Weise auf Albumen prüft.

6. Fett- und Margarinkrystalle enthalten die Contenta bei Leberkrankheiten dann, wenn keine Galle in den Darm gelangte, die die Fette emulgirte und resorptionsfähig machte; bisweilen finden wir Fett als Tröpfchen dem Stuhlgang beigemengt, es liegen dann in der Regel hochgrädige Schwächezustände vor.

Tripelphosphate werden häufig, ohne eine besondere Bedeutung zu haben, in ihrer prismatischen Krystallform bemerkt.

Gallensteine.

7. Gallensteine, aus Cholestearin, Schleim, Gallenfarbstoff und kohlensaurem Kalk bestehend, werden häufig bei Cholelithiasis in den Ausleerungen gefunden und sind dann von diagnostischem Interesse. Die meisten dieser Steine haben ein mattgelbes, wenn sie mehr Gallenstoff enthalten, ein braungrünes Aussehen auch kreideartige weissgraue kommen vor, durch gegenseitiges Abschleifen erlangen sie vielfältige Formen, viele von ihnen sind eiförmig und enthalten facettirte Flächen, die Grösse dieser Concretionen ist sehr variabel, am häufigsten sind sie bis Kirschkerngross und solchen auch der Gestalt nach nicht unähnlich.

Pilze.

8. Pilzbildungen. Ausser den schon angeführten pflanzlichen Parasiten finden sich in jedem Kothe des Menschen reichliche Fäden und Trümmer der Leptothrix.

Entozoen.

9. Thierische Parasiten. Darmhelminthen werden ungemein häufig mit der Faeces entleert, so der Spulwurm (Ascaris lumbricoides), der Springwurm (Oxyuris vermicularis), und die verschiedenen

Arten der Bandwürmer, Taenia solium, Taenia mediocanellata und Bothriocephalus dispar; von diesen gehen in der Regel nur einzelne Proglottiden ab.

Von diagnostischem Werthe ist die microscopische Untersuchung auf die Eier dieser Nematoden, deren jede Art charakteristische für sich hat.

Bei der Trichinenkrankheit können endlich noch geschlechtsreife Exemplare dieser Parasiten in den Contentis vorkommen und für die Diagnose dieser Krankheit wichtig werden. —

ERKLÄRUNG
der microscopischen Abbildungen.

Tabul. 1.

Fig. 1. Harnstoff, krystallinisch aus normalem menschlichen Urin, wie im Texte angegeben, dargestellt.

Fig. 2. Harnsäure in verschiedenen Formen, theils gefärbte, theils farblose Krystalle präsentirend.

Sie entstammen einem Harnsedimente, welches zwei Tage nach einem Gichtanfalle im Urine des betreffenden Kranken auftrat.

Fig. 3. Harnsäure, grosse gefärbte, wetzsteinähnliche Krystalle bildend; links unten eine sehr schön ausgebildete, farblose Rosette von Harnsäure, in der Mitte und an den Rändern bemerkt man briefcouvertähnliche Gebilde, Oxalsauren Kalk. Dieses Präparat stammte aus dem Harnsedimente eines Typhuskranken.

Fig. 4. Harnsaures Natron, moosartig gruppirt und leicht gelblich gefärbt, wie es in der Regel als Sediment im Urine abgeschieden wird.

Der ziegelmehlähnliche Bodensatz eines Urines nach einer kritisch abgelaufenen Pneumonie wurde dazu verwendet.

Fig. 5. Tripelphosphate und harnsaures Ammoniak. Das erstere in seinen schönen und verschiedenen sargdeckelähnlichen etc. Formen, das letztere bildet häufig die gezeichneten Doppelkugeln, oder einzelne rundliche Gebilde mit mehr oder weniger vielen Spitzen besetzt.

In alkalischen Urinen finden sich fast immer diese wie jene krystallinischen Gebilde.

Fig. 6. Hippursäure aus menschlichem Urine, wie im Texte angegeben, dargestellt.

Tabul. 2.

Fig. 7. Faserstoffcylinder; gerade und gewundene mit feinkörnig granulirter, croupöser Molecularmasse erfüllte Harn-cylinder, einzelne ziemlich grosse Fetttröpfchen lagern ihnen auf.

Ausserdem zeigt das Präparat noch einzelne Bruchstücke von Cylindern, neben zerstreuten gelb markirten Blutkörperchen, ferner gequollene Eiterkörperchen und verschiedenartig geformte Epithelien ans dem oberen Theile des uropoëtischen Systems.

Dieses Präparat wurde dem Harn-Sedimente eines an Nephritis Leidenden entnommen.

Fig. 8. Zeigt gleichfalls Faserstoffcylinder; sie sind in diesem Falle viel weniger dicht granulirt und zeigen kleinere aufgelagerte Fetttröpfchen. Der Cylinder links am Rande zeigt sehr deutliche Einkerbungen. Blutkörperchen, Eiterkörperchen und etliche Zellkörper mit mehrfachen Kernkörperchen durchsetzen ferner noch das Präparat, es stammt von einem Harn-Sedimente eines an Scarlatina- und Nephritis Erkrankten.

Fig. 9. Hyaline und ein epithelialer Cylinder. Die hyalinen Cylinder zeichnen sich hier durch ihre äusserst zarten, aber doch sehr scharf begrenzten Contouren aus; nahezu durchsichtig enthalten sie nur sehr spärlich und sehr feinkörniges Material in- und aufgelagert.

Der epitheliale Cylinder zeigt rundliche, um seine Axe herum und dicht an einandergelagerte fein granulirte Epithelial-zellen und ist sehr leicht von den anderen zu unterscheiden.

Dieses Präparat wurde dem Harn-Sedimente eines schon längere Zeit an Morbus Brigthii Erkrankten entlehnt.

Fig. 10. Verschiedenartige Zellen, wie sie beim chronischen Blasencatarrh neben grossen Mengen von Eiterkörperchen im Harn-Sedimente angetroffen werden. Das ziemlich grosse Plattenepithel gehörte der obersten Schleimhautschicht an, die keulenförmigen und geschwänzten Zellen der darunterliegenden, die mehr runden Zellen stammen von einer noch tiefer liegenden Schicht. Die Eiterkörperchen sind zum Theil aufgebläht. In diesem Falle bestand der Blasen-catarrh schon Jahre lang.

Fig. 11 ist dem Ulzmann'schen Atlas entlehnt und zeigt Cystinkrystalle, der Text sagt das erläuternde dazu.

Fig. 12 wurde gleichfalls aus dem Ulzmann'schen Atlas der Vollständigkeit wegen nachgebildet. Sie zeigt das in feinen Nadeln verschiedenartig zusammengelagerte Tyrosin und das in blassgelben Scheiben sich abscheidende Leucin, wie beides bei der acuten Leberatrophie und Phosphorvergiftung im Harn-Sedimente vorzukommen pflegt.

Tabul. 3.

Fig. 13. Niedere Organismen im zersetzten Urin; die grossen in Häufchen beisammenliegenden Pilze sind jene Saccharomyceten, wie sie sich in gestandenem zuckerhältigen Urine, dem dieselben auch entnommen sind, anbilden; die fast kreisrunden am linken Rande der Figur angehäuften Gebilde sind die Sporangien anderer Pilzarten (Torula, Leptothrix etc.) mit feinkörnigen Pollen angefüllt.

Die kettenartigen Pilzformen, die sonst noch das Bild durchziehen, sind als Leptothrixfäden zu deuten.

Fig. 14. Grosses Plattenepithel aus der Mundhöhle und Eiterkörperchen wie sie bei jedem Catarrh der Bronchien im Sputum und dann im microscopischen Bilde erscheinen.

Fig. 15. Blutkörperchen, Eiterkörperchen und Lungenepithelien im pneumonischen Sputum. Besonders fällt hierbei die Nebeneinander-Lagerung der gelb markirten Blutkörperchen ins Auge. Die dabei liegenden Eiterkörperchen befinden sich im Zustande starker Quellung resp. Verfettung. Die Epithelien rechts oben wurden nachträglich mit verdünnter Essigsäure aufgestellt, so dass ihre Contouren und ihre central gelegenen Kerne sehr deutlich hervortreten.

Fig. 16. Elastische Fasern des Lungenparenchyms. Das Präparat wurde einem Sputum entnommen, welches Münzenform zeigte und im Wasser bald zu Boden sank. Mehrere solcher Expectorationen wurden dann nach der auf Seite 190 angegebenen Weise (Schüttelpräparat) behandelt und untersucht. Ausser dem wichtigen elastischen Gewebe zeigt dieses Bild noch eine Menge Eiterkörperchen in wechselnder Grösse, feinkörnige Detritusmassen und einige grössere Zellen mit endogener Kernvermehrung. Das Präparat wurde mit verdünnter Essigsäure aufgehellt.

Fig. 17. Elastisches Gewebe aus einem expectorirten Parenchymfetzen, von einem älteren Phthisiker mit

grossen Cavernen. (Zupfpräparat.) Es lassen sich an diesem
Bilde noch recht deutlich die alveolären Anordnungen des
elastischen Gewebes erkennen, der dickere durch die Mitte des
Bildes ziehende abgerissene Strang dürfte als Bindegewebe zu
deuten sein. Auch hier wird das übrige Gesichtsfeld von grau-
lichen Detritusmassen und einigen Fetttröpfchen durchsetzt. Essigsäure wurde gleichfalls angewandt.

Fig. 18. Elastisches Lungengewebe, im Sputum
einer floriden Phthise gefunden. Das Sputum hatte sich
lehmfarbig gefärbt, war ziemlich reichlich und enthielt viel zu-
sammengeknäulte, weiche, kleine Ballen, die sich entfaltet zum
grossen Theile aus elastischem Gewebe zusammengesetzt
erwiesen, ausserdem enthielten sie ziemlich viel schwarzes
Lungenpigment, welches auf unserem Bilde in den schwarzen
Punkten wiedergegeben ist, verfettete Lungenepithelien
und feine Detritusmassen wie gewöhnlich. Stellt sich das
microscopische Bild phthisischer Sputa in dieser Weise dar, so
stehen meist Arrodirungen grösserer Gefässstämme bevor, die
alsdann unstillbare Blutstürze mit lethalem Ausgange im Gefolge
haben, was natürlich prognostisch eventuell von grosser Wichtigkeit sein kann. Auch diesem Präparate wurde Essigsäure zu
gesetzt.

Tabul 4.

Fig. 19. Margarin- und Cholestearinkrystalle. Die
ersteren stellen sich in unserem Falle als sehr feine kreuzweise
übereinander gelagerte Nadeln dar, sie wurden in einer bronchi-
ectatischen Höhle (bei Bronchitis putrid.) gefunden; in derselben waren auch die an den Rand unseres Bildes eingezeichneten Cholestearinkrystalle in ziemlich grosser Anzahl enthalten.

Fig. 20. Leyden'sche Asthmakrystalle. Aus dem
Sputum eines an Krystallasthma Leidenden entnommen. Die
zierlichen Kryställchen bedürfen keiner weiteren Erklärung.

Die ockergelben in diesem Bilde noch vorhandenen scheinbar sehr derben Zellkörper, werden auch sehr häufig im
pneumonischen Sputum beobachtet, beim Krystall-
asthma fand der Verfasser dieselben stets, ausserdem liegen
diese wie auch die Kryställchen immer in einem sehr feinkörnigen
Materiale eingebettet, was auf unserem Bilde theilweise auch angedeutet ist.

Fig. 21. Phosphate und Chlornatrium im Sputum. Sie sind von keinem besonderen Interesse und nur deshalb mit-gezeichnet worden, weil es hin und wieder vorkommt, dass man auch ein trocknes Präparat von Sputum unter die Augen be-kommt und dann nicht gleich weiss, was mit den wunderlichen Figuren anzufangen ist.

Chlornatrium scheidet sich in der Regel gezackt, feder-bartartig krystallinisch aus, wie im Bilde links oben, die Phos-phate krystallisiren in regelmässigen Krystallen.

Fig. 22. Haematoidin- und Häminkrystalle. Die oberhalb des Striches eingezeichneten Krystalle sind Haema-toidinkrystalle, die Farbe derselben ist etwas zu wenig roth gehalten. Das Präparat stammt aus dem braungefärbten Spu-tum eines mit Lungen-Abscess Behafteten.

Die zierlichen braunrothen Kryställchen unterhalb des Striches sind die Teichmann'schen Häminkrystalle, künstlich dargestellt auf die bekannte Weise mittelst Eisessig und Kochsalz.

Fig. 23. Pilzbildung im Sputum. Das Bild zeigt nur den Soorpilz mit seinen Sporangien, die letzteren vollgepfropft mit Sporen. Leptothrix buccalis ähnelt sehr jener in Fig. 13 abgebildeten Leptothrix im Urin.

Fig. 24. Sarcine und Hefepilze aus dem Erbrochenen eines mit Magenerweiterung behafteten älteren Mannes. Die Sarcine zeigt sich in den bekannten würfelförmigen regel-mässigen, viereckigen leicht gelbgefärbten Balken. Die im Harn hin und wieder vorkommende Sarcine ist um vieles kleiner. Die daneben gezeichneten Hefepilze waren in unserem Falle in erstaunlicher Anzahl und fast immer in dieser cacteenartigen Form vorhanden. Die beiden oberen ovalen Gebilde sind Amy-lonkörner.

Druck von Leopold & Bär in Leipzig.

Druckfehler:

Seite 21, Ueberschrift, recurrirende Fieber statt recurende.

"   21 Randschrift,   "   "   "   "

" 114, Z. 1 v. o. fêle   " fêl

" 119, Z. 10 v. o. Schnurren   " Schnarren

" 153, Z. 1 v. o. Tricuspidalis   " Tricus-pidalis

" 226, Z. 19 v. o. faciei   " facici

" 228, Z. 1 v. o. Titrirmethode   " Fitrirmethode

" 233, Z. 10 v. o. Ag. Cl.   " ce.

Bezugsquelle und Preisverzeichniss

der zur

Harnanalyse nöthigen Gegenstände

KRONEN-APOTHEKE

Dr. Heinr. Friedlaender

BERLIN W., Friedrichstrasse 160.

———

excl. Fl.
pr. Liter

Salpetersaure Quecksilberoxydlösung zur Kochsalzbestim-
mung 1 cc = 10 Mgrm. Na Cl . . . . = 2,50 M.

Salpetersaure Quecksilberoxydlösung zur Harnstoffbestimmung 1 cc = 10 Mgrm Ur . . . . . . = 3,50 „

Barytmischung (1 Vol. salpeters. Barytlösung und 2 Vol.
Barytwasser) . . . . = 1,75 „

Eisenchloridlösung zur Phosphorsäurebestimmung 1 cc =
10 Mgrm. Phosphorsäure . . . . = 1,75 „

Mischung von essigsaurem Natron und Essigsäure . . . 1,00 „

Oxalsäurelösung zur Bestimmung des Säuregrades 1 cc
= 10 Mgrm. ō . . . . 1,25 „

Aetznatronlauge hierzu. 1 cc = 10 Mgrm. ō . . 1,00 „

Chlorbaryumlösung zur Bestimmung der Schwefelsäure
1 cc = 10 Mgrm. $H_2 So_4$ . . . . = 1,50 „

Verdünntere Chlorbaryumlösung 1 cc = 1 Mgrm.
$H_2 So_4$ . . . . = 1,25 „

Alkalische Kupferlösung zur Zuckerbestimmung nach
Fehling. 10 cc = 0,05 Harnzucker . . . . 4,50 „

Salzsäure zur Bestimmung des Kalks . . . . . . 1,25 „

Aetznatronlauge hierzu . . . . = 1,00 „

Schwefelsäure zur Ammoniakbestimmung . . . . = 1,25 „

Natronlauge hierzu . . . . = 1,00 „

Verdünnte Chamäleonlösung zur Eisenbestimmung . = 1,00 „

Lösung von reinen Ferrocyankalium zum Titriren . = 1,25 „

**Auch alle übrigen zum Titrirverfahren nöthigen
Lösungen werden zu ermässigten Preisen abgegeben.**

Ebenso sind daselbst zu beziehen alle zur Harn-
analyse nöthigen

Apparate:

Probircylinder. Picnometer.

Picnometer mit Thermometer.

Urometer,

bestehend aus 2 Spindeln und Einsenkeglas.

Thermometer in Holzbüchse o—50°.

dergl.,   jeder Grad in 5 Theile getheilt.

Maasscylinder von 500 cc. Inhalt,

dergl.   „ 300 cc.   „ u. s. w.,

Pipetten 50—5 cc. Inhalt graduirt.

Pipetten 50—5 cc. Inhalt in $^1/_2$ cc. graduirt.

Mohr'sche Pipetten mit Cautschukrohr und Quetsch-
hahn, à 30 cc. in $^1/_{10}$ cc.

dergl. in $^1/_5$ cc. und $^1/_2$ cc. getheilt.

Büretten 50 cc. in $^1/_2$ cc. getheilt.

Bechergläser in ganzen Sätzen.

Kochgläser in grosser Auswahl.

Spirituslampen mit Dochtträger.

Glasstäbe. Uhrgläser.

Porzellantiegel mit Deckel.

Abdampfschälchen in allen Grössen.

Vollständige urometrische Apparate für Aerzte
mit allem Zubehör werden bestens und billigst von 40 Rmk. an
schnellstens besorgt.

Ebenso besorge Araeometer für das specif. Gewicht
nach Greiner.

Mohr'sche Waagen etc. etc. zu Fabrikpreisen.

Hierzu als Beilage die Pharmacopoea elegans und die neuesten
Mittel mit Angabe der Dosis.

Dr. Heinr. Friedlaender
KRONEN-APOTHEKE

BERLIN W., Friedrichstrasse 160.

Tab. I

Fig 1.

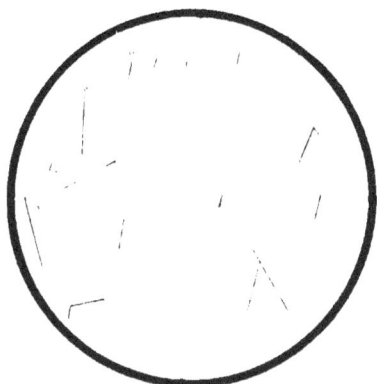

Vergr: 90.

Fig 2.

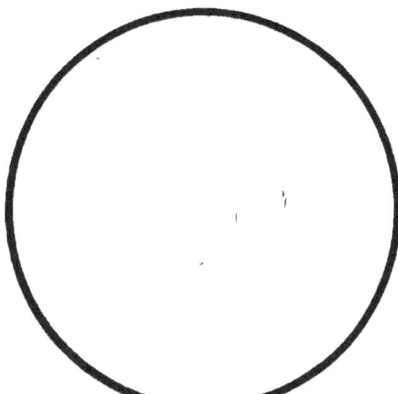

Vergr: 100.

Fig 3.

Vergr: 350.

Fig 4.

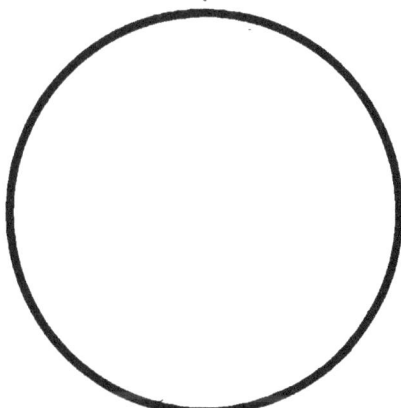

Vergr: 350.

Fig 5.

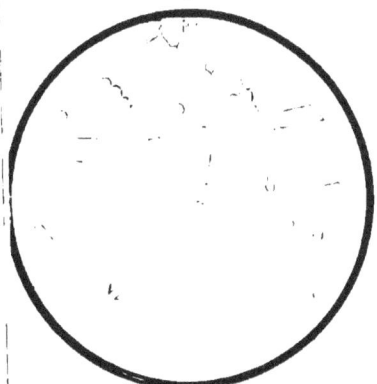

Vergr: 100.

Fig 6

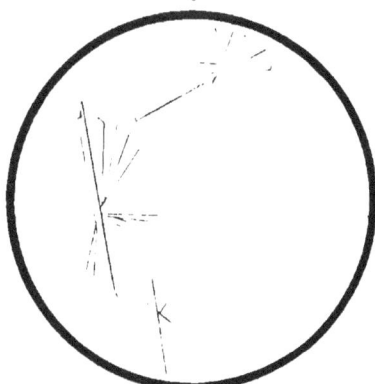

Vergr: 100.